JN273125

日本音響学会 編
音響テクノロジーシリーズ 17

オーディオトランスデューサ工学
―マイクロホン，スピーカ，
　　イヤホンの基本と現代技術―

工学博士 大賀 寿郎 著

コロナ社

音響テクノロジーシリーズ編集委員会

編集委員長

株式会社 ATR-Promotions
工学博士　正木　信夫

編 集 委 員

産業技術総合研究所
　工学博士　　　蘆原　　郁

日本大学
　工学博士　　　伊藤　洋一

千葉工業大学
　工学博士　　　大野　正弘

日本電信電話株式会社
　博士（芸術工学）岡本　　学

九州大学
　博士（芸術工学）鏑木　時彦

東京大学
　博士（工学）　　坂本　慎一

滋賀県立大学
　博士（工学）　　坂本　眞一

熊本大学
　博士（工学）　　菅木　禎史

東京情報大学
　博士（芸術工学）西村　　明

株式会社ニューズ環境設計
　博士（工学）　　福島　昭則

（五十音順）

（2012年11月現在）

発刊にあたって

「音響テクノロジーシリーズ」の第1巻「音のコミュニケーション工学－マルチメディア時代の音声・音響技術－」が初代東倉洋一編集委員長率いる第1期編集委員会から提案され，日本音響学会創立60周年記念出版として世に出て13年。その間に編集委員会は第2期吉川茂委員長に引き継がれ，本シリーズは13巻が刊行された。そして昨年，それに引き続く第3期の編集委員会が立ち上がった。

日本音響学会がコロナ社から発行している音響シリーズには「音響工学講座」，「音響入門シリーズ」，「音響テクノロジーシリーズ」があり，多くの読者を得てきた。さらに昨年には，音響学の多様性，現代性，面白さをサイエンティフィックな側面から伝えることを重視した「音響サイエンスシリーズ」が新設されることとなり，企画が進められている。このような構成の中で，この「音響テクノロジーシリーズ」は，従来の「音響技術に関するメソッドの体系化を分野横断的に行う」という方針を軸としつつ，「脳」「生命」「環境」などのキーワードで象徴される，一見音響とは距離があるように見えるが，実は大変関係の深い分野との連携も視野に入れたシリーズとして，さらなる発展を目指していきたい。ここではその枠組みのもとで，本シリーズが果たすべき役割，持つべき特徴，そしてあるべき将来像について考えてみたい。

まず，その果たすべき役割は「つねに新しい情報を提供できる」いわば「生き」がいい情報発信源となること。とにかく，世の中の変化が速い。まさにテクノロジーは日進月歩である。研究者・技術者はつねに的確な情報をとらえておかなければ，ニーズに応えるための適切な研究開発の機を逃すことになりかねない。そこで，本シリーズはつねに新しく有益な情報を提供する役割をきち

んと果たしていきたい。そのためには時流にあった企画を立案できる編集委員会の体制が必要である。幸い第3期の委員は敏感なアンテナを持ち，しかもその分野を熟知したプロにお願いすることができた。

つぎに本シリーズの持つべき特徴は「読みやすく，理解を助ける工夫がある」いわば，「粋」な配慮があること。これまでも，企画段階から執筆者との間では綿密な打合せが行われ，読者への読みやすさのための配慮がなされてきた。そしてその工夫が高いレベルで実現されていることは，多くの読者の認めるところであろう。また，第10巻「音源の流体音響学」や第13巻「音楽と楽器の音響測定」にはCD-ROMが付録され，紙面からだけでは得ることができない情報提供を可能にした。これも理解を助ける工夫の一つである。今後インターネットを利用するなど，速報性にも配慮した情報提供手段との連携も積極的に進めていきたい。

さらに本シリーズのあるべき将来像は「読者からの意見が企画に反映できる」いわば，編集者・著者・読者の間の「息」の合った関係を構築すること。読者からいただくご意見は編集活動におおいに役立つ。そこには新たな出版企画に繋がる種もあるだろう。是非読者の皆様からのフィードバックを日本音響学会，コロナ社にお寄せいただきたい。

以上述べてきたように，本シリーズが今後も「生き」のいい情報を，「粋」な配慮の行き届いた方法で提供することにより，読者の皆さんとの「息」の合った関係を構築していくことができれば，編集を担当する者としてはこの上ない喜びである。そして，本シリーズが読者から愛され，「息」の長い継続的なものに育てていくことの一翼を担うことができれば幸いである。

最後に，本シリーズの刊行にあたり，企画と執筆に多大なご努力をいただいている編集委員と著者の方々，ならびに出版準備のさまざまな局面で種々のご尽力をいただいているコロナ社の皆様に深く感謝の意を表して，筆を置くことにする。

2009年11月

音響テクノロジーシリーズ編集委員会

編集委員長　正木　信夫

まえがき

マイクロホンやイヤホンの歴史は電話機の発明された19世紀末から始まる。スピーカはやや新しいが，やはり100年の歴史をもつといってよい。しかし，こうしたオーディオトランスデューサを構成するための実用技術はここ40年ほどの間に激変した。現在広く供給されている製品は，以前の汎用品とは大幅に異なる技術，産業の産物となっている。

マイクロホンは1970年代のエレクトレットコンデンサマイクロホンの爆発的な普及により従来のマイクロホンとは別の分野の，むしろ電子部品に近い工業製品となった。さらに21世紀初頭に商品化されたシリコン単結晶上にIC技術で創成するMEMSマイクロホンは携帯電話機用として世に受け入れられ，マイクロホンの技術をさらに変革している。

やはり1970年代，民生用イヤホンでは従来の密閉構造から脱却した開放形ヘッドホン（実際には完全開放ではなく，IEC規格ではControlled leakageと呼んでいる）の導入で基本的な技術が変化した。さらに1980年代に電話機へのIC導入とともに実用化されたセラミック圧電イヤホンが新風を吹き込んだ。21世紀になって普及の始まったマイクロホン内蔵のノイズキャンセルヘッドホンも産業界で大きなシェアを占める趨勢である。

スピーカでは20世紀半ばにLPレコード，Hi-fiオーディオシステムの普及に応じた改良があり，その後20世紀最終期の携帯電話機の普及に対応した超小形化のための設計思想の拡張により新しい世界が開けた。これを可能にしたのは高性能のネオジム磁石の導入だった。

こうした変遷を見ると，製品の技術としては改良というより断絶に近い激変が見られる。しかし，トランスデューサに用いられている物理的な基本原理，

まえがき

いわゆる電気音響変換現象には，真空管から半導体素子への交代などとは異なり大きな変化がない．実際，競争に勝って生き残っているのは，古典的な基本原理に則って合理的に設計された製品であり，物理現象に由来する原理的な設計条件を遵守していないものは，実用品として生き残ることができないのである．

本書ではこうしたオーディオトランスデューサのハードウェアの技術に着目して，下記のような事項を記述する．

- 基本事項を略記した1章に続いて，実際に設計，製作されている現代の種々のオーディオトランスデューサの構成を2章で解説する．
- 次に，製品技術の基盤となる物理現象とそれにより課せられる原理的な設計条件を3章～5章で明らかにする．
- 続いて，トランスデューサに密接に関連する音場，音響現象，およびこれを利用した実際のトランスデューサについて6章～9章で解説する．
- 次に製品設計法の実例を10章で，また特性の測定技術を11章で概観する．最後に12章で数種の応用システムとその産業に言及する．
- 付録では実験データの解釈の手段として，トランスデューサの振動系の種々のモデルの共振周波数を概説する．

本書の記述はトランスデューサの設計者への的確な情報提供のみならず，ユーザとなるオーディオシステム技術者や放送，録音分野の現場技術者にも数ある製品から的確な選択を行うための知識を提供できるものと考える．

本書を著すに当たっては，日本音響学会の担当委員会の正木信夫博士，莒木禎史博士，岡本学博士ほか各委員殿に種々のご助言，ご鞭撻をいただいた．厚くお礼を申し上げる次第である．

2013年1月

大賀　寿郎

目 次

1. オーディオトランスデューサの基礎知識

1.1 物理現象としての音とその定量化 ………………………………… 1
1.2 人の耳に聞こえる音 ………………………………………………… 5
1.3 トランスデューサで対象とする音 ………………………………… 6
1.4 測定,分析の周波数 ………………………………………………… 7
1.5 オーディオトランスデューサの種類と機能 ……………………… 8
引用・参考文献 …………………………………………………………… 11

2. 種々のオーディオトランスデューサ

2.1 磁界を用いるトランスデューサ ………………………………… 12
   2.1.1 動 電 変 換 器　*13*
   2.1.2 電 磁 変 換 器　*18*
2.2 電界を用いるトランスデューサ ………………………………… 23
   2.2.1 コンデンサ変換器　*23*
   2.2.2 圧 電 変 換 器　*32*
2.3 電気抵抗の変化を用いるマイクロホン ………………………… 44
引用・参考文献 ………………………………………………………… 49

3. トランスデューサの機械音響振動系と回路

3.1 1自由度の機械振動系 …………………………………… 51
3.2 振動系の制御方式 …………………………………………… 55
3.3 1自由度の音響振動系 …………………………………… 57
3.4 機械インピーダンスと音響インピーダンス ………………… 59
 3.4.1 機械インピーダンス 60
 3.4.2 3種の音響インピーダンス 60
 3.4.3 断面積の異なる管の接続 63
 3.4.4 機械音響回路と電気回路とのアナロジー 65
3.5 機械音響回路の実例 ………………………………………… 66
引用・参考文献 …………………………………………………… 72

4. 電気音響変換器の理論と定量化

4.1 磁界を用いる変換器 ………………………………………… 73
 4.1.1 基本方程式 74
 4.1.2 モーショナルインピーダンス 79
 4.1.3 実例：ダイナミックスピーカの電気特性 81
4.2 電界を用いる変換器 ………………………………………… 84
 4.2.1 基本方程式 84
 4.2.2 モーショナルアドミタンス 89
 4.2.3 実例：セラミック圧電トランスデューサ 92
4.3 基本方程式のまとめ ………………………………………… 93
引用・参考文献 …………………………………………………… 94

5. 感度と周波数特性

- 5.1 感度の定義 ·· 97
  - 5.1.1 マイクロホンの感度　*98*
  - 5.1.2 スピーカ，イヤホン，ヘッドホンの感度　*100*
- 5.2 磁界を用いるトランスデューサの感度の解析 ······················· 101
  - 5.2.1 直接放射形動電スピーカ　*101*
  - 5.2.2 動電および電磁イヤホン　*103*
  - 5.2.3 動電および電磁マイクロホン　*105*
- 5.3 電界を用いるトランスデューサの感度の解析 ······················· 106
  - 5.3.1 コンデンサマイクロホン　*106*
  - 5.3.2 圧電イヤホンと圧電スピーカ　*108*
- 5.4 電気抵抗変化マイクロホンの感度の解析 ···························· 110
- 5.5 トランスデューサの振動系の制御方式と共振周波数 — その1 ······ 111
- 引用・参考文献 ··· 112

6. トランスデューサの音場と音響放射

- 6.1 自 由 音 場 ·· 113
  - 6.1.1 平　面　波　*113*
  - 6.1.2 球　面　波　*117*
- 6.2 呼吸球と点音源 ·· 119
- 6.3 無限大バフル上の音源 ·· 123
- 6.4 室内音場と拡散音場 ·· 127
  - 6.4.1 音波の反射と吸収　*127*
  - 6.4.2 波動音響学的な解析と残響時間　*130*
  - 6.4.3 幾何音響学的な解析　*133*
  - 6.4.4 定　常　状　態　*135*
- 引用・参考文献 ··· 137

viii 目次

7. 音波の伝送

7.1 一様断面の管の中の音場 ································ 138
　7.1.1 振動板による駆動　　*138*
　7.1.2 空気中の音圧による駆動　　*143*
7.2 特別な条件の管 ·· 146
　7.2.1 波長より短い音響管　　*146*
　7.2.2 波長に比べ太い管　　*147*
7.3 ホ　ー　ン ·· 149
引用・参考文献 ·· 153

8. 音波の反射と回折

8.1 球形のエンクロージャ ···································· 154
8.2 円筒の端面 ··· 157
8.3 直方体の箱 ··· 161
引用・参考文献 ·· 162

9. 多点送受音と指向性の制御

9.1 二つのマイクロホンの出力電圧の加減算 ············ 163
9.2 音圧傾度マイクロホン ···································· 166
9.3 指向性マイクロホンの構成 ······························ 170
9.4 騒音抑圧マイクロホン ···································· 172
引用・参考文献 ·· 174

10. オーディオトランスデューサの設計技術

10.1 指向性マイクロホンの周波数特性の制御 ··· *175*
10.2 音楽用ヘッドホンのバラエティ ··· *177*
10.3 トランスデューサの振動系の制御方式と共振周波数 — その2 ······· *184*
    10.3.1 選択すべき制御方式のまとめ　*184*
    10.3.2 使いやすい制御方式は何か　*185*
10.4 実例1：コーンスピーカとそのエンクロージャ ·································· *187*
10.5 実例2：電電公社の電子化電話機用トランスデューサ ····················· *195*
引用・参考文献 ··· *202*

11. オーディオトランスデューサの測定

11.1 測定のための音響環境 ··· *204*
    11.1.1 自由音場を得るための無響室　*204*
    11.1.2 拡散音場を得る方法　*206*
11.2 測定のためのデバイス ·· *208*
    11.2.1 マイクロホンと人工耳　*208*
    11.2.2 スピーカの音響負荷と人工口　*212*
    11.2.3 ヘッドアンドトルソシミュレータ　*215*
11.3 感度と周波数レスポンスの古典的な測定 ·· *216*
    11.3.1 スピーカの測定システム　*218*
    11.3.2 マイクロホンの測定システム　*222*
    11.3.3 ヘッドホン，イヤホンの測定システム　*223*
11.4 周波数レスポンス測定のための信号 ··· *225*
    11.4.1 正弦波の周波数掃引　*225*
    11.4.2 ランダムノイズ信号　*227*
    11.4.3 ランダムノイズの周波数補正測定　*229*
11.5 伝達関数またはインパルスレスポンスの測定 ····································· *231*

x　目　次

11.5.1　正弦波のゆっくりした周波数掃引　*232*
11.5.2　インパルス信号の繰り返し　*233*
11.5.3　ランダムノイズ信号　*233*
11.5.4　TSP信号（スウェプトサイン信号）　*235*

11.6　コーンスピーカの振動部の定数の測定………………………*239*
11.7　可逆変換器の相互校正………………………………………*241*
引用・参考文献……………………………………………………*243*

12. オーディオトランスデューサを用いる音響システム

12.1　オーディオ再生システム……………………………………*245*
12.2　アナログ電話機………………………………………………*251*
12.3　ノイズキャンセルヘッドホン………………………………*255*
12.4　労働集約産業から設備産業へ………………………………*257*

12.4.1　マイクロホン産業の変容：一つの例　*257*
12.4.2　産業界と研究の世界との乖離　*259*

引用・参考文献……………………………………………………*261*

付　録

A.1　弦　の　振　動………………………………………………*262*
A.2　膜　の　振　動………………………………………………*265*
A.3　まっすぐな棒のたわみ振動…………………………………*268*
A.4　円形の板のたわみ振動………………………………………*271*
A.5　中心に剛体部をもつ環状円形板の対称たわみ振動………*274*
A.6　薄く浅い球殻のたわみ振動の最低共振周波数……………*276*
引用・参考文献……………………………………………………*278*

索　　引……………………………………………………………*279*

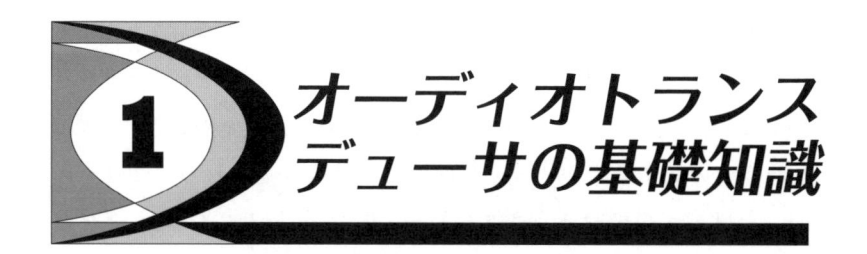

1 オーディオトランスデューサの基礎知識

　本書で対象とするのはマイクロホン，スピーカ，ヘッドホンなど，人の耳に聞こえる周波数（高さ），音量（大きさ）の音の信号と電気信号との仲立ちをするデバイスである。こうした信号を**オーディオ信号**（audio signal），**可聴信号**（audible signal）などと呼ぶ。また，こうした用途のデバイスを**変換器**（transducer），**トランスデューサ**（transducer）[†1]，または**電気音響変換器**（electroacoustical transducer）と総称する。

　この章では，まず本書で取り扱うオーディオ信号の性質を概観し，また必要な物理量とその尺度の知識も列記する。

　次に本論の入り口として，変換器を基本機能で分類し，その定義と名称を整理する。

1.1 物理現象としての音とその定量化

〔1〕 音とは何か

　音は空気中のほか水中などいろいろの環境で存在する。本書では音楽，音声，環境音といった人に聞かれる音を対象とする変換器を述べるので，考慮する音も空気中の音に限ることにする[1), 2)] [†2]。

[†1] 変換器とトランスデューサとは本来同義語だが，わが国の技術の世界では多少区別して用いられているようである。本書ではデバイスそのものを指すときはトランスデューサ，抽象概念を表すときは変換器と呼ぶことにする。
[†2] 肩付番号は各章末の引用・参考文献を示す。

音波は媒質（空気）の粒子が音波の進行方向に平行に運動することにより生じる空気の粗密，すなわち縦波（longitudinal wave）として伝わると理解される。密の部分では圧力が高く，疎の部分では低くなる。一定の高さの音波ではこうした変化の基本要素が一定の時間長ごとに繰り返される。これを**周期**（period）と呼ぶ。単位はs〔秒〕である。また，1周期の伝搬距離を**波長**（wave length）と呼ぶ。単位はmである[†1, †2]。

音波は大気圧を中心とする圧力の増減として伝わるので，音の大きさはPaで表され，**音圧**（sound pressure）と呼ばれる。波形が交流なので通常は実効値（正弦波の場合は振幅の$1/\sqrt{2}$）で表す。人がやや大きめの声で話しているとき，口元から3cmくらいの箇所での音圧はおおむね約1Pa，すなわち大気圧の約10万分の1とされている。電話機のマイクロホンはその程度の大きさの音を受けていることになる。

音が伝わるときの空気の粒子の往復運動の速度を**粒子速度**（particle velocity）と呼ぶ。単位はm/sである。やはり通常は実効値で表す。実際には個々の空気分子の運動は高速で方向がランダムであり，その平均値を粒子速度と定義する。

圧力は方向によらないのでスカラ量だが，粒子速度は大きさのほか粒子の動く向きも表示しなければならないのでベクトル量となる。

音の伝わる速度を**音速**（sound velocity）と呼び，次式のcで与えられる。単位はm/sである。

$$c = 331.5 + 0.61T \tag{1.1}$$

ここでTは空気の温度（摂氏）である。概算には摂氏15℃での値340m/sがよく用いられる。なお，cは大気圧にはほとんど無関係である[†3]。

---

†1　実際は，空気の個々の分子はそれぞれ高い速度で種々の方向に飛び交っている。ここではそのすべての運動を加算すると相殺し，平均的には上記のように運動している状態とみなしてよいと仮定している。

†2　空気のマクロな流れが風である。風がなくても音波は伝わる。流れの速度（風速）は音の伝わる速度よりずっと小さいので，強くない風は音波の伝搬には大きな影響がない。

†3　当然ながら音速，粒子速度，風速はまったく別の現象を表す量である。

上述のように音波は1sの間にc〔m〕進む。これを波長で割ると空間の特定の点を1秒間に通り抜ける波の基本要素の数になる。これを**周波数**（frequency）と呼ぶ。単位はHzである。

伝わる音波によって進行方向に垂直な単位面積の面を通過するパワー（すなわち単位時間に通過するエネルギー）を音の強さまたは**音響インテンシティ**（acoustic intensity）と呼ぶ。単位はW/m^2である。音圧と粒子速度の積（の時間平均）で与えられる。粒子速度がベクトル量なので音響インテンシティも大きさと向きとで表されるベクトル量である。

なお，トランスデューサは音と電気の仲立ちをするデバイスなので，交流の電気現象も定量化しなければならない。注目するのは電圧〔V〕，電流〔A〕および電力〔W〕である。いずれも大きさを実効値で表す。このとき基本要素の長さが周期〔秒〕を表し，その逆数が周波数〔Hz〕になる。

〔2〕 デシベル尺度とレベル

耳をはじめとする人の感覚は物理量の大小を差ではなく比で感じている。また，空気中の音波，光などの減衰や電話線での信号の減衰は比で表すのが適当である。このため，音響，電子，通信の分野では音圧，電圧といった物理量をそのまま定量化せず，基準の量との比の絶対値の対数を用いて表すのが一般的である。本書もそれに従う[3]。

基本となるのは観測されたパワーW〔W〕と基準のパワーW_0との比であり，単位には電話の発明者の名（A. G. Bell）よりとったベル〔bel〕を用いる。しかし，通常は単位の大きさを1/10として

$$b = 10 \log_{10} \left| \frac{W}{W_0} \right| \tag{1.2}$$

のように表す。単位の大きさを1/10とすると同じ量の数値は10倍になる。

単位名には1/10を表す接頭語deciをつけてデシベル（decibel〔dB〕）と呼ぶ。例えばWがW_0の10倍ならdB値は10 dBである。

同じようにして電圧や電流の大きさもdBで表すが，パワーの比は電圧，電流の比の2乗となる（例えば，電気抵抗に加える電圧を2倍にすると電流も2

倍になるので電気抵抗で消費されるパワーは2×2，すなわち4倍になる）ので，電圧，電流のdB値は下記のように2乗の比で定義する習慣となっている。

$$b = 10 \log_{10} \left| \frac{E}{E_0} \right|^2, \qquad b = 10 \log_{10} \left| \frac{I}{I_0} \right|^2 \qquad (1.3)$$

ここで E_0 および I_0 は電圧および電流の基準値である。実際には下記のような式を数値計算すればよい。

$$b = 20 \log_{10} \left| \frac{E}{E_0} \right|, \qquad b = 20 \log_{10} \left| \frac{I}{I_0} \right| \qquad (1.4)$$

こうしておけば，上記の（ ）の例のような変化は電圧，電流，電力いずれで見ても 6 dB の変化ということになる。一つの物理現象が一つの共通の数値で表されるためわかりやすい。

音波の場合も同様で，上記のパワーを音響インテンシティ（単位面積当りのパワー，音圧と粒子速度との比），電圧を音圧，電流を粒子速度に置き換えると同じ式を用いて dB 値が定義，計算できる。例えば音圧の dB 値は

$$b = 20 \log_{10} \left| \frac{p}{p_0} \right| \qquad (1.5)$$

となる。ここで p は音圧〔Pa〕，p_0 は音圧の基準値である。

ここで，本書で用いる物理量を列挙し，またよく使われる基準値をあげておこう。前述のように取り扱う波形は交流なので，数値にはその実効値を用いる。

- **電　圧**　　基準値との比の常用対数の 20 倍を電圧レベル（voltage level）と呼ぶ。1 V を基準値とすることが多いが，0.775 V（600 Ω の電気抵抗が 1 mW を消費しているときの電圧）を基準とすることもある。
- **電　流**　　基準値との比の常用対数の 20 倍を電流レベル（current level）と呼ぶ。あまり使われないので基準値はまちまちである。
- **電　力**（パワー）　　基準値との比の常用対数の 10 倍を電力レベルまたはパワーレベル（power level）と呼ぶ。1 W または 1 mW を基準値とすることが多い。

- **音　圧**　　基準値との比の常用対数の 20 倍を **音圧レベル**（sound pressure level）と呼ぶ．特別な場合を除き 0.000 02 Pa（20 μPa，後述のように正常な聴力をもつ人が聞き取れる 1 000 Hz 正弦波の最小の音の値に近い）を基準値とする．SPL と略記されることがある．
- **音響インテンシティ**（音の強さ）　　基準値との比の常用対数の 10 倍を **音響インテンシティレベル**（sound intensity level）と呼ぶ．10^{-12} W/m^2 を基準値とする．この数値は常温常圧の空気中では数パーセントの偏差で音圧レベルの値に一致するので「XX dB の音」といわれたらどちらと解釈しても問題が起こらない．

いずれの場合も dB 値を「＊＊レベル」と呼ぶこと，dB の本来の定義はパワーの比であり，パワーレベル，インテンシティレベルには常用対数の 10 倍（10 log）を用いること，また音圧レベル，電圧レベルは便宜上常用対数の 20 倍（20 log）を用いて計算することが原則となっている．

1.2　人の耳に聞こえる音

本書で述べるトランスデューサは音楽，音声など人の耳で聴くことを前提とする音を扱うものとし，超音波用機器などは対象外としている．ここで人の耳の感覚（聴覚）の性質を概観しよう．

人の耳の感度は周波数により異なる．正弦波音に対する耳の標準的な特性を表す **聴感曲線**[†]（equal loudness level contours，ISO 226 による[4]）を **図 1.1** に示す[2]．縦軸は音圧レベルで，純粋の物理量である．それぞれの曲線は人の耳で同じ大きさ（ラウドネス，loudness）に感じる音圧レベルを表す．例えば周波数 1 000 Hz，音圧レベル 40 dB の正弦波音と 125 Hz，63 dB の正弦波音は同じ曲線にのっているので，人の耳には同じ大きさに聞こえることになる．この大きさを 1 000 Hz での音圧レベル値で代表させ，フォン〔phon〕で表す．例

[†]　等ラウドネス曲線としては Robinson-Dadson 曲線が 40 年にわたり用いられてきたが，2003 年の国際規格（ISO 226）改正にあたり鈴木と竹島の曲線に置き換えられた．

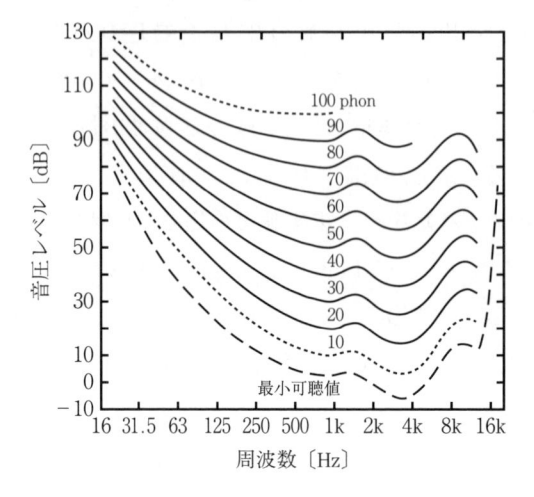

図1.1 人の聴覚の聴感曲線[4]

えば，125 Hz，63 dB の正弦波音の大きさは約 40 phon である。

この図より，人の耳は 10^3 倍にわたる比周波数範囲の音を，10^{14} 倍にわたる強さの範囲で聞いていることがわかる。また，感度は 3～4 kHz で最も高い。これは外耳道内の空気の共振によるといわれている。

耳に聞こえる最小の音は図の破線で表され，**最小可聴値**（threshold of hearing）と呼ばれる。一方，100 dB 以上の領域で人の耳に痛みを与え始めるラウドネスを**最大可聴限**（upper limit of hearing）と呼ぶことがある。

人の耳の性質には聴覚マスキングと臨界帯域幅，先行音定位効果，ステレオ受聴における定位や広がりなど興味深いものが多く，また多くのトランスデューサの設計にこれらがかかわっている。ここでは詳述しないが他書を参照されることをお勧めしたい[2), 5)]。

1.3 トランスデューサで対象とする音

耳で聴かれる音は音楽，人の声，騒音など多種多様だが，トランスデューサが対象とする音としては音楽信号（musical signal）が重要である。音楽信号の周波数，振幅の変化範囲は人の声に比べて非常に広く，また豊かな高調波成分

が含まれるので，その上下限は可聴限界を超える例も多い[5]。

　また，音楽信号は大きさの分布も幅広く，室内騒音に近い小さな音から最大可聴限以上の大きな音まで存在する。したがって，音楽信号を対象とするデバイスやシステムは原則として，人の耳に聞こえるすべての周波数，振幅の音を対象としなければならない。通常の特性評価は 20 Hz ～ 20 kHz の周波数範囲で，50 dB 程度の信号レベル範囲を対象として行われることが多い。

　一方，人の話声（voice, speech）[†]の基本周波数は成人男性で 90 ～ 130 Hz，成人女性で 250 ～ 330 Hz であり，また大きな周波数スペクトルの存在する上限周波数は母音では 4 kHz 程度，子音のうち高周波数成分に富む摩擦音では 7 kHz 程度である。しかし，通話を明瞭に伝送する目的のみであれば，この周波数範囲すべてをカバーする必要はない。聴覚では基本周波数の成分は中周波数領域のスペクトルの周期性から再現され，また 5 kHz 以上の成分は乏しくとも音声通話の了解度は確保されるといわれている。実際，電話の伝送周波数帯域の規格は 300 ～ 3 400 Hz であり，携帯電話など実質的にこれより狭い例もあるが，通話では男女の声の区別もでき，了解度も実用的なものとなっている。

1.4　測定，分析の周波数

　1.3 節で述べた人の聴覚特性に対応して，広い周波数範囲で動作するオーディオトランスデューサでは測定や信号解析のための周波数の系列が規格で決められている[6]。よく使われる 2 種を図 1.2 に示す。周波数点の選択は人の聴覚の特性を考慮したものとなっている。例えば数値が等差系列（1, 2, 3, 4, …）ではなく等比系列（1, 2, 4, 8, …）となっているのは人が音の高さを周波数の比で感じているからに他ならない。

　図（a）のオクターブ系列は 2 倍の等比系列となっている。これは人の聴覚

[†] 人の話声の名称としては声（voice）と音声（speech）とを区別して用いるのが通例である。前者は物理的な音としての声を表すとき，後者は声に含まれる情報を問題にするときに用いられる。

1. オーディオトランスデューサの基礎知識

16	31.5	63	125	250	500	1 000	2 000	4 000	8 000	16 000

（a）オクターブ系列

‥	10	12.5	16	20	25	31.5	40	50	63	80	100	‥

（b）1/3オクターブ系列

図1.2　推奨される測定，分析周波数
（ISO 266 による[6]）

では周波数比で2倍（1オクターブ）ごとに共通するような印象が知覚されることによる[2]。図の11点は人の可聴周波数範囲をおおむね網羅している。

図（b）の**1/3オクターブ系列**は $2^{1/3}$ 倍ごとの等比系列で，オクターブ系列の間に2点を挿入したものとなっている。図は10〜100の範囲を示しているが，これを1/10倍，10倍，100倍して並べると可聴周波数範囲を網羅することができる。この系列はオクターブ系列との親和性がよいのみならず，10倍の範囲に10点が並ぶため10倍系列（1, 10, 100, …）との親和性もよい。また，800 Hz以上の周波数領域では，点の間隔が人の聴覚における臨界帯域幅におおむね対応しているので，信号の周波数成分の分析に適している[5]。

1.5　オーディオトランスデューサの種類と機能

〔1〕　トランスデューサの種類

日常使われているマイクロホン，スピーカのような名称は，IEC規格などにその用語と意味とが規定されている[7], [8]。規定の内容を**表1.1**に示す。

マイクロホン（microphone）は音から電気へのトランスデューサである。電話に代表される電気通信の分野ではこれを**送話器**（transmitter）と呼んでいたが，英語名が電子装置の送信機と紛らわしいなどの理由で使われなくなった。

電気から音へのトランスデューサはさらに細分類される。広い空間に音を放

1.5 オーディオトランスデューサの種類と機能

表1.1 オーディオトランスデューサの種類

		狭い空間（耳孔内）の音を対象	広い空間（室内，屋外）の音を対象
音→電気		マイクロホン [IEC 60268-4]	
電気→音	音声，音楽を対象	イヤホン，ヘッドホン [IEC 60268-7]	スピーカ [IEC 60268-5]
	合図音を対象	—	サウンダ [IEC 61842]

射するものが**スピーカ**（loudspeaker）である．一方，人の耳の中，またはその近くの狭い範囲に音を送るものを**イヤホン**（earphone）または**ヘッドホン**（headphone）と呼ぶ．これらの区別については10章で述べる．なお，電気通信分野ではイヤホンを**受話器**（receiver）と呼んでいたが，やはり英語名が電子装置の受信機と紛らわしいなどの理由で使われなくなった．

スピーカと同じ用途で，音声や音楽などの広帯域信号ではなく合図音のような狭帯域信号の放射に特化したトランスデューサがあり，IEC規格では**サウンダ**（sounder）と呼ぶ．機械，音響的な共振現象を積極的に利用してスピーカに比べ小形で大きな出力を得ているもので，再生音には入力信号の波形は必ずしも保存されないが周波数は保存される．

表1.1には挙げていないが，アナログレコードの音溝の刻み込み，読出しにもトランスデューサが用いられる．特に後者はマイクロホンと類似の動作を行うもので**ピックアップカートリッジ**（pickup cartridge）と呼ばれ，コンパクトディスク（CD）などの光記録媒体が普及するまではオーディオ再生装置の重要な構成要素であった．

特殊なデバイスとして，サウンダに発振回路を内蔵させ，直流入力により信号音を放射するようにしたものがあり，**ブザー**（buzzer）と呼ばれる．衝突振動を用いる特殊な構造のブザーも使用されている．小さいながらトランスデューサと電子回路とを組み合わせた音響システムである．出力音は一般に連続音で，その周波数は振動部などの機械特性で決められる．

なお，超音波，水中音響の分野ではマイクロホンに相当するものを受波器（receiver），スピーカに相当するものを送波器（transmitter）と呼ぶが，兼用することが多いので一般にトランスデューサと総称している。

本書では，人の耳と口を対象とする可聴周波数の信号，いわゆるオーディオ信号を扱う電気音響変換器のうち，マイクロホン，イヤホン（ヘッドホン），スピーカおよびサウンダについて述べる。

多くのトランスデューサは原理的に音から電気，および電気から音の双方向の変換ができる。こうした双方向に動作する変換器を**可逆変換器**（reversible transducer）と呼ぶ。

例えば市販のスピーカの電気入力端子をオシロスコープに接続してそばで声を出すとスピーカはマイクロホンとして動作し，オシロスコープに声の波形が現れる。

これに対して，原理的に一方向のみしか変換できない変換器も用いられる。これを**非可逆変換器**（irreversible transducer）と呼ぶ。その代表とされる炭素粉粒マイクロホンは，電話機のマイクロホンとして20世紀末まで製造されたが，これ以外の非可逆変換器は量産には至らなかった。

現在製造されているトランスデューサはすべて可逆変換器であるといってよい。ただし，増幅器などの内蔵部品があるために外部からは非可逆に見えるものが数多く存在する。

〔2〕 **トランスデューサの構造の概念**

しかし，こうした種々のトランスデューサは大雑把に見るとほぼ同じ構造をもっていることがわかる。トランスデューサの大部分は音波を伝える媒質（空気）と相対する**振動板**（diaphragm）または**振動膜**（membrane），その機械的な動きと電気信号との仲立ちをする**変換部**（transducer element）およびこれらを収容する**ケース**（case）からなる図1.3のような構造になっている。

ケースは一般にほぼ密閉されている†。外部から音波が振動板に入射すると

---

† ケースを積極的に開放して目的を達しているデバイスもある（10章参照）。

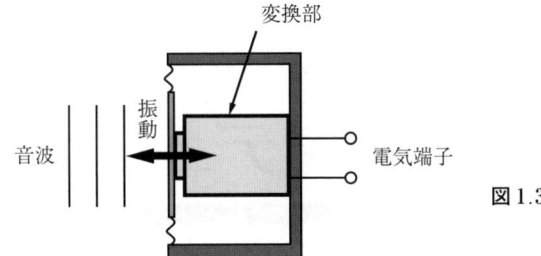

図 1.3 後部に室をもつ振動板と変換部

ケースの内外の気圧の差による振動板が運動する。これを変換部で電気信号に変換するのがマイクロホンの基本動作である。一方，与えられた電気信号により変換部が力を発生して振動板を運動させると音波が外部に放出される。これがスピーカ，ヘッドホンなどの基本動作である。

振動板または振動膜の機械振動を仲介として電気信号と音響信号とを結びつける。これが通常のオーディオトランスデューサの基本構成である。

引用・参考文献

1) 日本音響学会編：新版 音響用語辞典，コロナ社（2003）
2) 鈴木陽一，赤木正人，伊藤彰則，佐藤洋，苣木禎史，中村健太郎：音響学入門，音響入門シリーズ A-1，コロナ社（2011）
3) 大賀寿郎，梶川嘉延：電気の回路と音の回路，音響入門シリーズ B-3，コロナ社（2011）
4) ISO 226 "Acoustics -- Normal equal-loudness-level contours"
5) 大賀寿郎：マルチメディアシステム工学，コロナ社（2004）
6) JEITA 規格 RC-8100B「音響機器通則」
7) IEC 60050-801 "International electrotechnical vocabulary, Chap. 801：Acoustics and electroacoustics"
8) JIS Z 8106「音響用語」

2 種々のオーディオトランスデューサ

オーディオトランスデューサは音によるマンマシンインタフェースシステムに不可欠のデバイスであり，その構成，動作原理，大きさなどは用途に応じて多種多様である[1),2)]。

本書の目的はそれらを系統的，定量的に詳述することであるが，それに先立って，この章ではこれまでに用いられた多種多様なオーディオトランスデューサを列記してその仕組みを紹介する。

現実のデバイスの構成を見ることにより，基本的な物理現象とその用途からの要求との関係を読み取ることが可能となるであろう。

2.1 磁界を用いるトランスデューサ

広く用いられている可逆変換器は，以下の2種に大別される[†]。
- 磁界を用いる変換器（transducers by magnetic field）
- 電界を用いる変換器（transducers by electric field）

まず磁界を用いる可逆変換器に属するトランスデューサを紹介する。これは**コイル**（coil，電流を流す導体で，直線状のものや平面渦巻状のものも用いられるが，ここではコイルと総称する），**磁石**（magnet，ほとんどが永久磁石を用いる），**磁気回路**（magnetic circuit）から構成され，いずれか（磁気回路の

[†] 従来の解説書では前者を電磁形変換器，後者を静電形変換器と呼ぶ例が多かったが，後述する電磁変換器，静電変換器と紛らわしいので，本書ではこれらの名称は採用しない。

場合はその一部)が振動板とともに運動するようになっている。コイルを動かすものを**動電変換器**(electrodynamic transducer),それ以外を動かすものを**電磁変換器**(electromagnetic transducer)と呼ぶ。動電,電磁の名称の代わりにダイナミック,マグネチックの名を用いることも多い。

2.1.1 動電変換器
〔1〕 動電(ダイナミック)スピーカユニット

磁界を用いる動電変換器の代表は,オーディオセットやカーステレオなどに使われている**ダイナミックスピーカ**(electrodynamic loudspeaker)の中枢となるデバイスで**トランスデューサユニット**(transducer unit)または単に**ユニット**(unit)と呼ばれる。形状は円形(または楕円形,長円形)が一般的である[3)〜6)]。直径数センチ以上の大きさの製品の断面の例を**図 2.1**に示す。

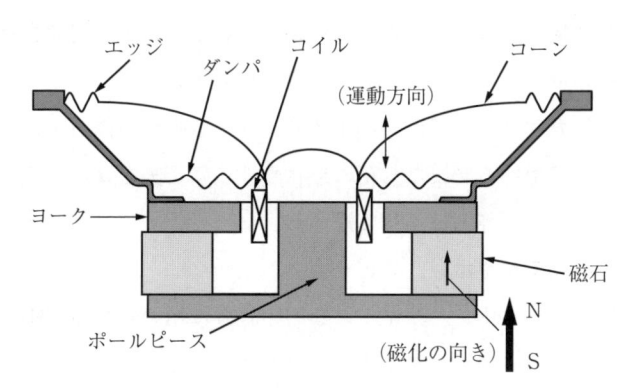

図 2.1 ダイナミックスピーカユニットの例
(可動コイルトランスデューサ)

この構造では,音を放射する紙またはプラスチック製の振動板がエッジとダンパで支持されている。2か所で支持するのは振動部が回転運動せず,直線運動のみ行うようにするためである。

高い周波数まで素直な特性を保って放射するためには振動板に十分な剛性を与え,変形を防止する必要がある。そのため,通常の製品では円錐またはそれに近い形に成形された振動板を用いる。こうした振動板を**コーン**(cone)と

呼ぶ。一方，放射特性の率直さを重視して放射面を平面とした製品も見られる。

振動板の材料は紙が一般的である。特に繊維が長く丈夫な紙は軽量で剛性が高く，また繊維どうしの摩擦のため屈曲振動の共振が減殺されるのでスピーカに適している。

コーンの中心部にはコイルが接着される。ヨーク，ポールピースからなる磁気回路に挟まれた**永久磁石**（permanent magnet）は図の上下方向に磁化されており，コイルの置かれた円筒形の空隙には磁石による磁束がコイルと直交するように通っている。

コイルに電流が流れると磁束との相互作用（フレミングの左手の法則に従う）により駆動力が発生するので，コーンは上下に動いて音を放射する。コイルが運動するので**可動コイルトランスデューサ**（moving coil transducer）と呼ばれる。

図にはリング状の磁石を用いた例（外磁形）を示したが，円筒または円板状の磁石を中央のポール下部におく例（内磁形）も多い。

実際のスピーカシステムでは，図1.3のように振動板の後面を箱で囲って前後の音を遮断して用いる。また，箱の形状や寸法に工夫をこらして特性を改善することが行われる。詳細は4章で述べる。

〔2〕 **超小形動電イヤホン，スピーカ**

携帯電話機，ヘッドホン，イヤホンなどの音源に用いられる超小形トランスデューサユニットも，多くはダイナミックスピーカと同じ原理で動作するものである。こうした直径数センチ以下の小形ユニットは通常のダイナミックスピーカに比べ簡易な構造となっている[7]。断面の例を**図2.2**に示す。

この構造は，コイルを駆動する原理は図2.1のものと同じだが，振動板はその周辺のみで支持される。振動板はやはりコーン形状が一般的だが，小形機器ではユニットの薄形化への要求が厳しいので平面に近い浅いものとなり，またコイルの直径が振動板の直径に近い寸法になるので，中央のドーム部が放射面の多くを占める。

振動板の材料は軽量で吸湿の少ないプラスチック，特に曲げ剛性の大きい

2.1 磁界を用いるトランスデューサ

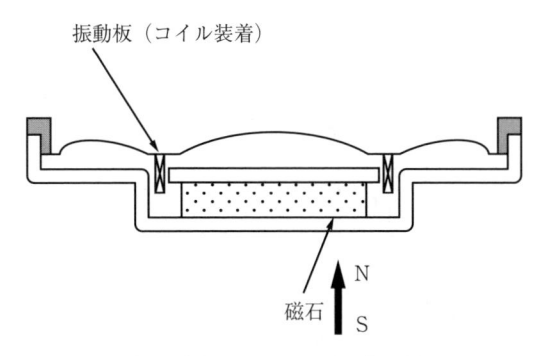

振動板（コイル装着）

磁石 N S

図 2.2 超小形動電イヤホン，スピーカユニット

PET（ポリエチレンテレフタレート）を用いる例が多く，一般に透明である。

こうした動電変換器は運動部分に磁石，磁気回路といった磁性体を含まないので振動部に磁気吸引力が加わらない。したがって紙，プラスチック，ゴム質の材料などで軟らかく支持された振動板を使うことができるので大振幅動作に適している。このため，市販のスピーカ，イヤホン，ヘッドホンでは一部の例外を除き動電変換器を用いており，上記のようにマイクロホンの一部にも用いられている。

一方，動電変換器を応用したトランスデューサではコイルの運動する広い空隙に強い磁界を発生させなければならないため，磁界を用いる他種のトランスデューサに比べ強力な磁石が必要で，そのため小形軽量化が難しい欠点があった。しかし，磁石材料の進歩がこれを解決した。**図 2.3** に種々の磁石のもつエネルギー積（BH 積）の大きさの変遷を示す。この値が大きいほど磁石の体積当りの強さが大きいので磁石を小形化できる。1980 年代に発明され，1990 年代に急速に用途が広がって低価格化したネオジム磁石[†]は抜群に大きなエネルギー積をもち，また反磁界への強さが大きい。このため磁石を薄くして N 極，S 極を近づけることができるので非常な小形，薄形の磁石の使用が可能となり，動電トランスデューサが革命的に小さくなった。この磁石の実用化によっ

[†] ネオジムはこの元素の略称で，正式名称はネオジミウム（Neodymium）である。ネオジウムと呼ばれることがあるが誤りである。

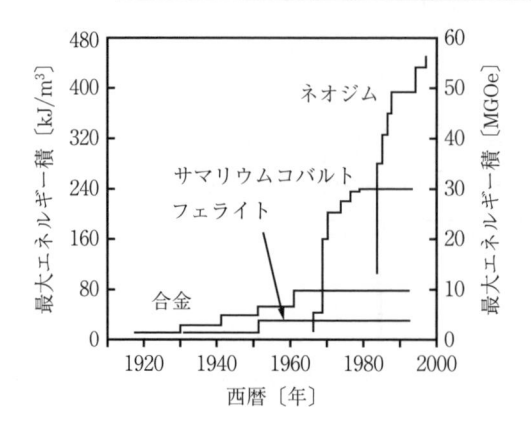

図 2.3 磁石のエネルギー積の変遷（住友特殊金属のホームページの資料をもとに作成）

てポケットに入る携帯電話機が可能となったといっても過言ではない。

例えば，図 2.2 の超小形動電トランスデューサの例では磁石が非常に薄い。これは反磁界に強いネオジム磁石の特徴を生かした構造である。

〔3〕 ホーンスピーカのドライバ

拡声器，オーディオ再生装置の高音用スピーカなど，高い放射効率をねらう用途には**ホーンスピーカ**（horn loudspeaker）が用いられる。ホーンの根元に装着されるドライバはほとんどすべてがダイナミックトランスデューサである。

構造の例を**図 2.4** に示す。基本構成は直接放射形トランスデューサと同様だが，振動板の放射部はドーム形で，ホーンに注入する音の位相を揃えるためにイコライザを用いて開口部を狭める。ドームには空気からの強い反作用力が加

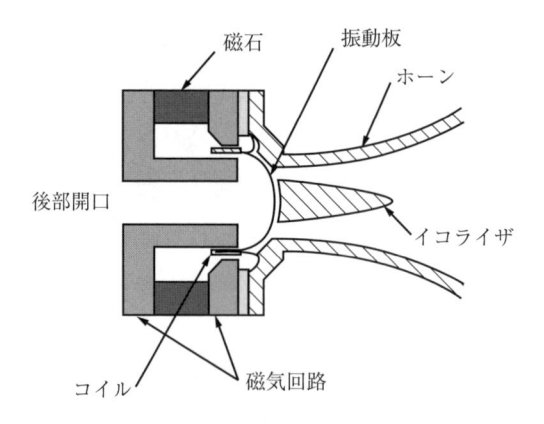

図 2.4 ホーンスピーカ用ドライバ[5]

わるので，振動板には金属などの丈夫な材料が用いられる。後部の開口には吸音材料を充填し，蓋で閉じて密閉室を形成する。

〔4〕 **動電マイクロホン**

この形式のトランスデューサは可逆変換器なので，音が入射して振動板が運動すると磁束との相互作用（フレミングの右手の法則）によりコイルに電流が生じ，電気信号が得られる。このため，こうした構造のユニットを用いたマイクロホンは**ダイナミック（動電）マイクロホン**（electrodynamic microphone）と呼ばれ，ボーカルマイクロホン（例えばカラオケ用）などに量産されている。

マイクロホンに用いられるトランスデューサユニットは図2.2に示したものと同様の構成が一般的だが，マイクロホンでは大面積の振動板が不要なので周辺部を狭くした，中央のドーム部が大部分を占める形状のものが多い。

一方，動電マイクロホンの一つとして**図2.5**に示すような**リボンマイクロホン**（ribbon microphone）が古くから音声の放送，録音用に用いられてきた[8]。

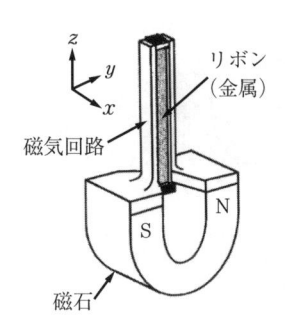

図 2.5 リボンマイクロホンの構成[8]

リボンマイクロホンのトランスデューサユニットでは磁石のN，S極に縦長の磁気回路を付加してあり，コイルの役割を担うアルミ箔などの薄い金属箔を磁極の間で自由に動けるように両端のみ固定して取り付けてある。磁束の方向は図のy方向であり，音圧の入射によるリボンの振動は図のx方向となるので，相互作用（フレミングの右手の法則に従う）によりリボンにz方向に電流が流れてマイクロホンとして動作する。

リボンマイクロホンには，巻線のコイルではなく軽く軟らかいリボンを用い

るので低い周波数まで対応しやすい利点があるが,リボンが機械的に虚弱なので取扱いに注意を要し,また電気抵抗が小さく(例えば1Ω以下)出力電圧も小さいので出力をトランスでステップアップする必要があるなどの点から,民生用途よりはプロフェショナル用途に適している。リボンの表裏で対称の構造となっているので10章で述べる後部を開放する構成のマイクロホンを構成するのに都合がよい。

2.1.2 電磁変換器
〔1〕 不平衡形電磁イヤホン

わが国の電話機には,長年にわたり**図2.6**に断面の例を示すような**電磁イヤホン**(electromagnetic earphone)ユニットが用いられ,電磁変換器の代表例とされてきた。

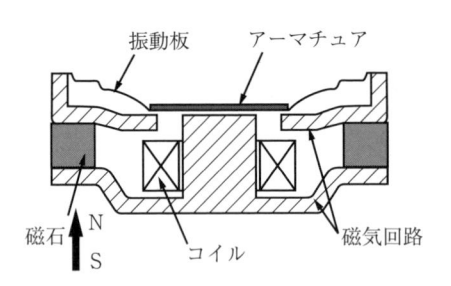

図2.6 不平衡形電磁イヤホンユニット
(電電公社電気通信研究所で小形電話
機用に設計したもの)

この構造は**可動鉄片トランスデューサ**(moving armature transducer)と呼ばれる。磁気回路の形状は可動コイルトランスデューサに似ているが,上下方向に磁化された磁石からの直流磁束は磁気回路の一部のプレート上面から上下方向の空隙を通って振動板の中央に装着された**アーマチュア**(armature)と呼ばれる鉄片(純鉄または鉄系の合金からなる)に入り,また空隙を通って磁気回路の一部となっている中央のポールの上面に抜ける。磁束の通っている空隙には磁気吸引力が発生するので,振動板は磁気回路上面への磁気吸引力に常時

2.1 磁界を用いるトランスデューサ

さらされており、その力の大きさは磁束の大きさに比例する。コイルに電流が流れると、それによる交流磁束が直流磁束に加算されるのでこの吸引力が変化し、振動板が上下に運動して音が放射される。

一方、音波の入射により振動板が運動すると空隙の距離が変化し、このため磁気抵抗が変化する。磁石の起磁力は一定だから磁気抵抗の変化により磁石で励起されている磁束の量が変化するので、コイルに電流が発生して電気信号が得られる。したがって電磁変換器も可逆である。

この構造のトランスデューサの特徴は、コイルそのものは運動しないので丈夫なボビンに多数回巻いた大きなコイルを用いることができ、また空隙の間隔が小さいので小形の磁石で十分な吸引力を得ることができるので、動電トランスデューサに比べ小形、軽量、低コストのユニットが実現できることだった。一方、振動部に強い静吸引力が加わるので振動板の材料は剛性の高い金属に限られ、大振幅動作が難しい欠点があった。このため、ネオジム磁石の出現で動電トランスデューサが大幅に小形軽量化された後は電磁トランスデューサの生産量が激減している。

〔2〕 簡易な不平衡形電磁イヤホン

安価なポケッタブルラジオに添付される挿耳形イヤホンには電磁トランスデューサが用いられる。構造の例を図2.7に示す。図2.6の構造を簡易化した構造で、動作原理は同じだが部品点数が非常に少ない低コストの設計となっている。振動板はシンプルな円形の鉄板で、磁石の上に乗せると磁石および磁気回路の中心部との間に静吸引力が発生して吸いつけられるので機械的に安定で

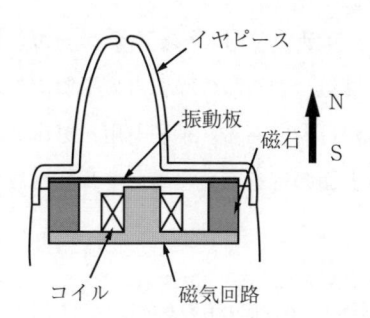

図2.7 簡易な不平衡形電磁イヤホンユニット

あり，接着などによる固着は省略できる．

こうしたイヤホンは低価格であり，エレクトレットコンデンサマイクロホンが大量生産されて価格が下がる以前は，恐らく最も安価なオーディオトランスデューサだった．

〔3〕 **平衡形電磁イヤホン**

超小形を要求される補聴器用のイヤホンユニットには，現在でも電磁変換器が広く用いられている．

構造の例を**図2.8**に示す．振動板を駆動するアーマチュアの上下に磁石が配置され，同じ向きに磁化されているのでアーマチュアに作用する磁気吸引力が上下でバランスしているので無信号の状態では静吸引力は小さい†．コイルによる磁束はアーマチュアを磁化するので吸引力の平衡が崩れ，アーマチュアが運動する．その動きがロッドにより振動板に伝えられる．

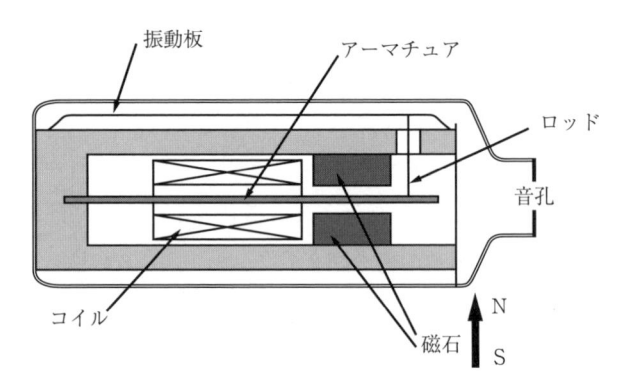

図2.8 平衡形電磁イヤホン

こうした構成のものを**平衡アーマチュアトランスデューサ**（balanced armature transducer）と呼ぶ．この構造は製造時の吸引力の平衡調整が微妙だが，小形ユニットでも大振幅の動作が可能である．補聴器用イヤホンはこれを図のようにケースに収納し，振動板上面の音を音孔に導いて耳孔へ放出される

---

† 磁石の吸引力を大きくするため，上の磁石の上面と下の磁石の下面とを鉄片で短絡して直流磁束と交流磁束の磁気回路を分離する構成のものがある．

2.1 磁界を用いるトランスデューサ

ように構成されている。

21世紀に至り音楽鑑賞用の高級な挿耳形ステレオヘッドホンが実用化されている。これは図2.8に示した構造のユニットを用い，材料を吟味して入念に設計製造された高級品が多く，周波数帯域を分割して分担させるため複数のユニットを内蔵したものもある。

〔4〕 **可動磁石電磁ブザー**

電磁トランスデューサの変り種として，比較的古い歴史をもつ衝突形ブザーがあげられる。その変換部の構成を**図2.9**に示す。**可動磁石トランスデューサ**（moving magnet transducer，ムービングマグネットトランスデューサ）となっており，先端に小さな磁石を装着した棒が片持ち梁として振動し，先端が円板の振動板をたたいて音を発生させる。吸引力がさほど大きくないので棒はプラスチックでもよく，そのため共振周波数を数 100 Hz 程度と低くできるうえに，出力音には振動板への鋭い衝突音が加わるので警報音用に適している。

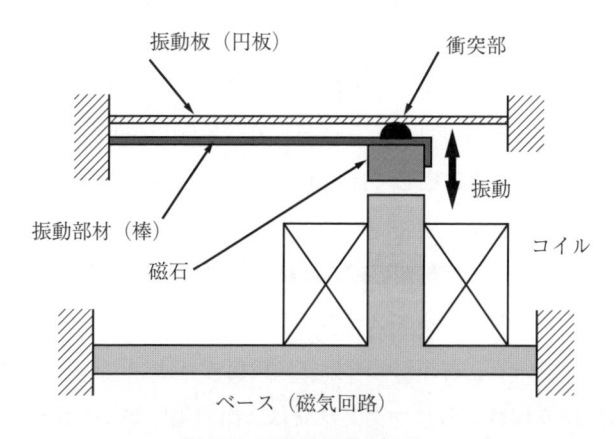

図 2.9 可動磁石電磁ブザー

実際の製品の多くはトランジスタによる発振器を内蔵させ，直流を印加して動作するように構成されているのでブザーと呼ばれる。

〔5〕 **LP レコード用可動磁石ピックアップ**

LP ステレオレコード盤（アナログレコード）の再生に用いる**ピックアップ**

カートリッジ（pickup cartridge）には多種多様の変換原理のものが用いられたが，最盛期の売れ筋の中級品の主流は可動磁石トランスデューサだった。

図 2.10 に代表的な製品の変換部を示す。ステレオレコードの再生のため，90°異なる方向の針の運動を別々に検出しなければならないので，二つの磁石と四つのコイルとを用いる複雑な構成となっている。

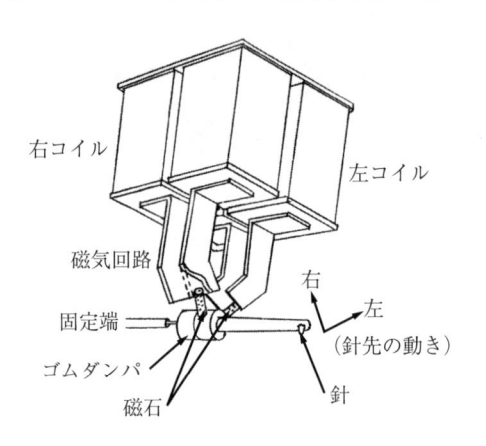

図 2.10 LP レコード用可動磁石ピックアップ（オーディオテクニカの製品をもとに作成）

根元で支えられ，先端にレコード盤の溝をトレースする宝石の針（スタイラスチップ）を装着した棒（カンチレバー）には，90°方向に 2 本の磁石が装着されており，針先の動きに応じて磁石も運動する。磁石はそれぞれ長手方向に磁化されており，磁石が長手方向に動くと磁気回路の間を出入りする磁石がコイルに電流を生じるが，反対側の磁石は横方向に動くのでそちら側のコイルには電流を生じない。したがってステレオ LP レコードの溝にたがいに直交するように記録されている左右の信号を独立に検出できる。

この種の変換原理によるピックアップは，出力電圧がラジオチューナや CD プレーヤの出力信号電圧に比べ小さいので，高利得のアンプと組み合わせて用いる必要がある。また，出力電圧が振動速度に比例するので，周波数に対して振動変位が平坦となるように記録されている LP レコードの信号を正しく再生するため，アンプはおおむね周波数に逆比例する周波数レスポンスをもつ必要がある。この周波数レスポンスは米国レコード協会（Recording Industry

Association of America, RIAA) の規格で規定されている。

2.2 電界を用いるトランスデューサ

次に,電界を用いる可逆変換器に属するトランスデューサを紹介する。これは空間の電界を用いるものと固体中の電界を用いるものとに大別される。前者は**静電変換器**(electrostatic transducer)または**コンデンサ変換器**(condenser transducer)と呼ばれる変換器で,後者は**圧電変換器**(piezoelectric transducer)で代表される。

2.2.1 コンデンサ変換器
〔1〕 計測用コンデンサマイクロホン

精密な音響計測や音響標準の維持のために,良好な精度で音圧を測定する目的で用いられる**コンデンサマイクロホン**(condenser microphone)は,古くからコンデンサ変換器の代表とされてきた[9]。

計測用マイクロホンの構成例を**図 2.11**に示す。金属箔を強い張力で張り上げた振動膜と,ガラスなど安定な絶縁材料で保持された金属製の背極を対向させて平行平面コンデンサを構成している。図の下部のねじ溝は円筒形のヘッドアンプ筐体などに装着するためのもので,上部外周のねじ溝は孔を設けた保護キャップ(グリッドキャップと呼ばれる)を装着するためのものである。

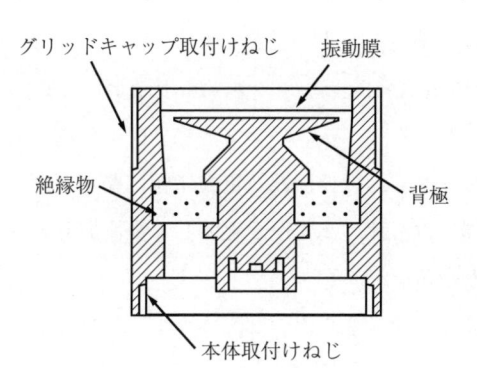

図 2.11 計測用コンデンサマイクロホンの構造(JIS C 5515 標準コンデンサマイクロホン(1981)より)

コンデンサ部の静電容量 C 〔F〕は次の式で与えられる。ここで S 〔m²〕は振動膜と背極との対向面積，d 〔m〕は両者の間隔，ε_0 〔F/m〕は真空の誘電率（空気中でも大差ない）である。

$$C = \frac{\varepsilon_0 S}{d} \tag{2.1}$$

振動膜が静止しているときにはこの静電容量は数 pF ～ 20 pF であり，平行平面の間の平均距離に反比例する。

コンデンサ部に直流電圧を加えると電荷 Q 〔Q〕（一方が＋，他方が－）が蓄えられて対向平面の間に電位差 e 〔V〕が発生する。電荷の量が一定なら電位差は次の式のように静電容量に反比例する。

$$e = \frac{Q}{C} \tag{2.2}$$

したがって，音波の入射により平行平面の間の距離 d が変化すると電位差（すなわち電圧）e が変化するので，その変化を交流電気信号として取り出せばマイクロホンとして動作することになる。

このため，コンデンサマイクロホンではコンデンサ部に電荷を与え，また交流出力信号をこれと分離して取り出すために，**ヘッドアンプ**（head・amp）と呼ばれる付加電子回路が用いられる。

図 2.12 に古典的なヘッドアンプ回路を示す。バイアス電圧と呼ばれる 50 ～ 200 V の直流電圧を，数 100 ～ 1 000 MΩ の高い電気抵抗を通してコンデンサマイクロホンに与える。抵抗値と電気容量とによる時定数が音響信号の周期より十分に長ければ蓄えられた電荷は一定とみなすことができる。

一方，コンデンサマイクロホンの電気インピーダンスは，例えば 1 000 Hz で 10 ～ 20 MΩ ときわめて高い。このため，ヘッドアンプとしては十分高い入力電気インピーダンスをもつインピーダンス変換回路（電力増幅回路）が含まれる。また，ヘッドアンプの入力端には直流の高電圧を遮断して交流成分のみを取り出すためコンデンサが必要となる。

実際の製品では図の下部に示すようにマイクロホン部，ヘッドアンプ部を円

2.2 電界を用いるトランスデューサ　　25

図中ラベル：高い電気抵抗／直流カット用コンデンサ／高い入力抵抗／出力／増幅器／マイクロホン／直流高圧電源

マイクロホン部 ／ ヘッドアンプ部（電気抵抗，コンデンサ，増幅器） ／ 出力・直流高圧・接地

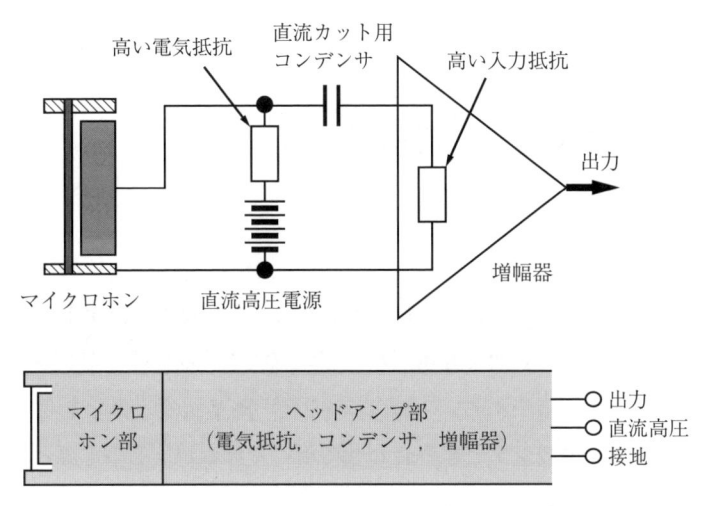

図 2.12　コンデンサマイクロホンの古典的な駆動回路

筒状として，相互に着脱可能とした構成が用いられる．外部バイアス方式と呼ばれるこの回路は標準計測用マイクロホン，放送録音用マイクロホンなどに使われている．前者では直流バイアス電圧は 200 V が一般的である．

一方，蓄えられた正負の電荷のために，両電極の間には静吸引力が常時働いている．外部から電流を加えて電荷量を変化させると吸引力が変化するので膜が振動して音が出る．したがって，コンデンサ変換器は可逆変換器である．

コンデンサマイクロホンは構造が簡単で，材料や加工精度を吟味すると広い周波数帯域にわたり周波数レスポンスが平坦で，また長期間にわたり特性の安定な製品が実現できるので，高級な手作りの製品が供給されている．多種多様なマイクロホンの中で最も高価な商品はこうしたコンデンサマイクロホンといえるであろう．

〔2〕　**録音用コンデンサマイクロホン**

音楽録音，放送用にも入念に作られたコンデンサマイクロホンが用いられる．よく見られるのは図 2.13 のような断面をもつ円板形のマイクロホンユニットを多孔の保護カバーに収容したものである．10 章で述べるような原理で後面を開放として音場特性を制御する例が多いので，このような円板形が便

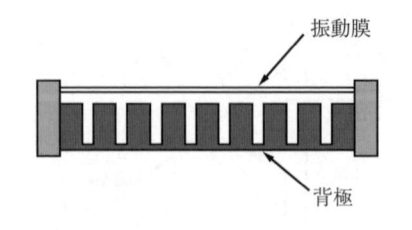

26   2. 種々のオーディオトランスデューサ

図 2.13 録音用コンデンサマイクロホンの構造

利となる。

変換器としての動作原理は計測用マイクロホンと同様だが，計測用より直径が大きく，振動膜には表面を金属蒸着などの方法で導電処理したプラスチック膜が広く用いられ，また一般にバイアス電圧が 50 V 程度と低いなどの特徴をもつ。やはりヘッドアンプと組み合わせて用いられるが，その電源として電池まで内蔵する例も多い。

〔3〕 エレクトレットコンデンサマイクロホン

1970 年頃より，コンデンサマイクロホン本体および付加回路を革命的に単純化する技術が開拓され，コンデンサマイクロホンは安価な汎用マイクロホンとしての地位も確立した。現在では前述の最も高価なマイクロホンのみならず，市場で最も安価なマイクロホンもコンデンサマイクロホンといえる[10]。

フッ素系高分子膜のような絶縁性の非常に高い材料はコロナ放電などの方法で表面に電荷を捕獲させ，半永久的に保存させることができる。これをマグネットとの類推より**エレクトレット**（electret）と呼ぶ。これをコンデンサマイクロホンの電極間におくと 150 ～ 350 V 程度の電極間電位差が得られ，外部からの直流バイアス電圧印加の不要なコンデンサマイクロホンができる。これを**エレクトレットコンデンサマイクロホン**（electret condenser microphone, ECM）と呼び，1960 年代に米国ベル電話研究所で発明され，ソニーなど日本の会社により実用化された。

エレクトレットコンデンサマイクロホン音響電気変換部の概略を**図 2.14** に示す。上面に金属を蒸着し，表面電荷を与えたプラスチック薄膜を振動膜とし，金属電極と対向させた構成をとっている。

こうしたマイクロホンはコンデンサとしての電気容量が数 pF ～ 10 pF なの

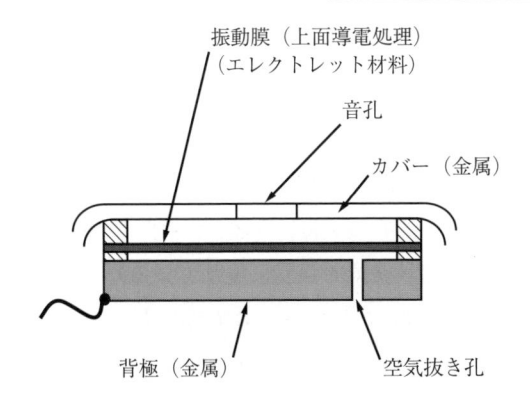

2.2 電界を用いるトランスデューサ

図 2.14 エレクトレットコンデンサマイクロホン

で計測用，放送用コンデンサマイクロホンと同様にヘッドアンプとして十分高い入力電気インピーダンスをもつインピーダンス変換回路（電力増幅回路）が必要となるが，安価な FET（電界効果トランジスタ）を含むリニア IC が供給されるようになったことにより，これが飛躍的に小形低価格化され，マイクロホンユニットに内蔵できるようになった。そのため，金属ケースにヘッドアンプまで収容したエレクトレットコンデンサマイクロホンユニットが製品として普及した。

実際のマイクロホンユニットの例を**図 2.15** に，その電子回路構成を**図 2.16**に示す。上部は図 2.14 に示したコンデンサマイクロホン部，下部は IC を収容

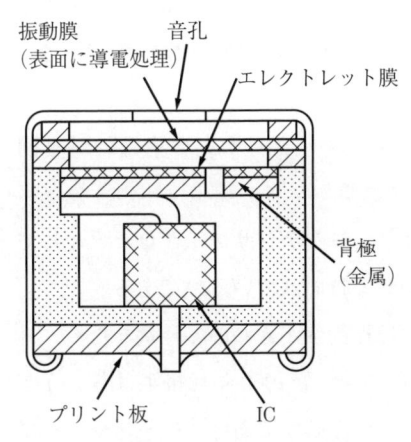

図 2.15 実際のエレクトレットコンデンサマイクロホンユニットの例

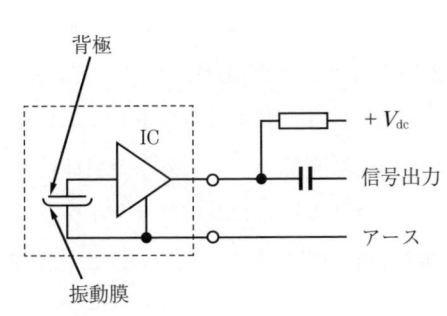

図 2.16 エレクトレットコンデンサマイクロホンの電子回路構成

する部分となっている。直径は 5～6 mm 程度のものが多い。

この例ではエレクトレット膜を金属電極の表面に置き，振動膜には通常のプラスチック膜を用いる構成を示している。こうした構造をバックエレクトレット形と呼ぶ。一方，図 2.14 のような振動膜そのものをエレクトレット材料で構成する形式を膜エレクトレット形と呼ぶ。バックエレクトレット形は振動膜にポリエチレンテレフタレート（PET，機械的強度に優れている），ポリフェニレンサルファイド（PPS，薄い膜が得られる）など機械的特性の優れた膜を用いることができる。一方，膜エレクトレット形は構造が簡単なので簡易形または超小形マイクロホンに適している。

コンデンサマイクロホンは原理的に可逆だが，こうしたマイクロホン製品は内蔵の IC による増幅回路が非可逆なので，見かけ上は非可逆な変換器となる。内蔵 IC を駆動するため直流入力電圧を要するが，その電圧は 2 V 程度で，エレクトレットをもたない旧来のコンデンサマイクロホンの直流バイアス電圧よりはるかに小さい。

〔4〕 超小形エレクトレットコンデンサマイクロホン

エレクトレットコンデンサマイクロホンは 1990 年代より携帯電話機に大量に用いられるようになり，世界の全生産量の約半数を携帯電話機用が占めるようになった。携帯電話機では内蔵されるデバイスへの大きさ，厚さの制約が厳しいので年々薄形の製品が開発され，現在の製品はすでに IC 内蔵で厚さ 1 mm 以下となっている。

こうした薄形のエレクトレットコンデンサマイクロホンの構造の例を図 2.17 に示す。薄形化のためコンデンサマイクロホンに必須のはずの背極が存在しない。振動膜をエレクトレット材料とし，コンデンサマイクロホンとしての動作は振動膜とフレーム（金属製）との間で行われているのである。

エレクトレットコンデンサマイクロホンは振動部がきわめて軽量なため，外部の振動の影響を受けにくい。これが実用化された 1960 年代後半はちょうどコンパクトカセットテープレコーダが発売された時期であり，モータやテープ搬送機構の振動の影響が少ないこの種のマイクロホンを本体に内蔵した軽便な

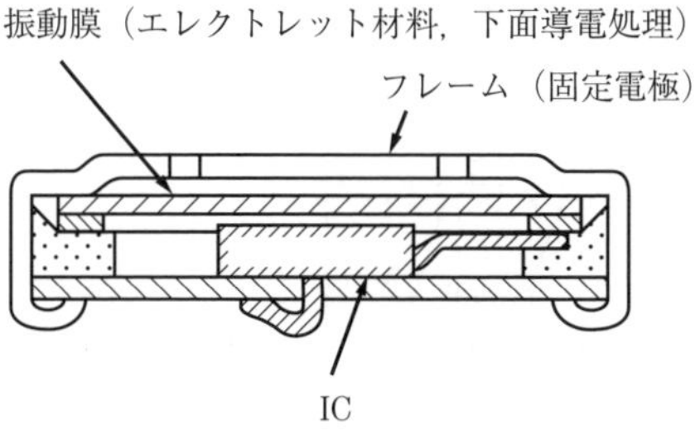

振動膜（エレクトレット材料，下面導電処理）
フレーム（固定電極）
IC

図 2.17 超小形エレクトレットコンデンサマイクロホンユニットの例

テープレコーダがメモ録音用として受け入れられた。続いて，構造が簡単で高価な材料を用いない特徴をもとに小形，軽量，安価で特性の優れたマイクロホンユニットが商品化され，従来主流だったダイナミックマイクロホンを駆逐した。21世紀初頭には全世界の年産量が11億個に達し，電話機（特に携帯電話機），録音機，ビデオカメラなど広範な民生機器用途に使われ，また民生用途の使用経験により安定性が確認されるとともに録音，計測といったプロフェショナル用途にも広く用いられるようになった。

しかし，21世紀になって次に述べる MEMS コンデンサマイクロホンにその地位を脅かされている。

〔5〕 **MEMS コンデンサマイクロホン**

IC に用いるシリコン単結晶ウェーハ上に機械的に可動な部品を創成する **MEMS**（micro electronic mechanical system）**技術**により，最近種々の超小形デバイスが提案され，圧力センサなどに実用化されている。この技術を用いたマイクロホンの研究例が増加し，2006年より携帯電話機用を目指した製品を米国 Knowles 社が商品化した[11]。

この種のマイクロホンは種々の構成が可能である。一例を**図 2.18** に示す。シリコン基板上にエアギャップを介した2層の膜を創成し，小さなコンデンサマイクを形成させる。マイク部は 1～2 mm 四方の正方形が一般的だが，さらに大形の例も見られる。図は下側を振動部とした例だが，下側を音孔を設けた固定部として音をシリコン基板側から導入する構成の例もある。

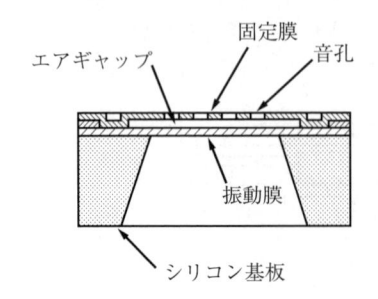

図2.18 MEMSコンデンサマイクロホンの構成の例

このマイクロホンが注目された要因の一つは，高温への耐性が優れていることである．

携帯電話機をはじめとする最近の電子機器では，従来のフローはんだ法（プリント板の下面を溶融はんだに浸す方法）に代わって，はんだの微粒子を含むペーストを印刷したプリント板の上に部品を並べ，加熱炉に通してはんだを溶融させて固着するリフローはんだ法が，量産性に優れているため一般化している．これに用いる部品には耐熱性が要求され，特に最近使用が義務となりつつある鉛フリーはんだの場合は，例えば摂氏260℃で30分というような耐久条件が課せられる．プラスチック材料からなるエレクトレットコンデンサマイクロホンではこれをクリアするのが難しい．

シリコンウェーハ上に創成されるMEMSコンデンサマイクロホンはこうした高温に耐えるデバイスとみなされ，注目されているのである．

現在のMEMSコンデンサマイクロホンは旧来のコンデンサマイクロホンと同じく，別に用意した電圧源による直流バイアス方式をとっている．放送用途などではこれで十分な実用性がある．しかし，携帯電話機などに用いるにはエレクトレット材料を用いて直流バイアス電源を省略することが望まれる．高温に対する耐性を確保するには，従来の有機エレクトレット材料は不適当で，無機材料が望ましい．エレクトレット層を音孔の中の膜の表面に創成するには工夫が必要だが，こうした技術開発はすでにわが国のエンジニアにより行われている[12]．

〔6〕 コンデンサスピーカ

コンデンサ変換器は可逆変換器なのでスピーカやヘッドホンにも用いられる。図 2.19 にコンデンサスピーカの構成例を示す。平面の薄膜振動膜の両側に金属の網または多孔金属板の固定電極を配置し，音波は表裏に放射されるようにするので，塵除けカバーを外したときの外観は金網またはパンチングメタル板からなる平板に見える。

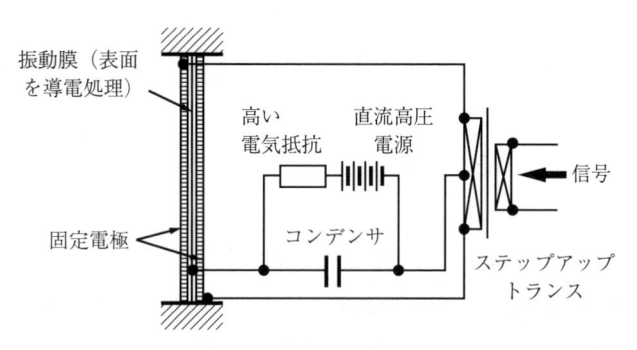

図 2.19 コンデンサスピーカの構成

このスピーカでは振動膜への 1 000 V 程度の直流バイアス電圧の印加により静吸引力を発生させる。振動膜の両側に電極を設けた平衡形構成としてこの静吸引力をバランスさせ，実用的な感度と振幅とを確保する。オーディオ信号にはダイナミックスピーカのそれの数十倍の電圧が必要なので，通常のオーディオアンプで駆動可能とした製品の駆動回路にはステップアップトランスが含まれる。

ダイナミックスピーカに比べ振幅が小さいので面積を大きくする必要があり，低い周波数まで放射できる実用品は $1 \sim 2\,\mathrm{m}^2$ の大きさのパネル形スピーカとなっている。スピーカには本来図 1.3 のように後面を囲う箱が必要だが，振動板が軽く軟らかく，箱の影響を受けやすいためきわめて大容積で重い箱が必要になる。実際には振動膜がこの程度の大きさであると聴取位置までの距離が振動板の寸法と同程度になり，裏側からの音の影響が少なくなるので，箱を省略した衝立状の製品が多い。

2.2.2 圧 電 変 換 器

原子が規則的に配列している結晶材料のうち,配列の対称中心をもたず,かつ導電性のない結晶は,応力を与えるとこれに比例した大きさの電気変移が発生し,電界をかけると機械的ひずみが生じる**圧電性**(piezoelectricity)を示す。このうち配列の対象性が特に低く,原子の偏りのため帯電している結晶がある。この帯電を自発分極と呼ぶ。この中に,外部から加えられた電界により自発分極の方向が変化して電気特性などが変化する**強誘電性**(ferroelectricity)を示す材料(強誘電体)がある。外部から磁界を加えると磁気特性が変化する強磁性と対比するとわかりやすいであろう[14]。

圧電性を示す結晶は**圧電材料**(piezoelectric material)として古くから電気音響変換器に用いられてきた。しかし,ロッシェル塩など本来の結晶材料による音響機器は耐湿性不良などの理由で 1960 年代までに姿を消し,現在の機器には上記のような強誘電体材料の粉末を焼成したセラミックに外部から電界を印加して**分極処理**(polarization)し,**圧電セラミック**(piezoelectric ceramic)としたものが広く用いられている。

セラミックは微結晶の集合体なので原料と同じ強誘電性が見られる。代表的な強誘電体として知られるチタン酸バリウムからなるセラミックの電界と機械的ひずみとの関係を**図 2.20** に示す[13]。20 kV/cm 程度の強い電界を印加すると 10^{-4} 程度の変形ひずみを生じる(図の ①)。これを分極と呼び,電界を除去

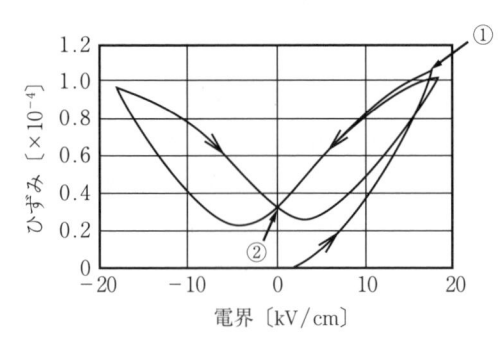

図 2.20 チタン酸バリウムのひずみ電圧特性[13]

しても変形ひずみは残る（図の②）。図の②付近ではこの特性曲線は比較的弱い電界に対しては直線とみなされるので，電界に比例する変形が生じ，結晶圧電材料と同じ特性をもつこととなる。この変換現象は可逆で，変形させると電圧（電気偏移）を生じる。このように分極されて圧電特性を示す強誘電体材料は本来の結晶圧電材料とは異なる種類だが，やはり圧電材料と呼ばれている。

　1950年代に発明され，実用化されたチタン酸ジルコン酸鉛（PZT）系の強誘電性セラミック材料が，抜群に大きな電気機械結合定数とすぐれた温度特性とのため，実用的な圧電材料の代表となった。現在では圧電セラミックのほとんどはPZT系のセラミックであり，種々の特性の材料が供給されている[†]。

　圧電セラミックは円板，円筒の形で供給される。超音波領域の用途ではその厚さ変化を用いるが，オーディオ周波数のデバイスに用いるには変形量が小さ過ぎ，また機械的に固すぎる。

　このため，オーディオ機器には円板の厚さ方向に電圧をかけたときに生じる直径の変化，または外力により直径を変化させたときに表裏に電荷が発生する現象を利用する。広く用いられるのが**図2.21**に示す圧電セラミック板と金属平板とを貼り合わせた**ユニモルフ**（unimorph）と呼ばれる振動板である。圧電セラミック板の直径が変化すると金属板との間に発生する力によりたわみ（屈曲）変形が起こるのでスピーカ，イヤホンなどに利用できる。また音波の入射でたわみ変形が生じると，その力で圧電セラミック板の直径が変化する。このように，圧電変換器も可逆変換器である。

　図からわかるように，こうした振動板は電気的には圧電セラミックの両面の導体を対向電極とするコンデンサになる。

　図の例のほか，後述のように2枚の圧電セラミック板を金属板の両面にサンドイッチ状に接着し，たがいに逆位相に伸縮するようにしたバイモルフと呼ば

[†] PZT材料には鉛が含まれるので，近年環境への悪影響が指摘されるようになった。はんだなどに比べ使用量が少ないので今のところ強い規制はないが，PZTに代わることの可能な鉛を含まない圧電セラミック材料が各方面で検討されている。

34   2. 種々のオーディオトランスデューサ

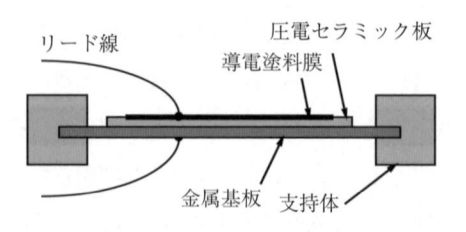

図 2.21 圧電ユニモルフ振動板

れる振動板も使われる。いずれにせよシンプルな1枚の振動板でトランスデューサユニットを構成できるのが圧電変換器の特徴である[15]。

〔1〕 圧電イヤホンと圧電マイクロホン

図 2.22 は電話機などに用いられる圧電ユニモルフ振動板を用いた**圧電イヤホン**（piezoelectric earphone）の基本構成を示している。振動板の直径は 20〜40 mm のものが多い。

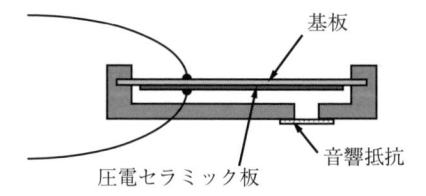

図 2.22 圧電イヤホンユニット

スピーカと同様，図 1.3 のように振動板の後面をケースで囲って用いるが，振動部に紙やゴム質の材料を用いたダイナミックスピーカとは異なり，圧電セラミックを用いた振動板は金属板と同様に機械的な内部摩擦が少なく，そのため共振周波数付近でレスポンスに鋭いピークを生じやすい。そこでケース後面に小孔をあけ，ここに空気の流通に対して音響抵抗となる布のような素子をおいて振動板の共振現象を緩和することが行われる。

このトランスデューサは可逆なので，そのままマイクロホンにも用いることができ，実際に電話機のハンドセットには同じ振動板を用いたマイクロホンとイヤホンを装備する例が広く見られた。しかし，マイクロホンとイヤホンとでは要求される特性が異なり，またイヤホンの後面の孔からハンドセット内部に漏出した音がマイクロホンの後面の孔から侵入してハウリングを生じることが

あるので，マイクロホンのみケースの後面をカバーし，さらに電子回路の構成の便宜のため内部にエレクトレットコンデンサマイクロホンと同様の IC によるヘッドアンプを装備させた製品が普及した。詳細は 11 章で述べる。

〔2〕 **圧電サウンダと圧電ブザー**

圧電セラミック材料が普及した当初，オーディオトランスデューサに用いられるセラミック薄板は棒などのブロックから切り出して作られていた。この頃の代表的なオーディオ用の圧電トランスデューサは安価な LP レコードのプレーヤに用いられた圧電セラミックピックアップだったが，セラミック薄板を切り出すには微妙な技術が必要であり，歩留まりの悪さなどがコスト低減の制約となっていた。

1970 年代後半に，練った原材料のシートを電気炉で連続焼成する技術が開発され，もろいセラミック材料の切断や研削が不要となったため，セラミック圧電板のコストが急速に下がり始めた。そうした量産を支えた需要先は，小形で大音量の周期音を放射する圧電サウンダおよび圧電ブザーだった。

圧電サウンダ（piezoelectric sounder）と**圧電ブザー**（piezoelectric buzzer）の構造の概念を**図 2.23**に示す。

図（a）が圧電サウンダの断面である。圧電ユニモルフ振動板をプラスチックケースに収容し，一方の部屋から音孔を通して音波を放射する。イヤホンのような音響抵抗素子を用いないので，振動板は特定の周波数で顕著な共振現象

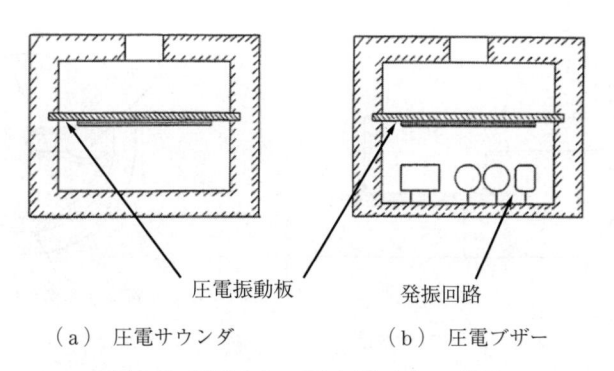

（a） 圧電サウンダ　　　（b） 圧電ブザー

図 2.23　圧電サウンダと圧電ブザーの断面
（JEITA 規格 RC-8180B より作成）

を示す。また音孔の側では部屋の空気のスチフネスと音孔の空気の質量とで共振を生じる。

こうした共振周波数では大きな音が放射されるので，これを警報音として用いるわけである。共振周波数は低いほうが老人性難聴者に親切となるが，入手可能な圧電セラミック板の薄さに限界があるので，1～3 kHz が一般的である。入力電気信号にはこうした共振周波数の正弦波または方形波が用いられる。上記の音響振動系の共振特性は鋭いピークをもつので，いずれの波形でも出力音は高調波の少ない澄んだ正弦波音となる。

図 2.23（b）は圧電ブザーの断面である。構造は圧電サウンダと同様だが半導体素子による発振回路を内蔵している。トランジスタ1個を用いた回路の例を**図 2.24**（a）に示す。圧電変換器が可逆なのを利用し，振動板は図（b）のような電極パターンをもつ3端子形と呼ばれるもので，片面に設けられた電極の一部を切って振動を検出する小さな電極（検出電極）を設けてある。その出力電圧をトランジスタによる増幅器の入力とし，増幅された出力電圧が大きい側の電極（駆動電極）に加わるようにすると振動板を含む自励発振回路が構成される。図の電気抵抗 R_l を振動板の検出電極部の電気インピーダンスより小さい値に選んでおくと共振周波数付近の周波数で正帰還となり，その周波数の音が発振され，放射される。電子回路の飽和により駆動電圧波形はほぼ方形波

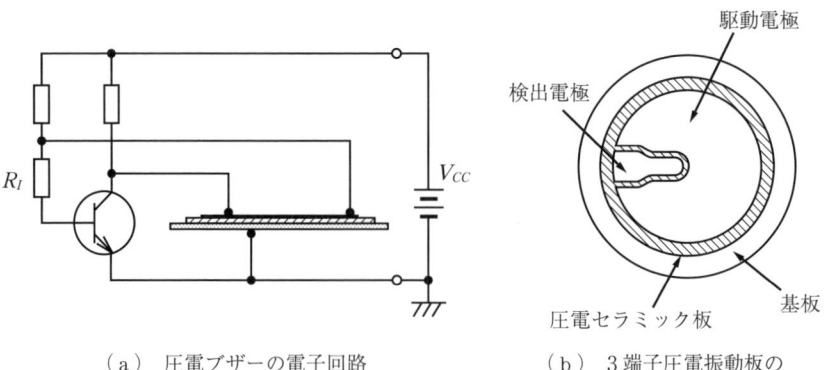

　　（a）　圧電ブザーの電子回路　　　　（b）　3端子圧電振動板の電極の形状

図 2.24　圧電ブザーの電子回路と3端子圧電振動板

となるが，サウンダの場合と同様に共振特性が鋭いピークをもつので出力音は高調波の少ない澄んだ正弦波音となる。

こうした製品のためにセラミック圧電板と金属板とを接着した1 000～3 000 Hz の共振周波数をもつユニモルフ振動板が量産され，1980 年代には年産数が数億枚となった。

〔3〕 超小形圧電スピーカ

図 2.21 に示した圧電セラミック振動板は図 2.2 に示した簡易なダイナミックトランスデューサと比べてさらに薄形，軽量，構造単純であり，実装スペースの制約の厳しい携帯電話機に適している。しかし，従来の圧電セラミック振動板の欠点は，薄いセラミック板を用いたものでも電気インピーダンスが 1 kHz で 1 kΩ 程度と高すぎることだった。電気インピーダンスが高いデバイスは同じ電力を供給するのに高い電圧を要する。携帯電話機のような電池電源で動作するセットでは，イヤホンユニットは低電圧動作が望ましい。ちなみにダイナミックトランスデューサの電気インピーダンスは 32 Ω 程度である。

電子部品の世界ではセラミックの中に金属層を入れて成形焼成する技術が開拓され，驚異的な小形大容量のセラミックチップコンデンサが開発されて携帯電話機の小形化に貢献した。21 世紀になってこの技術の応用により**図 2.25** のような多層の圧電セラミック板が実用化され，電気インピーダンスの大幅な低減が可能となった。同じ厚さの板を n 層に分割すると電気容量 C〔F〕は

$$C = \frac{\varepsilon_0 \varepsilon n S}{d/n} = n^2 \frac{\varepsilon_0 \varepsilon S}{d} \tag{2.3}$$

となるので電気インピーダンスは $1/n^2$ 倍に低下する。ここで ε は圧電セラ

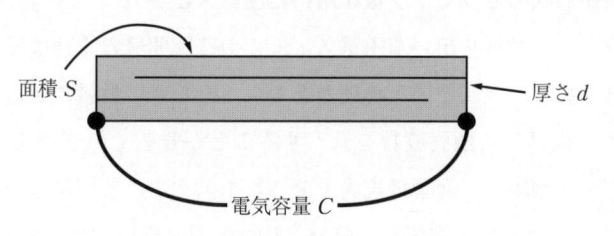

図 2.25 多層圧電セラミック板の概念

ミック材料の比誘電率，その他の記号は式 (2.1) と同じである。

　この式より知られるように，例えば図 2.25 のような 3 層構造では電気容量が約 9 倍に増加し，このため電気インピーダンスが約 1/9 に減少して実用上問題の少ない値となる。

　こうした改良により，大きな放射面積を要するスピーカの用途に圧電変換器が再認識され，平板形の**圧電スピーカ**（piezoelectric loudspeaker）が実用化された。実際の製品には**図 2.26** に示すように，金属基板の両面に多層圧電セラミック板を貼り付けて**バイモルフ**（bimorph）と呼ばれる構造とし，電圧を与えたときに上側，下側の圧電セラミック板の伸縮が逆に発生するように配線や分極方向を選んで感度を上昇させている。外径 20 mm（1 円硬貨と同じ大きさ）程度の製品が多い。

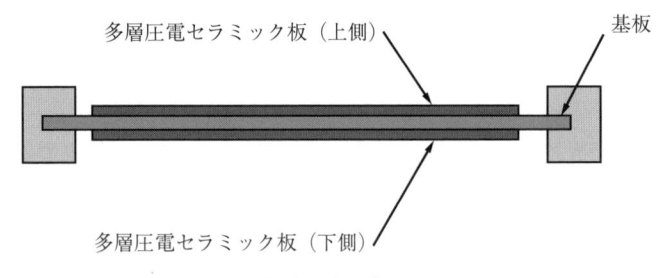

図 2.26 小形圧電スピーカユニット

　スピーカには図 1.3 のように後面を囲う箱が必要だが，携帯電話機の場合は電話機外周の筐体がその役割をするので，スピーカユニットはこのように簡単なものでよい。

〔4〕 **特殊形状のセラミック板を用いた圧電スピーカ**

　圧電セラミック材料を用いた圧電スピーカの技術開発の課題は振動板の共振特性の制御である。金属と同等の硬さをもち，また薄い材料の製造が難しい圧電セラミック板は，共振周波数を低くすることが難しく，また Q 値が高いので共振のピークが鋭く，音響抵抗素子でこれを抑えることが難しい。

　20 世紀の最終期に松下電器から発表された圧電セラミック平板スピーカは，

2.2 電界を用いるトランスデューサ

圧電セラミック振動板の欠点とされてきた周波数が高く鋭い共振の影響を，振動板の形状と周辺支持条件に工夫を凝らして低減しようとするものであった[16]。

振動板の形状は図 2.27 に示すようなユニモルフ構造で，周囲は長方形だが圧電セラミック板に X 形状の異形のものを用いて共振モードを分散させ，また基板には金属とゴム（SBR）の積層材を用いて Q 値を下げている。さらに周辺の支持にも工夫を凝らしている。

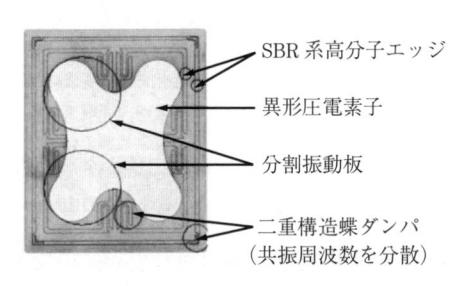

図 2.27 特殊形状のセラミック板を用いた圧電スピーカ[15]

振動特性のシミュレーション結果を単純な周辺支持の円形振動板と比較して図 2.28 に示す。最低共振周波数が低く，また共振が分散するので平坦に近い周波数特性が期待できる。製品は 27.5×56.6 mm の大きさで最低共振周波数を約 150 Hz，周波数レスポンスの乱れを ±6 dB 程度に抑えることができた。

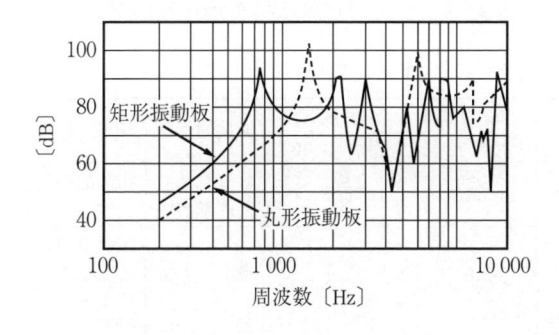

図 2.28 特殊形状のセラミック板を用いた圧電スピーカの振動特性[16]（シミュレーション）

〔5〕 高分子圧電フィルムを張り上げて用いたトランスデューサ

上記のように圧電音響機器は多様化してきたが，その要となる圧電材料はPZT系の圧電セラミックが実用可能なほとんど唯一のものであった。しかし，この材料の固有の欠点である硬いこと，もろいこと，薄くできないことを克服する「軟らかい圧電材料」の探索研究が行われ，すでに50年の歴史をもつ[14]。

圧電性は分子の電気分極に由来するので，無機結晶以外の材料にも圧電性を示すものが多い。例えば繊維が配向している木材や動物の骨や腱のコラーゲンは小さいながら圧電性がある。

天然材料から脱却し，分子の結晶性や自発分極をコントロールできる合成高分子材料（プラスチック）において，大きな圧電効果を示すものを探索する検討が1960年代より本格化し，高分子膜を厚さ10ミクロン程度にまで延伸したフィルムの表裏に，高い電圧をかけて分極処理すると比較的大きな圧電性が得られることがわかった。種々の材料が検討されたが，中でも**ポリフッ化ビニリデン**（polyvinylidenfluoride，PVDF）の変換特性が優秀であり，その延伸膜を分極処理することにより実用可能な圧電性を実現できることが示された。また，この材料とセラミック微粉を複合化した材料も検討された。1980年頃に検討の対象となっていた材料の定数を**表2.1**に示す。

薄いプラスチック膜を張り合わせてユニモルフ，バイモルフを構成すると接着層の厚さの影響が生じやすい。またフッ素系の材料は接着が比較的難しい。

表2.1 各種の圧電材料（1980年）

	圧電 d〔定数 pC/N〕	比誘電率	ヤング率〔$\times 10^9$ Pa〕	密度〔$\times 10^3$ kg/m^3〕	機械的性状	備考
PZTセラミック	145	1760	83	7.9	もろく割れやすい	市販品の一例
延伸PVDF	27	12	3.6	1.8	軟らかい	田村（パイオニア）による[17]
高分子複合物圧電材料	10～45	10～140	0.5～6.0	≦6	ややもろい	NTT通研

そのため，最初に考案された電気音響変換器の構造は図 2.29 のように 1 枚の膜を用いて曲面を形成するものだった[17]。電圧印加によって膜の面積が変化すると空気を呼吸して音波が放射されるのでスピーカやイヤホンが実現できる。また，外部から音波が入射すると膜の面積が変化することにより電荷が発生するのでマイクロホンが構成できる。

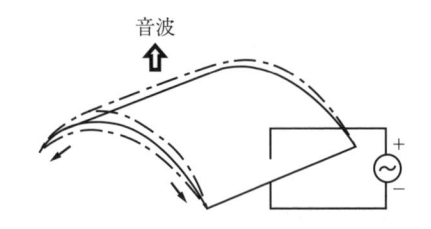

図 2.29 高分子圧電フィルムを曲面で用いる振動板[16]

実際にはこうした曲面構造が実現できる程度に厚い膜は共振周波数が高く，特にスピーカに応用すると低音の放射が困難になる。そこで，自立できないほど薄い膜を発泡ウレタンなどで張り上げる構造が 1970 年代にパイオニアから提案され，PVDF フィルムによるヘッドホンと，2 kHz 以上を動作範囲とするスピーカ（ツィータ）とが商品化された。構造の説明図を図 2.30 に示す。いずれも PVDF フィルムを発泡ポリウレタンで張り上げた構造となっている[16]。

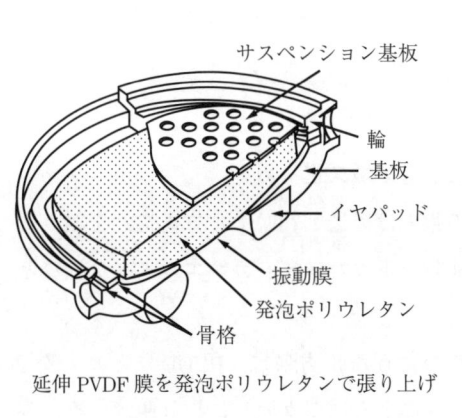

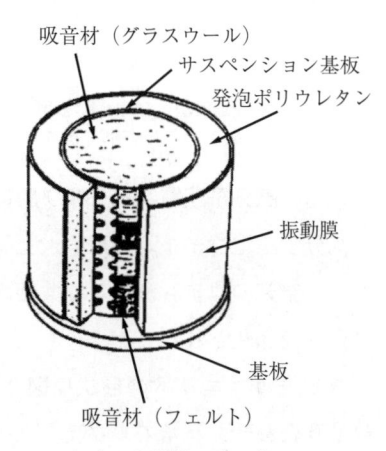

（a）ヘッドホン　　（b）高音用スピーカ

図 2.30　PVDF 張上げ膜を用いたトランスデューサ[16]

〔6〕 2枚の高分子圧電フィルムを用いたマイクロホン

一方，マイクロホンは小さな膜で実現できるので，図2.29のような自立した曲面膜の利用が可能となる。1977年に松下電器から発表された二つのPVDF振動膜をもつマイクロホンを図2.31に示す。形状は円筒ではなく四角柱であり，上下の膜にはそれぞれ上または下より音圧が導入される。したがって外部振動による両膜の出力は逆位相となって相殺されるので影響が少なくなり，SN比のすぐれた動作が期待できる[18]。

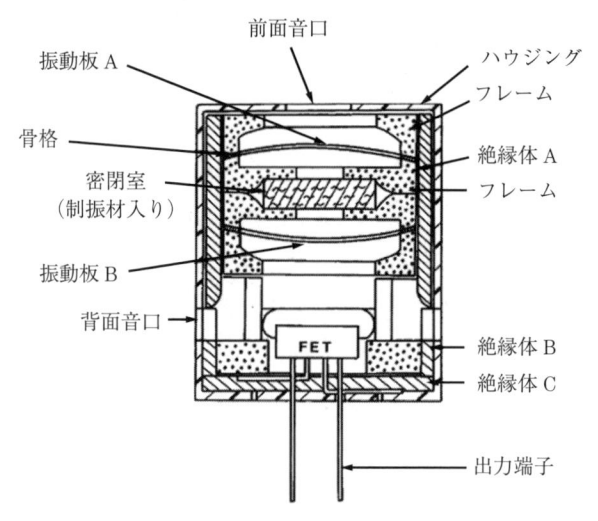

図2.31 PVDF膜を用いた振動キャンセリングマイクロホン[18]
（方形で側枠により膜を円筒面に保持）

〔7〕 高分子圧電バイモルフ膜による全帯域スピーカ

高分子圧電フィルムを用い，上記の張上げ構造とバイモルフ構造とを組み合わせ，空気の質量も利用して共振周波数を下げたスピーカがエルメック社などにより商品化された。

スピーカユニットの形状は図2.32のような長方形で，PVDFフィルムを2枚貼り合わせたバイモルフ膜をカーテンのようにジグザグに折り曲げて枠に固定して平板スピーカユニットとしてあり，高分子圧電バイモルフタックスピーカと呼ばれる。外寸はほぼA4判（例えば23.7 cm×11.4 cm）が標準的である[19]。

2.2 電界を用いるトランスデューサ

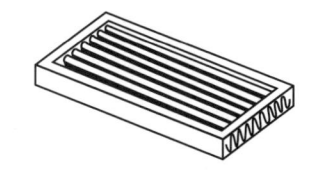

図 2.32　PVDF バイモルフによるタック振動板スピーカユニット[18]

このスピーカの動作原理は図 2.33 で説明できる。バイモルフの電極の形状と分極方向を工夫し、電圧の印加によりタックの曲がった部分の曲率半径が変化するような振動を励起すると、振動部が空気を呼吸して音が放射される。振動部の最低共振周波数はおおむね曲部のスチフネスとタックに含まれる空気の質量で決められ、理論計算と実測はよく合った。タックの深さは 10 〜 24.5 mm としているが、深いタックをもつユニットでは最低共振周波数は 100 Hz 以下という低い値となった。

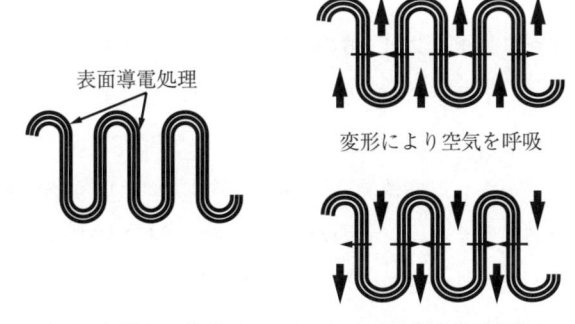

（a）振動板の構造　　（b）振動板の動作

図 2.33　圧電バイモルフタック振動板の動作[19]

なお、このスピーカでは 1 〜 2 kHz でタックの溝部の局部共振が発生することがあったので、振動部に発泡ポリウレタンなどを挟んで制動してある。

こうしたユニットを組み合わせてスピーカシステムを構成する。例として、次の二つのユニットを組み合わせて、1 200×840 mm のバフル板に装着したシステムを示す。

・振動部寸法 150×137 mm、タック深さ 12 〜 14 mm、タック幅 3.1 mm、最低共振周波数 276 Hz

- 振動部寸法 100×91 mm，タック深さ 10 mm，タック幅 2.2 mm，最低共振周波数 460 Hz

この測定結果を図 2.34 に示す。

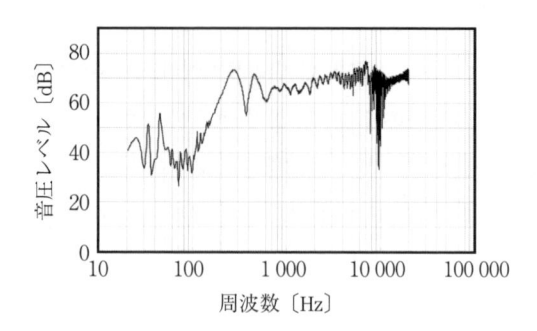

図 2.34 タック振動板スピーカの周波数特性の例

バフルは 9 mm 厚の板 2 枚とボール紙とでサンドイッチ構造として共振を制動した。得られたレスポンスは一応実用的なものといえる。

圧電材料を用いたトランスデューサは構造がきわめて簡単なのでこのように種々の構成の提案があり，電話機用など既存のトランスデューサの牙城を揺るがせた例もある。しかし，機械的特性の制御が難しいという基本的な問題点を完全に解決した例は多くない。そのため，以前に発表されて成功しなかった構成が十数年経って無関係の企業からまた発表される，ということが繰り返されている。新しい構成が案出されたときには 10 章で述べるようなトランスデューサへの基本的な要求条件に適合しているかのチェックが必要である。

2.3　電気抵抗の変化を用いるマイクロホン

これまでに述べてきたトランスデューサはいずれも電気音響変換器に属するものであった。これの基本機能はエネルギーの形態の変換である。例えばマイクロホンは音響エネルギーを電気エネルギーに，スピーカやヘッドホンは電気エネルギーを音響エネルギーに変換する。

2.3 電気抵抗の変化を用いるマイクロホン

こうした変換器の変換効率は本質的に 100 % を超えることはない．詳細は 11 章で述べるが，実際のトランスデューサでは種々の擾乱(じょうらん)を伴うため，その変換効率はこれより低い．しかし，マイクロホンの世界では見かけの変換効率が 100 % をはるかに超えるデバイスが 100 年にわたって用いられてきた．

抵抗値 R〔Ω〕の電気抵抗に直流電流 i〔A〕を流すと両端に電圧 e〔V〕が現れる．これらの量の間には次のオームの法則が成立する．

$$e = iR \tag{2.4}$$

この電気抵抗の値が音波の入射により ΔR だけ変化するようになっているとすると，このときの電圧変化量 Δe〔V〕は次のように与えられる．

$$\Delta e = i\Delta R \tag{2.5}$$

この Δe は音波の波形に応じて変化する交流信号となるから，これを取り出せばマイクロホンが構成できる．その大きさは直流電流 i に比例するから，i を大きくすれば出力信号は入力信号とは無関係に大きくでき，変換効率 100 % を超えるマイクロホンも構成できることになる．

こうした，安価に用いることのできるエネルギーの流れを変調することにより電気音響変換器として機能するデバイスは**変調形**（modulation type）**トランスデューサ**と呼ばれる．エネルギーの形態を変換する「変換器」とは動作原理が異なるのでトランスデューサの名は不適当かもしれないが，本書でも便宜上この名を用いることにする．

〔1〕 **カーボン粉粒マイクロホン**

19 世紀後半の電話機の黎明(れいめい)期に，このような電気抵抗変化を用いるマイクロホンに関する多くの提案があったが，生き残ったのは振動板の動きによる炭素粉粒どうしの接触抵抗の変化を用いる**カーボン粉粒マイクロホン**（carbon granule microphone）だった．20 世紀前半にはこれが放送，録音用にも用いられた．

図 2.35 は電話機用のものの動作説明図である．金属製の振動板の中央部と固定電極との間に半球形の炭素室があり，無煙炭を焼成した 1/20 mm 程度の大きさの炭素粉粒が充填されていて，電話交換機より供給される 20 〜 100 mA

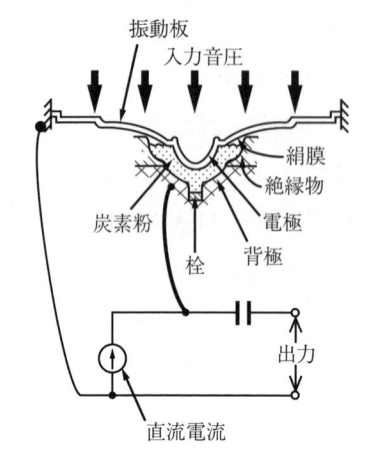

図 2.35 カーボン粉粒マイクロホンとその電気回路

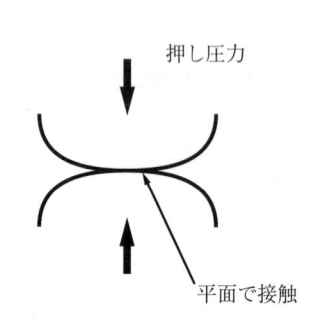

図 2.36 炭素粉粒どうしの接触のモデル

の直流電流が流れる。この電流は炭素室に充填された炭素粉粒の無数の接触点を通って流れる。個々の接触点は**図 2.36** のモデル図のように μ [m] 程度の半径の凸部どうしの微小な接触によるもので，機械的な押し圧力による弾性変形で一定の接触面積をもっており，振動板の運動により押し圧力が変化すると接触面積が変化するので電気抵抗が変化する[20]。

こうしたマイクロホンでは使用状態の変化に由来する重力の向きの変化により，粉粒の充填状態が変わるので特性が変化するが，図のような半球形の炭素室が重力の影響が最も少ないとされていた。

1979 年より導入された電電公社の最後の標準電話機用マイクロホンの例では電極間の電気抵抗は 55 Ω で，電話回線の電気抵抗（交換機からの距離によるが通常 1 kΩ 程度）に比べ小さいので，電極間抵抗が変わっても供給電流の変化は少ない。このため振動板の動きにより電気抵抗が変化すると電圧が変化し，これを取り出してマイクロホンとして用いることができた。

こうした構成のためこのマイクロホンは非可逆で，電気端子にオーディオ信号を入力しても音を出すことはできない（実際は粉粒の熱膨張収縮によりかすかに音が出る）。

このマイクロホンは変調形なので，上述のように平均出力電力を平均入力音響パワーとは独立に設定できる．標準電話機用の例では 1～3 mW の交流電力を出力していた．これは 30 dB 程度のアンプを内蔵しているのと等価であり，電話用としては代替品のない存在だった．電電公社仕様品の製造が終了したのは 2003 年であった．このほか，航空機のパイロット用には 1980 年代まで騒音抑圧形（10 章参照）のカーボン粉粒マイクロホンが使われていた．

一方，放送や録音の用途には振動板の両側に炭素室を設置した高級モデルが広く使われたが，真空管による増幅器を用いるようになると，変換能率の高いことは必ずしも必須ではなくなり，また炭素粉の振舞いによる不安定性が問題視されて，磁石の進歩によりダイナミックマイクロホン，リボンマイクロホンなどに交代した．

〔2〕 **半導体ペレットマイクロホン**

20 世紀後半になってトランジスタなどの半導体デバイスが普及すると，こうした素子を用いて，粉粒の接触に由来する不安定性のない新しい変調形マイクロホンの提案が相次いだ．

通常の金属も機械的な外力により電気抵抗が変化する．例えば，針金を延伸させる力を加えると長さが伸び，断面積が縮むので電気抵抗が増加する．この原理は抵抗線ひずみゲージに広く用いられているが，マイクロホンに用いるには電気抵抗の変化が小さすぎる．

当時は単結晶シリコンデバイスを用いて，桁違いに大きな電気抵抗変化を得る案が最も華やかだった．トランジスタのベース部を宝石の針で押してコレクタ〜エミッタ間の電気抵抗を制御する案，ダイオードの PN 接合に力を加える案などが提出されたが，破壊限度に近い応力を加える必要があり量産性に乏しいなどの理由で実用化には結びつかなかった．

実用的な商品に達したものは PN 接合ではなく，不純物のドープにより電気抵抗を適当な値に調整した単結晶シリコンの圧抵抗効果（piezoresistive effect）を用いるものだった．抵抗線ひずみゲージより 100 倍程度高感度として注目されていた半導体ひずみゲージと同じ原理である．以下，松下通信工業

が実用化した**半導体マイクロホン**（semiconductor microphone）を紹介する[21]。

図 2.37 に変換部の構成を示す。プラスチック製の細長いプリント板片に溝を設け，シリコンペレットを溝に橋渡しするように接着してその両側に（一方はプリント板の裏側を通して）リード線を接続する。

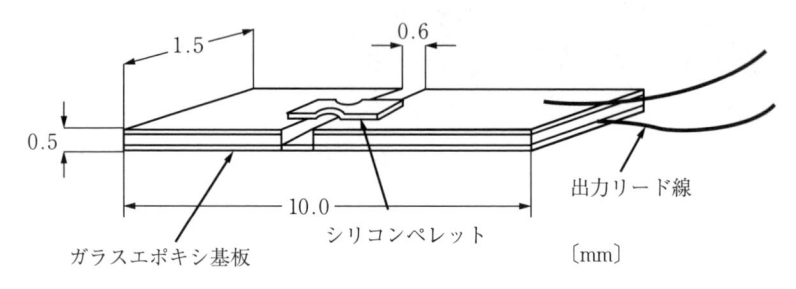

図 2.37 半導体マイクロホンの変換部[21]

図 2.38 にこの変換素子を用いた半導体マイクロホンユニットの構造を示す。プリント板片の一端をケースに固定し，他端に円形のコーン形振動板を取り付けて片持ち梁を構成する。音波の入力により振動板が運動するとプリント板片がたわみ変形し，ペレットに伸縮変形を発生させる。ペレットに直流電流を流しておけばカーボン粉粒マイクロホンと同じ原理で出力電圧が得られる。

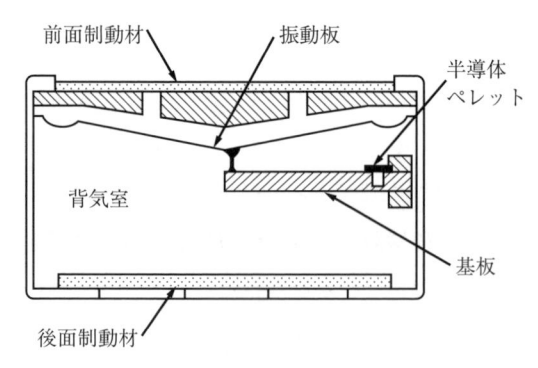

図 2.38 半導体マイクロホンユニットの構造[21]
（松下通信工業の資料より作成）

ペレットの電気抵抗は1 kΩとエレクトレットコンデンサマイクロホンよりはるかに低いのでヘッドアンプは不要である．直流電流10 mAのときの電圧感度は−60 dB（re V/Pa）であった．

このマイクロホンは電気インピーダンスが低いため高湿度の環境でも安定して動作するので，野外に設置されるテレメータリング装置などに用いられたが，圧倒的な生産数を背景に低価格化，小形化，高性能化の進んだエレクトレットコンデンサマイクロホンに敗退した．

引用・参考文献

1) 日本オーディオ協会編：オーディオ50年史（1986）
2) F. V. Hunt：Electroacoustics, The analysis of transduction, and its historical background, The Acoust. Soc. of Am.（1954, reprinted 1982）
3) M. W. McLachlan：Loud Speakers-Theory, Performance, Testing and Design-, Oxford（G. B., 1934）
4) 中小企業庁編：スピーカー工業生産技術診断要領並びに指導基準，オーム社（1954）
5) 佐伯多門監修：新版スピーカー＆エンクロージャー百科，誠文堂新光社（1999）
6) 日本放送協会編：放送音響技術，放送技術双書3，日本放送出版協会（1982）
7) J. Borwick（ed.）：Loudspeaker and Headphone Handbook-Third Edition, Focal Press（MA, U. S. A., 2001）
8) John Eargle：The Microphone Book-Second Edition, Focal Press（MA, U. S. A., 2004）
9) G. S. K. Wong, T, E. W. Embleton：AIP Handbook of Condenser Microphones, AIP Press（1995）
10) G. M. Sessler, J. E. West：Foil Electret Microphone, J. Acoust. Soc. Am., **40**, 6, pp. 1433-1440（1966）
11) 井口義則，後藤正英，小野一穂，杉本岳大，安藤彰男，田島利文：低電圧動作シリコンマイクロホン，NHK技研R&D, **104**, pp. 44-48（2007）
12) 安野功修：MEMSを利用したマイクロホン，音響会誌（本特集），**64**, pp. 661-666（2008）
13) 高本豊，田中哲郎監修：驚異のチタバリ，丸善（1990）
14) 大賀寿郎：圧電材料を用いた音響部品のバラエティ―磁石もコイルもないスピーカは実用的か？―, Fundamentals Review, **1**, 4, pp. 46-61（2008）
15) 富田泰夫，山口強：圧電形受話器の検討，研究実用化報告，**14**, 4, pp. 703-742

(1965)
16) 小椋高志, 村田耕作：セラミック圧電材料による小型平面スピーカの実用化, 電学誌, **122**, 12, pp. 832-834 (2002)
17) M. Tamura, T. Yamaguchi, T. Oyaba, T. Yoshimi：Electroacoustic transducers with piezoelectric high polymer films, J. Audio Engng. Soc., **23**, 1, pp. 21-26 (1975)
18) H. Naono, T. Gotoh, M. Matsumoto, S. Ibaraki：Design of an electro-acoustic transducer using piezoelectric polymer film, 58th AES Convention, 1271 (1977)
19) 大内俊儀, 大賀寿郎, 丈井敏孝, 森山信宏：PVDFバイモルフによるタック形振動板を用いた広帯域圧電スピーカ, 信学技報, EA2005-21 (2005)
20) 増沢健郎, 山口善司, 三浦宏康, 武田尚正, 田島清, 山崎新一, 古沢明：600形電話機, 電気通信協会 (1964)
21) 牧野忠由, 三浦建造：屋外騒音監視用マイクロホン, National Technical Report, **23**, 5, pp. 820-828 (1977)

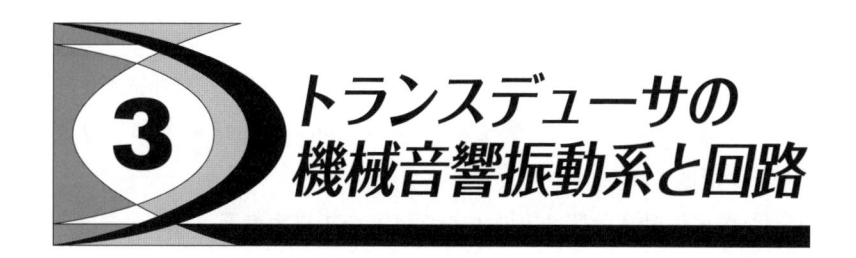

3 トランスデューサの機械音響振動系と回路

　トランスデューサは音響信号と電気信号との仲立ちを行うものである。音響信号を伝える音波は大気の圧力の変化で，物理的には**音響振動**（acoustical vibration）であり，電気信号は**電気振動**（electrical vibration）で伝えられる。また，現在用いられているトランスデューサでは，音と電気の仲立ちとして振動板，振動膜という固体の**機械振動**（mechanical vibration）を用いている。

　ここでは，簡単なモデルを取り上げてこうした振動の性質を理解し，またその定量的な表現の方法を体系化する。じつはこれがオーディオトランスデューサの基本設計技術に直結しているのである†。

3.1　1自由度の機械振動系

　オーディオトランスデューサの解析や，設計では音響振動と電気振動との仲立ちを行う振動板（diaphragm）とその支持部（support）による機械振動現象が特性や性能を決定するので，まずその理解と制御とが重要である。

　振動板などの振動部は一定の**質量**（mass）をもち，変換器のフレームとの間に一定の**ばね定数**（**スチフネス**，stiffness）をもつばねを介して支えられる構造をとっている。コンデンサマイクロホンのように張り上げた1枚の振動膜（membrane）を用いる場合も，その中心部は質量として，また周辺部はばね

---

† 本章で述べる技術の内容については『日本音響学会編：電気の回路と音の回路，音響入門シリーズ B-3』に基本からの解説がある[1]。本書ではトランスデューサの理解に必要な事項を述べるが，本書のみで説明を完結させるため記述に同書と多少の重複がある。

として動作しているので同じモデルで表すことができる。

　また，振動部が運動するとばねが変形するとともに，ばねの内部摩擦や周囲の空気への放射などに由来する**機械抵抗**（mechanical resistance）により運動エネルギーが消散される。

　こうした機械振動体は**図3.1**のような単純な**1自由度系**（one-degree-of-freedom system）でモデル化することができる。これは，質量 m〔kg〕の剛体が堅固で滑らかな床の上で自由に直線運動できるように置かれており，これがスチフネス s〔N/m〕のばねと機械抵抗 r〔Ns/m〕の抵抗素子とで堅固な壁につながれているモデルである。ここでは，この抵抗素子は力と速度とが比例するような流体抵抗素子と仮定する。実際のトランスデューサで見られる空気中への放射抵抗，空気の流体抵抗などではこの仮定がおおむね成立する[2]。

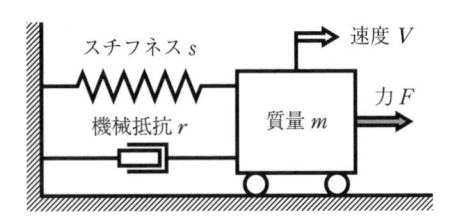

図3.1　機械振動における1自由度振動モデル

　この剛体が動くと，これに対する反作用の力が発生する。ここで変位（displacement）を x〔m〕，時間を t〔s〕で表す。変位を時間で微分すると速度（velocity）が，さらに時間で微分すると加速度（acceleration）が得られる。こうした動きに対する質量 m〔kg〕の反作用力はニュートンの運動方程式より

$$f_m = m\frac{d^2x}{dt^2} \tag{3.1}$$

で与えられる。機械抵抗 r〔Ns/m〕による反作用力は前述のように速度に比例するから

$$f_r = r\frac{dx}{dt} \tag{3.2}$$

となる。また，スチフネス s〔N/m〕による反作用力は変位に比例するから

3.1 1自由度の機械振動系

$$f_s = sx \tag{3.3}$$

となる。この変位をもたらした外部からの力を f 〔N〕とすれば, 力の釣り合いを表す方程式は次のように与えられる。

$$f = f_m + f_r + f_s = m\frac{d^2x}{dt^2} + r\frac{dx}{dt} + sx \tag{3.4}$$

外力 f が角周波数 ω〔rad/s〕の正弦波であれば, 交流回路理論におけるベクトル記号法を用いて

$$f \to \sqrt{2}\, Fe^{j\omega t} \tag{3.5}$$

と書くことができる。ここで j は虚数単位であり, F〔N〕は実効値を表す。よく知られているように, この記法では時間微分は $j\omega$ の乗算, 時間積分は $j\omega$ の除算となり計算が非常に楽になる。

外力が正弦波のときには, 変位, 速度, 加速度も同じ角周波数の正弦波となる。ここで変位, 加速度を速度の実効値 V と $j\omega$ との積で置き換えれば反作用力は次のように変換される。

$$\left.\begin{array}{l} f_r = r\dfrac{dx}{dt} \to r\sqrt{2}\, Ve^{j\omega t} \\[6pt] f_s = sx \to s\sqrt{2}\, Xe^{j\omega t} = \dfrac{s}{j\omega}\sqrt{2}\, Ve^{j\omega t} \\[6pt] f_m = m\dfrac{d^2x}{dt^2} \to j\omega m\sqrt{2}\, Ve^{j\omega t} \end{array}\right\} \tag{3.6}$$

これらを式 (3.4) に代入すると, 力 F と速度 V との関係は次の式で表される†。

$$V = \frac{F}{j\omega m + r + \dfrac{s}{j\omega}} \tag{3.7}$$

こうした構成の振動系では, 入力信号がこの振動系の**共振角周波数** (resonance angular frequency) と呼ばれる次の角周波数

---

† 変位でなく速度を用いて記述するのは電気振動との対照の便宜のためである。詳細は後述する。

3. トランスデューサの機械音響振動系と回路

$$\omega_0 = \sqrt{\frac{s}{m}} \tag{3.8}$$

の場合には,ばねと質量による反作用力が

$$\left.\begin{array}{l} f_s = \dfrac{1}{j}\sqrt{sm}\sqrt{2V}\,e^{j\omega t} = -j\sqrt{sm}\sqrt{2V}\,e^{j\omega t} \\[4pt] f_m = j\sqrt{sm}\sqrt{2V}\,e^{j\omega t} \end{array}\right\} \tag{3.9}$$

のように同振幅で逆位相(逆符号)となって相殺し,小さな外力で大きな振幅を生じやすくなる。この現象を**共振**(resonance)と呼び,これをもたらす周波数(角周波数 ω_0 の $1/2\pi$)を**共振周波数**(resonance frequency)と呼ぶ。単位は Hz である。

抵抗素子があるので共振しても振幅が無限大になることはないが,その機械抵抗が小さければ小さな駆動力で変位,速度,加速度の周波数特性に鋭い共振峰が生じる。その上昇の大きさは次の式のような**選択率**(quality factor, Q 値)で表される。

$$Q = \frac{\omega_0 m}{r} = \frac{s}{r\omega_0} = \frac{\sqrt{sm}}{r} \tag{3.10}$$

1自由度振動系の外力による正弦波振動速度の振幅と周波数との関係は図3.2(a),また位相と周波数との関係は図(b)のようになる。横軸は共振周波数との比で表した周波数であり,振幅を周波数がゼロに近いときの変位 F/r

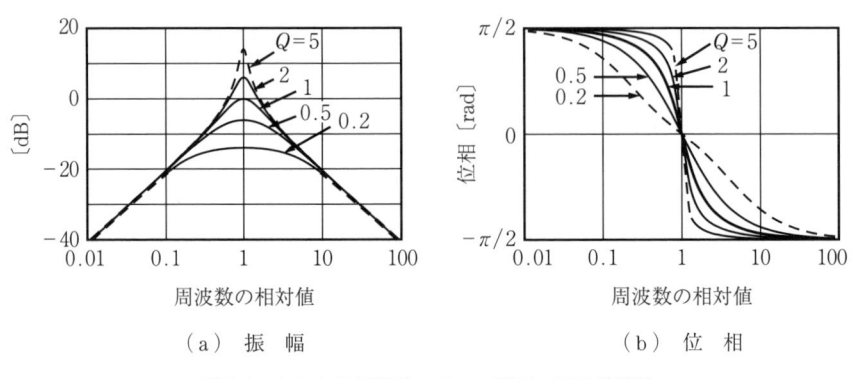

(a) 振 幅

(b) 位 相

図 3.2 1自由度振動系モデルの速度の周波数特性

との比で表している。共振周波数付近での共振のピークの鋭さと位相変化の傾きが Q 値に依存することが了解できる。

速度に $j\omega$ を掛ければ加速度が，また $j\omega$ で割れば変位が求められる。**図 3.3** に振幅の周波数特性を，**図 3.4** に加速度の周波数特性を示す。両者の位相の周波数特性は図 3.2（b）と同じ形だが，縦軸の値は変位の場合 90°加算，加速度の場合は 90°減算された量となる。

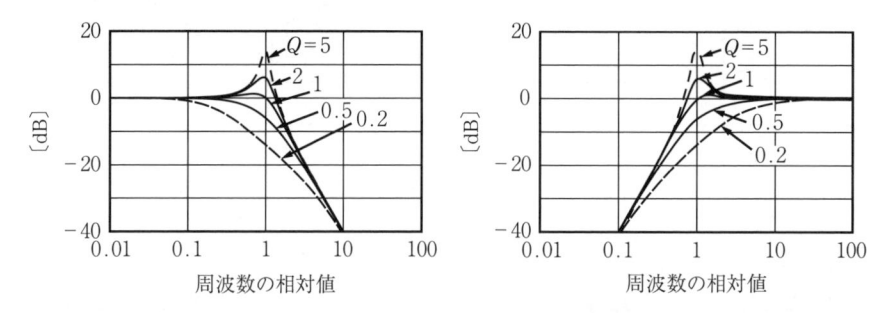

図 3.3 1 自由度振動系モデルの変位の周波数特性

図 3.4 1 自由度振動系モデルの加速度の周波数特性

オーディオトランスデューサは一般に可聴周波数帯域の音響信号を対象にするので，超音波機器などに比べ動作すべき比周波数帯域（周波数帯域と中心周波数との比）が非常に広い。そのため振動板など機械振動部分の共振周波数が使用する周波数帯域内に存在し，周波数レスポンスに大きな影響を及ぼす。優れた特性のトランスデューサはこうした機械振動の共振現象を的確に制御することによってはじめて実現できるものである。

3.2　振動系の制御方式

図 3.2〜図 3.4 を一見して，1 自由度振動系のレスポンスの様子は駆動周波数，共振周波数の大小関係によって異なることがわかる。実際，種々の角周波数の値で，式 (3.7) に共振角周波数を与える式 (3.8) を用いて分母の各項の大小を調べると，こうした 1 自由度振動系の駆動力と振動特性との関係が，駆動

信号の角周波数ωと共振角周波数ω_0との関係により**表**3.1に示す3領域に大別できることがわかる。それぞれの領域での物理現象は下記のように理解される[3]。

表3.1　1自由度振動モデルの変位，速度，加速度の周波数特性の概念

物理量の名称	変　位	速　度	加速度
レスポンスの概要			
周波数特性が平坦となる周波数領域	$\omega \leqq \omega_0$ 変位が一定	$\omega \approx \omega_0$ 速度が一定	$\omega \geqq \omega_0$ 加速度が一定
上記の領域の機械インピーダンス	$z \approx \dfrac{s}{j\omega}$	$z \approx r$	$z \approx i\omega m$
その領域の名称	弾性制御	抵抗制御	質量制御

〔1〕**弾　性　制　御**：ωが小さく，$\omega \leqq \omega_0$が成立する領域

ここでは

$$V \approx \frac{F}{s/j\omega} \rightarrow \frac{V}{j\omega} \approx \frac{F}{s} \tag{3.11}$$

が成立するので，振動特性はほとんどスチフネスのみにより決められ，振動変位$V/j\omega$が駆動周波数によらず一定となる。この領域では駆動力と変位とがほぼ同位相となる。この領域を**弾性制御**（stiffness control）の領域と呼ぶ。

〔2〕**抵　抗　制　御**：ωがω_0に近い領域

ここではmの項とsの項が相殺するので

$$V \approx \frac{F}{r} \tag{3.12}$$

が成立し，振動特性はほとんど機械抵抗のみにより決められ，振動速度Vが駆動周波数によらず一定となる。この領域では駆動力と速度との位相差は周波数の増加とともに減少し，$\omega=\omega_0$で同相となる。この領域を**抵抗制御**

（resistance control）の領域と呼ぶ．

〔3〕**質量制御**：ω が大きく，$\omega \geqq \omega_0$ が成立する領域
ここでは

$$V \approx \frac{F}{j\omega m} \rightarrow j\omega V \approx \frac{F}{m} \tag{3.13}$$

が成立し，振動特性はほとんど質量のみにより決められ，振動加速度 $j\omega V$ が駆動周波数によらず一定となる．この領域では駆動力と加速度とがほぼ同位相となる．この領域を**質量制御**（mass control）の領域と呼ぶ．

表 3.1 は一定の Q 値に対する振動変位 $V/j\omega$，振動速度 V，振動加速度 $j\omega V$ の周波数特性の形状とこの 3 種の周波数領域との関係を表している．3 種の領域においていずれが周波数によらず平坦となるかが了解できよう．

人の可聴周波数帯域はきわめて広く，オーディオトランスデューサはこれをカバーして信号波形を忠実に伝送しなければならない．そのため，広い周波数領域にわたって感度を周波数にかかわらず一定になるように設計しなければならない．したがって，この 3 種のうちのどの領域を選んで用いるかが設計にあたって最も基本的な検討課題となる．

3.3　1 自由度の音響振動系

音響振動（空気の振動）においても 1 自由度振動系が定義できる．そのモデルとして，例えば瓶，壺などのような外部への開口をもつ空気室の音波が入射するときの状況を**図 3.5** に示す．

ここで示した音響振動系の性質は，入射する音圧 P〔Pa〕と開口部の空気の粒子速度 V_S〔m/s〕（いずれも角周波数 ω の正弦波の実効値）との比で記述できる．このとき，空気室内の空気はスチフネス s_S〔Pa/m〕のばね，開口部の空気は一体で運動する質量 m_S〔kg/m²〕の塊として動作する．さらに開口部の空気と壁との流体摩擦による粘性抵抗，外部空間への音の放射抵抗などからなる**音響抵抗**（acoustic resistance）r_S〔Pa・s/m〕がある．このため入射音

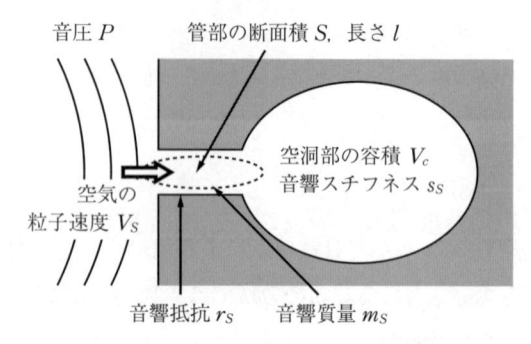

音圧 P
管部の断面積 S, 長さ l
空気の粒子速度 V_S
空洞部の容積 V_c
音響スチフネス s_S
音響抵抗 r_S
音響質量 m_S

図 3.5 音響振動系における 1 自由度振動モデル
(音圧と粒子速度はいずれも交流の実効値)

圧と粒子速度との数学的な関係は,機械振動系における駆動力 F と速度 V との関係と同様に次の式で表される。

$$V_S = \frac{P}{j\omega m_S + r_S + \frac{s_S}{j\omega}} \tag{3.14}$$

この式は機械振動系に関する式 (3.7) と同じ形をしているので,音響振動系の物理現象も機械振動系と同様のものになる。

例えば,この音響振動系は次式のような角周波数で共振(共鳴)する。

$$\omega_0 = \sqrt{\frac{s_S}{m_S}} \tag{3.15}$$

これを利用する音響振動系を**ヘルムホルツの共鳴器**(Helmholtz resonator)と呼ぶ。共振周波数付近の周波数の音を吸収し,蓄える性質をもつので,チャイムや電話機のベルにおいて音の余韻を響かせたい場合,また建築音響設計において特定の周波数の音を吸音したい場合などに用いられる。

一方,この共鳴器がスピーカなどの音響負荷となると,共振周波数付近の周波数レスポンスにピークが生じる,またその周波数で余韻が生じるなどの現象が起こる。図 1.3 がこの共鳴器に近い形をしているので知られるように,前節で述べたトランスデューサの設計の基本となる共振現象の制御には,こうした音響現象の制御も含まれることになる。

3.4 機械インピーダンスと音響インピーダンス

1自由度振動系は種々の振動現象に関して定義できる。

電気振動現象においては図3.6のようなコイル，電気抵抗，コンデンサの直列接続によるモデルがこれに該当する。コイルのインダクタンスを L 〔H〕，抵抗素子の電気抵抗を R 〔Ω〕，コンデンサの静電容量を C 〔F〕とすると，印加電圧 E 〔V〕と電流 I 〔A〕（いずれも角周波数 ω の正弦波の実効値）との関係は次の式で表示される。

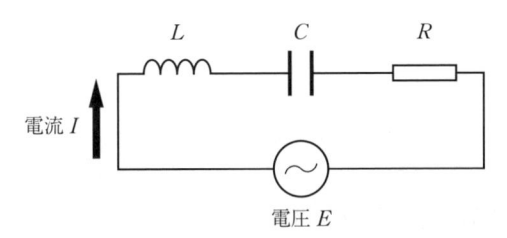

図3.6 電気振動における1自由度振動モデル

$$I = \frac{E}{j\omega L + R + \dfrac{1}{j\omega C}} \tag{3.16}$$

電気回路の分野では，この式の右辺の分母を次式のように電気インピーダンス (electrical impedance) Z として表示する。これは，ある値の電流を流すのにどれだけの電圧を要するか，すなわち「流しにくさ」を表す量である。

$$Z = \frac{E}{I} = j\omega L + R + \frac{1}{j\omega C} \tag{3.17}$$

なお，こうした電気振動系は次式のような角周波数で共振 (resonance, 共鳴) する。

$$\omega_0 = \sqrt{\frac{1}{LC}} \tag{3.18}$$

また，共振周波数付近での周波数レスポンスの様子を表す選択率は次の式で与えられる。

$$Q = \frac{\omega_0 L}{R} = \frac{1}{\omega_0 RL} = \frac{1}{R}\sqrt{\frac{L}{C}} \qquad (3.19)$$

こうした電気回路の場合と同じ考え方で，機械振動系，音響振動系でもそれぞれのインピーダンスが定義できる．

3.4.1 機械インピーダンス

機械振動系では式 (3.7) の右辺の分母より，ある値の速度で動かすのにどれだけの力を要するか，すなわち「動かしにくさ」を表す**機械インピーダンス**（mechanical impedance）が次式のように定義される．

$$z = \frac{F}{V} = j\omega m + r + \frac{s}{j\omega} \qquad (3.20)$$

コンデンサの電気容量 C が分母にあるのに対してスチフネス s が分子にあること以外は，この式は式 (3.17) と同じ形となっている．

3.4.2 3種の音響インピーダンス

音響振動系についても，式 (3.14) の右辺の分母より次式のようなインピーダンスが定義できる．

$$z_S = \frac{P}{V_S} = j\omega m_S + r_S + \frac{s_S}{j\omega} \qquad (3.21)$$

しかし，次節で述べるように音響振動は本来空間的な現象であり，音響系で力の要素となる音圧は単位面積当りの量である．このため，音圧の印加されている面積（上記の例では開口部の面積，ここでは S [m^2] と表す）の取扱いにより下記の3種のインピーダンスが定義されており，いずれも実際に使われているので留意する必要がある．ここで音圧を P [Pa]，媒質の粒子速度を V_s [m/s] としてこれら3種のインピーダンス† を定義し，対比しよう．寸法などの定数には図3.5の表示を用いる．また，μ，γ などの記号は p.62 でまとめて述べる．

---

† これら3種のインピーダンスは JIS Z 8106 に規定されている[4]．

3.4 機械インピーダンスと音響インピーダンス

〔1〕 **音響インピーダンス**：$z_{Aa} : \dfrac{P}{V_S S} \equiv \dfrac{P}{V_A}$ 〔Ns/m^5〕

粒子速度と穴の断面積との積 $V_S S$ 〔m^3/s〕は単位時間当りの媒質（例えば空気）の流量を表し，**体積速度**（volume velocity）と呼ばれる。音圧 P 〔Pa〕とこの体積速度との比は音響インピーダンス（acoustic impedance）と呼ばれ，設計に便利な量として使われている。この定義では音響インピーダンスを構成する**音響質量**（acoustic mass），**音響スチフネス**（acoustic stiffness），**音響抵抗**（acoustic resistance）は比音響インピーダンスにおける値をさらに面積 S で除した次のような式で与えられる。音響質量はイナータンス（inertance）とも呼ばれる。

$$m_{Aa} = \rho_a \frac{l}{S} \tag{3.22}$$

$$s_{Aa} = \frac{\gamma P_0}{V_C} \tag{3.23}$$

$$r_{Aa} = 8\pi\mu \frac{l}{S^2} \tag{3.24}$$

〔2〕 **比音響インピーダンス**：$z_{As} : P/V_S$ 〔Ns/m^3〕

一方，力として音圧 P 〔Pa〕を，速度として媒質の粒子速度 V_S 〔m/s〕を用いて定義されるインピーダンスも音響現象の世界ではわかりやすい。現行のJISの音響用語規格[4]ではこのインピーダンスを**比音響インピーダンス**（specific acoustic impedance）と呼んでいるが，音響インピーダンス密度という名称も用いられた。

音圧が力と面積との比なので，この定義では比音響インピーダンスを構成する比音響質量（specific acoustic mass），比音響スチフネス（specific acoustic stiffness），比音響抵抗（specific acoustic resistance）は機械インピーダンスにおける値を面積 S で除した次のような式で与えられる。

$$m_{As} = \rho_a l \tag{3.25}$$

$$s_{As} = \frac{\gamma P_0}{V_C} S \tag{3.26}$$

$$r_{As} = 8\pi\mu \frac{l}{S} \tag{3.27}$$

〔3〕 **機械インピーダンス**：$z_{Am} : \dfrac{PS}{V_S} \equiv \dfrac{F}{V_S}$ 〔Ns/m〕

音響振動系を機械回路と同じく，力と速度との比である**機械インピーダンス**(mechanic impedance)を用いて記述する方法もある．この場合，力 f_A 〔N〕としては音圧と面積（例えば穴の断面積）との積 PS を，速度 v_A 〔m/s〕としては媒質の粒子速度 v_p 〔m/s〕を用いることになる．

図3.5で与えられている管の断面積 S 〔m²〕，長さ l 〔m〕および狭い空間の容積 V 〔m³〕を用いて機械インピーダンスを与える量を定式化しよう．質量 m_A 〔kg〕は管の中の空気の質量そのものであり

$$m_{Am} = \rho_a S l \tag{3.28}$$

で与えられる．ただし，実際には管の出入り口の外の空気も一緒に動くので見かけの管の長さは増える．その増加量は開口端補正(open end correction)と呼ばれ，円形断面の管の場合には開口端のまわりに壁があるときはおおむね直径の0.41倍，壁がないときは0.31倍といわれている．ρ_a 〔kg/m³〕は空気の密度で，常温常圧では $1.21\,\mathrm{kg/m^3}$ である．

空気室のスチフネスは

$$s_{Am} = \frac{\gamma P_0}{V_C} S^2 \tag{3.29}$$

で与えられる．ここで P_0 〔Pa〕は大気圧，γ は圧力一定のときと容積一定のときとの比熱の比で，空気では約1.40である．γP_0 は空気の圧力変化量とそれに伴う体積変化量の比の絶対値で体積弾性率と呼ばれ

$$K \equiv \gamma P_0 = \rho_a c^2 \tag{3.30}$$

と定義される．単位は $\mathrm{Pa/m^3}$ である．ここで c 〔m/s〕は音速である．

また，管内の空気による機械抵抗は

$$r_{Am} = 8\pi\mu l \tag{3.31}$$

で与えられる。μ は媒質の粘性の大きさを表す圧力と粒子速度の比であり，空気では約 2×10^{-5}〔kg/sm〕である。ただし，この値はいろいろの条件に左右される。例えば，この式の値は管の断面形状が円に近い場合のもので，扁平な形状や星形のような複雑な形状の場合は異なる値となる。したがってこの式は大雑把な目安を与えるものと考えるべきである。

ここで，これら機械インピーダンス，比音響インピーダンスおよび音響インピーダンスのそれぞれのわかりやすさ，使いやすさを吟味してみよう。

3.4.3 断面積の異なる管の接続

実際の音響回路では，図 3.7 のように断面積の変化する境界を音波が伝わる例が数多く見られる。

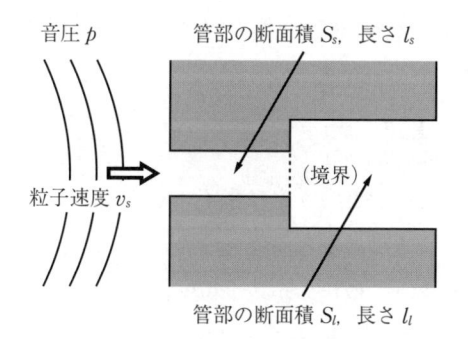

図 3.7 断面積の変わる音響伝送系

図に破線で表した境界を通して一方から他方を見たとき，3.4.2 項の 3 種のインピーダンスはそれぞれ異なった取扱いが必要となる。例えば，境界から左側を見たときと右側から見たときで異なる物理量と一定不変の物理量とがある。

境界の両側で連続となる物理量を考えよう。まず左側の管の内部の音圧を p_s，右側の間の内部の音圧を p_l とすると，境界では媒質がつながっているので

圧力（大気圧および音圧）は境界の左右で不変だから次式が成立する。

$$p_s = p_l = p \tag{3.32}$$

また，断面で媒質が増減することはないから断面を通して出入りする媒質の量も不変である。このため，左側の粒子速度を v_{ps}，右側の粒子速度 v_{pl} とすると体積速度すなわち単位時間の流量は不変なので，次式が成立する。

$$v_{ps} S_s = v_{pl} S_l \tag{3.33}$$

したがって，音圧と体積速度の比で与えられる 3.4.2 項〔1〕の音響インピーダンス z_{Aa} は境界での面積変化の影響を受けない一定値である。

一方，式 (3.33) より，体積速度が一定なら粒子速度は次式のように境界の両側で異なる値となることがわかる。

$$v_{pl} = \frac{S_s}{S_l} v_{ps} \tag{3.34}$$

このため，音圧と粒子速度との比で与えられる 3.4.2 項〔2〕の比音響インピーダンスの左側の値を z_{Ass}，右側の値を z_{Asl} とすると，両者には次のような関係が成立する。

$$z_{Ass} = \frac{p}{v_{ps}} = \frac{S_s}{S_l} \frac{p}{v_{pl}} = \frac{S_s}{S_l} z_{Asl} \tag{3.35}$$

音圧と粒子速度との比という比音響インピーダンスの概念は物理的にはわかりやすいが，このように異なる面積を境界から見たときの値は面積の比で補正して用いる必要があり，取扱いが多少複雑になる。

電気回路ではトランスを用いると電気インピーダンスが1次，2次コイルの巻き線比に応じて変化する。これからの類推により，比音響インピーダンスについては巻線比 $1:\sqrt{S_l/S_s}$ のトランスを用いたのと同様のことが境界で起こっていることになる。

さらに，力すなわち音圧と面積の積と粒子速度との比で与えられる 3.4.2 項〔3〕の機械インピーダンスの左側の値を z_{Ams}，右側の値を z_{Aml} とすると両者には下記のような関係が成立する。

$$z_{Ams} = \frac{pS_s}{v_{ps}} = \left(\frac{S_s}{S_l}\right)^2 \frac{pS_l}{v_{pl}} = \left(\frac{S_s}{S_l}\right)^2 z_{Aml} \tag{3.36}$$

したがってこの関係は，巻線比 $1 : S_l/S_s$，すなわち $S_s : S_l$ のトランスを用いたのと同様のことが境界で起こっていることになる。

これら3種のインピーダンスのどれを選んで用いるかは技術分野によってさまざまである。通常，電話音響技術の分野ではトランスの挿入が不要で回路表示が簡単になる音響インピーダンスが用いられ，オーディオシステム技術の分野では音圧と粒子速度との比のため直感的にわかりやすい比音響インピーダンスが用いられることが多いようである。

本書では音響インピーダンス，すなわち音圧と体積速度との比を用いることとしたい。

3.4.4 機械音響回路と電気回路とのアナロジー

機械振動および音響振動における1自由度振動系の動作の表示式を電気振動系と対比すると，物理的意味が異なる現象でも数学的な表示は同じ形になっている。したがって，力と音圧と電圧，また速度と粒子速度と電流を対応させると，インピーダンスを構成する素子は**表3.2**に示すように対応させることができる[5]。

ただし，音響回路の解析では音響インピーダンス，比音響インピーダンスのいずれを用いるかを明確にして混乱を避ける必要がある。この表では音響回路のインピーダンスとしては音響インピーダンスをあげてある†。

この対応関係を用いると，機械音響回路を電気回路の記号を用いて表現することができる。例えば，図3.1または図3.5の回路を図3.6のように表すことができるわけである。電気回路の解析にはキルヒホフの法則という強力な手段が用意されているので，複雑な構造の機械音響回路を電気回路の記号で表現し

---

† ここで紹介した対応付けは力電圧対応と呼ばれる。これとは別に力と電流，速度と電圧を対応させる力電流対応と呼ばれる方法もあり，超音波技術分野などで用いられることがある。この場合，機械インピーダンスと電気アドミタンスとが対応することになる。

表3.2 機械, 音響, 電気振動系の素子の対応関係

機械振動系	音響振動系	電気振動系
力* F	音圧 P	電圧 E
速度* V	体積速度 V_A	電流 I
質量 m	音響質量 m_A	インダクタンス L
スチフネス s	音響スチフネス s_A	電気容量の逆数 $1/C$
機械抵抗 r_m	音響抵抗 r_A	電気抵抗 R

* 力, 速度の行の値は機械, 音響, 電気いずれも正弦波の実効値

てこの法則を適用すると物理現象の定量化が容易になる。これがオーディオトランスデューサの設計の強力な道具となっている。

3.5 機械音響回路の実例

ここで，電気回路の記号で表した機械音響回路の実例に着目し，その構成を電気回路の記号で表してみよう。

〔1〕 密閉箱を用いたスピーカシステム

広く用いられているスピーカシステムには図2.1のようなダイナミックスピーカユニットが用いられる。この振動部は図3.1のような機械音響回路で表すことができ，これを電気回路の記号を用いて書き換えると図3.6のようになる。この場合，質量はコーン，コイルなど機械振動部の質量と，これの近くで一緒に運動する空気の質量との和になる[6]。

スピーカユニットのコーンが振動するとその表裏には逆位相の音が発生し，回りこんで相殺して出力音圧を下げてしまう。したがって実際のスピーカシステムではユニット単体で用いることはなく，前後の音を遮断する手段とともに用いてスピーカシステムとされる。無限に近い大きな板でユニットの前後の音

を遮断するのが理想だが不便なので，通常は**エンクロージャ**（enclosure）またはキャビネット（cabinet）と呼ばれる箱を用いて図1.3の要領でユニットの後部を密閉した構成が一般的である。

最も簡単な**密閉箱**（closed box）と呼ばれるエンクロージャを用いたスピーカシステムの外観と断面図を**図3.8**に示す。この構造は図3.5のような音響回路において，管内の空気をスピーカの振動系に置き換えた構成となっているので，箱の内部の空気はばねとして動作する。したがって，コーンを駆動する力は質量，機械抵抗，コーンを支えるばねおよびエンクロージャの内部の空気のばねに分配される。このため，この構成の機械音響回路を電気回路の記号で表すと**図3.9**のようにすべての回路素子を直列接続した回路となる。

したがって，コーンを支えるばねのスチフネスを s，エンクロージャ内部の空気のばねのスチフネスを s_c とすると角共振周波数 ω_0 は

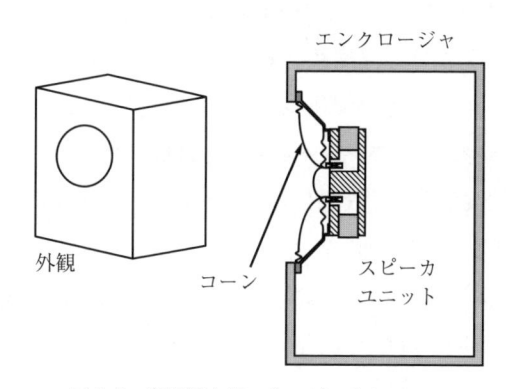

図3.8　密閉箱を用いたスピーカシステム

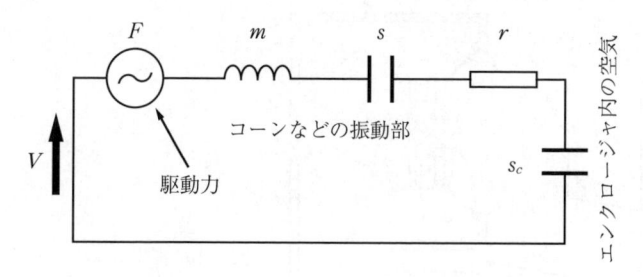

図3.9　密閉箱を用いたスピーカシステムの機械音響回路

$$\omega_0 = \sqrt{\frac{s+s_c}{m}} \tag{3.37}$$

のようになり，スピーカユニット単体のときに比べ上昇する。エンクロージャの空気のスチフネス s_c は容積に反比例し，箱が小さいと大きく（空気のばねがかたく）なり，共振周波数はさらに上昇する。

出力音圧はコーンの振動速度 V より与えられるので，図 3.9 の回路で駆動力 F（電圧に相当）と速度 V（電流に相当）との関係を計算すればこのスピーカシステムの特性を予測し，設計することができる。

スピーカの振動系の機械抵抗 r は一般に小さいので，選択率 Q の値は 5 ～ 10 になる。箱の影響で ω_0 が上昇すると Q はさらに大きくなり，出力音圧の周波数特性に顕著なピークを生じる可能性がある。

しかし，実際のスピーカは一般に出力電気インピーダンスの非常に小さい（定電圧源に近い）パワーアンプで駆動されるので，振動系に電磁制動が作用するため振動部の見かけの機械抵抗 r が増大し，実用状態では Q の値は 1 以下となっている。詳細は 10 章で述べる。

〔 2 〕 **位相反転形エンクロージャを用いたスピーカ**

密閉箱で共振周波数を低く設定しようとすると，空気のばねを柔らかくするために容積の大きな箱が必要になる。そこで，市販のスピーカユニットの多くは**図 3.10** に示すような管による開口部（ポート）をもつ**位相反転形エンクロージャ**（bass-reflex enclosure，**バスレフ**と略称される）を用いて箱の小形化をはかっている。

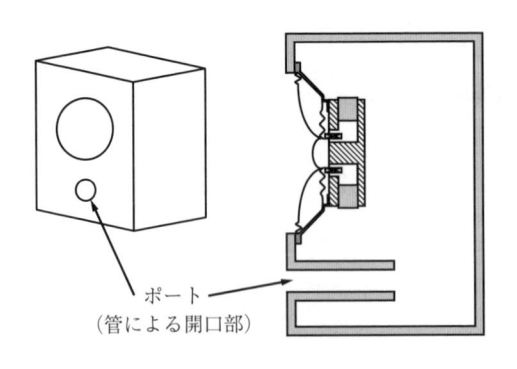

図 3.10 位相反転形エンクロージャを用いたスピーカシステム

3.5 機械音響回路の実例

　ポートの中の空気は図 3.5 の管と同じく質量および音響抵抗として動作するので，この構成の機械回路を電気回路素子†で表すと**図 3.11** のようになる。この回路には密閉箱の場合に比べ，ポート内の空気の質量 m_p と音響抵抗 r_p とが加えられている。コーンの振動速度はエンクロージャ内部の音圧を生起するが，その一部はポート内の空気の運動速度を生起するので，振動速度が分配されることになり，ポートの空気による枝路とエンクロージャの空気による枝路とは並列になる。

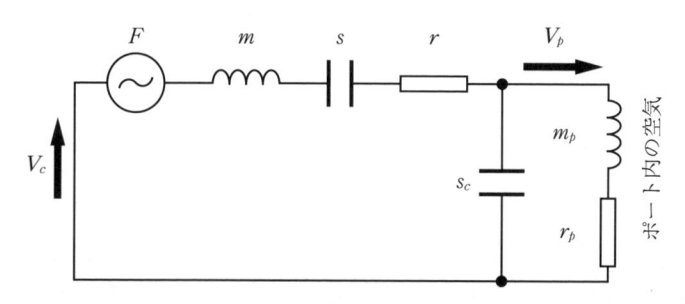

図 3.11 位相反転形エンクロージャを用いたスピーカシステムの機械音響回路

　この回路は回路のループが二つあるので **2 自由度振動系**（two degree-of-freedom vibrating system）と呼ばれる回路となっており，二つの共振周波数をもつことが予想される。音の出口も二つとなり，コーンからの出力音圧はコーンの振動速度 V より，またポートからの出力音圧はポートの空気の振動速度 V_p より与えられる。

　この回路のレスポンスを表す数式は複雑なものとなるが，ここでその概要を観察しよう。

　箱の空気のスチフネス s_c とポートの空気の質量 m_p とは並列となっているので反共振特性（レスポンスが共振とは逆の周波数依存性を示す現象）をもち，

---

† ここでは回路素子の定数には音響インピーダンスを用いることとしているので，力 F は電磁駆動力をコーンの実効面積で割った圧力の次元の値であり，また速度 V は体積変位である。一般にコーンの実効面積とポートの開口面積とは異なるので，比音響インピーダンスまたは機械インピーダンスを用いるときにはこの回路に面積を変換するトランスを挿入する必要が生じる。

それらの合成インピーダンスは反共振の周波数より低い周波数では m_p に，高いほうの周波数では s_c に近い値となる。このとき，ポートの面積と長さとを調節して反共振周波数をスピーカユニットの共振周波数の付近（それよりやや低い周波数に選ばれることが多い）に設定すると出力音圧の周波数特性はその周波数付近で谷（ディップ）となり，また上記の二つの共振周波数はその両側の

$$\omega_{0h} = \sqrt{\frac{s+s_c}{m}}, \quad \omega_{0l} = \sqrt{\frac{s}{m+m_p}} \tag{3.38}$$

に近い値となって，周波数特性にはディップの両側に二つのピークが現れる。

低いほうの共振周波数 ω_{0l} はスピーカユニットの共振周波数より低くなるから，この形式のスピーカシステムは小形の箱で低い周波数まで再生できるスピーカシステムを実現するのに有効な方法とされているわけである。共振による周波数特性の凸凹がアンプによる電磁制動の効果で抑制されるのは密閉箱の場合と同様である。

式 (3.38) の高いほうの共振周波数 ω_{0h} の付近の周波数ではスピーカユニットの裏側の音の位相が反転されてポートから放射されるので表側からの音と相殺しない。これがこの形式のキャビネットを位相反転形と呼ぶ理由である。それより上の周波数領域ではポート内の空気の質量の音響インピーダンスが周波数に比例して増大するのでキャビネットは密閉箱として動作する。

〔3〕 **電話機用圧電イヤホン**

電話機用マイクロホン，イヤホンはオーディオシステム用スピーカに比べ小さいので，振動系の動作の制御が簡単である。そこで振動系の前後にやや複雑な音響回路を付加し，複数の共振を与えて周波数特性を制御することが行われる。特にスペースに余裕のある固定電話機用ハンドセットにはこの技術が広く用いられ，設計手法が確立されている。

セラミック圧電ユニモルフ振動板による**圧電イヤホン**（piezoelectric earphone）ユニットの基本構成は図 2.22 のようなものであった。振動板の表側にも孔のある保護カバーを設けたユニットを，電話機のハンドセットに装着した例を**図 3.12** に示す。ユニットの後部はハンドセット内に連通させ，また

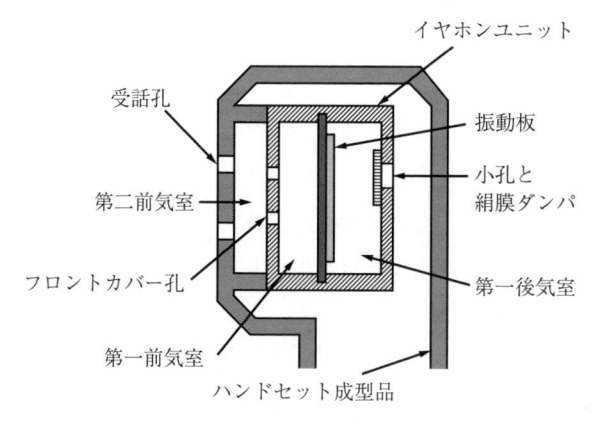

図3.12 固定電話機用圧電イヤホン

前部には耳に当てられる孔をもつイヤピースと手前の空気室とを設けてある。

この機械音響回路を表3.2の対応関係を用いて電気回路の記号で表すと**図3.13**のようになる。この回路の入力は振動板の駆動力であり，出力は耳孔を表す左のスチフネス素子に発生する力である。音響インピーダンス表示を用いれば振動板，イヤピース孔などの面積が異なっても回路にトランスを導入する必要がない[†]。

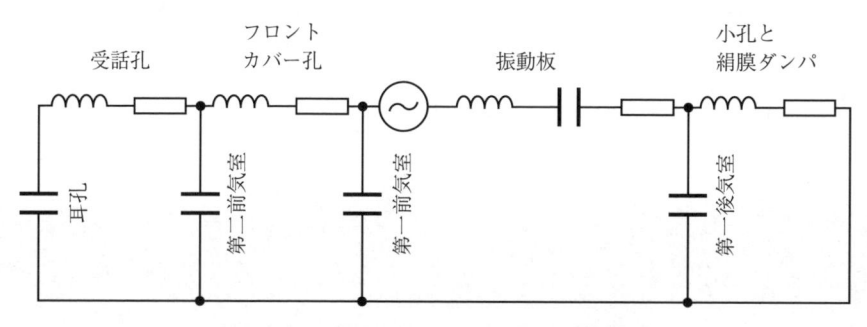

図3.13 電話機の圧電イヤホンの機械音響回路

[†] この例では耳孔を単純な密閉された室と考えたが，実際の耳は複雑な音響特性をもっている。設計実務でこれを考慮した例を11章に示す。

回路のループが四つあるので，この回路は**4自由度振動系**（four degree-of-freedom vibrating system）となっており，その動作は四つの連立方程式の組合せで定式化される。また，入出力間の伝送特性には共振による四つのピークが生じる。そこで回路解析によりそれぞれの共振周波数と選択率とを適切に選んで設計することにより，イヤホンのほかマイクロホンおよび呼び出し用サウンダにも同一の圧電ユニモルフ振動板を用いて，それぞれに必要な特性を実現することができる。詳細は11章で述べる。

引用・参考文献

1) 大賀寿郎，梶川嘉延：電気の回路と音の回路，音響入門シリーズB-3，コロナ社（2011）
2) 城戸健一：音響工学，コロナ社（1982）
3) 大賀寿郎，鎌倉友男，斎藤繁美，武田一哉：音響エレクトロニクス，第6章，培風館（2005）
4) JIS Z 8106「音響用語」
5) 近野正：ダイナミカル・アナロジー入門，コロナ社（1980）
6) Leo L. Beranek：Acoustics, Acoust. Soc. Am.（N. Y., USA, 1986）（初版は1954）

4 電気音響変換器の理論と定量化

2章で列記したように，オーディオトランスデューサの種類は数多く，目的に応じて多種多様なものが実用化されている。しかし，エネルギーの形態を変換するデバイスとしてこれらの動作を定量化すると，少数の基本方程式で多くのトランスデューサの動作を統一的に理解できるようになり，これを定量化の手段としてトランスデューサを合理的に設計することが可能となる[1]。

本章では，こうした物理現象の統一理論を展開し，特性の定量化の方法を述べる。

ここでは，トランスデューサを抽象化してエネルギーの形態を変化するデバイスとみなすときには変換器と呼ぶ。また，信号は特記しないときには正弦波の交流と仮定し，角周波数を ω 〔rad/s〕とする。さらに，信号を担う電圧，電流，電力，音圧，力および速度の値はいずれも交流の実効値と考える。

4.1 磁界を用いる変換器

ダイナミックスピーカ，電磁イヤホンなどの磁石とコイルとを用いる変換器は電力分野におけるモータ，発電機と同様の物理現象を利用するものであり，その変換動作は電磁誘導を軸として解析できる。ここでは，この種の変換器の典型的な構成に着目してその動作を定量化しよう[2]。

4.1.1 基本方程式

〔1〕 動電変換器

2章で構造と動作を述べたダイナミックスピーカ，動電イヤホン，動電マイクロホンなどのモデルとして，図4.1に示すような基本構成の動電変換器に着目する。永久磁石は図の上下方向に磁化されており，コイルのおかれるポールとプレートの間の円筒形の空隙に，コイルに直交するように磁石による磁束が通っている。

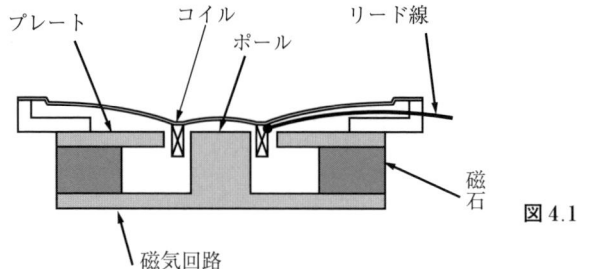

図4.1 動電形の電気音響変換器

この変換器の動作を定式化しよう。

コイルに電流 I〔A〕を流すと，次の式で表される上下方向の電磁駆動力 F'〔N〕が発生する。

$$F' = BlI \tag{4.1}$$

ただし，B〔T〕は空隙の磁束密度，l〔m〕はコイルの巻線の長さを表す。

振動部分に外部から加えられる力を F〔N〕，振動部分の機械インピーダンスを z〔Ns/m〕，振動部分から見た外部の機械インピーダンスを z_0，振動速度を V〔m/s〕とすると，力と速度の関係は次の式で表される。

$$F + F' = (z + z_0)V$$

$$\therefore F = -BlI + (z + z_0)V \tag{4.2}$$

一方，コイルが速度 V〔m/s〕で動くと次の式で表される電圧 E'〔V〕が発生する。

$$E' = -BlV \tag{4.3}$$

ただし負号は，速度 V が式(4.1)の F と同位相のときに正相と考えると，

同式の I と上記の E' が逆相になることを表している．これを用いて，コイルに外部から加えられる電圧を E [V]，コイルを含む電気回路部の電気インピーダンスを Z [Ω]，コイルに接続されている外部の回路（例えばパワーアンプの出力回路）の電気インピーダンスを Z_0，コイルの電流を I [A] とすると，電圧と電流の関係は次の式で与えられる．

$$E+E' = (Z+Z_0)I$$

$$\therefore E = (Z+Z_0)I + BlV \tag{4.4}$$

式 (4.2) と式 (4.4) がこの変換器の動作を記述する基本方程式となる．通常

$$A \equiv Bl \tag{4.5}$$

と定義される**力係数** A [N/A]（すなわち [Vs/m]，force factor または transduction coefficient，英語圏では後者が一般的な名称と思われる）を導入し，次式のように表示する．

$$E = (Z+Z_0)I + AV \tag{4.6}$$

$$F = -AI + (z+z_0)V \tag{4.7}$$

このペアをなす式が動電変換器の電気音響変換動作を表す基本方程式であり，定量的な検討，設計の基礎となるものである．

〔2〕 **電 磁 変 換 器**

次に，やはり2章で構造と動作を述べた不平衡形の電磁イヤホンなどのモデルとして**図 4.2** に示すような電磁変換器に着目する．永久磁石はやはり図の上下方向に磁化されており，プレート上面とアーマチュアとの間およびアーマチュアとポール上面との間に磁石による磁束が通り，アーマチュアに静吸引力

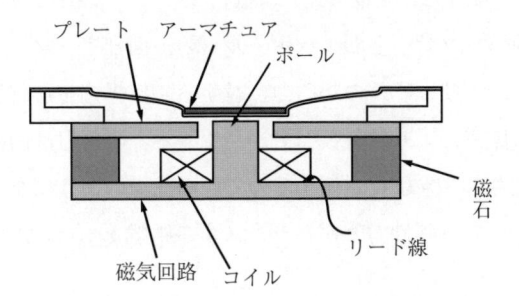

図 4.2 電磁形の電気音響変換器

が作用している。アーマチュアの装着されている振動板はアルミ合金など非磁性の金属が用いられる[3]。

この変換器の動作を定式化しよう。

ここではイヤホンまたはスピーカとしての動作に着目する。図 4.3 にアーマチュアに働く力と変位の概念を示す。見やすくするため上下の変位を横軸にとっているが，右方向がアーマチュアの下降方向を表す。

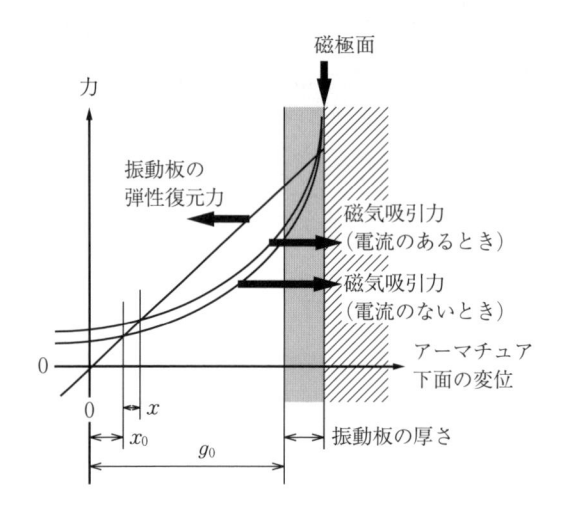

図 4.3　電磁変換器の力と変位

製造当初で磁石に着磁する前はアーマチュアには吸引力は働かない。このときのアーマチュア下面の位置を図の 0 の位置とする。力を加えてアーマチュアを磁極のほうへ押すと，その反作用として図の直線のように振動板の弾性力が発生する。その向きはアーマチュアを磁極から遠ざけようとする向き（図の左向き）である。この直線の勾配（力と変位の比）は振動板のスチフネスである。

磁石を着磁すると磁気回路（プレートおよびポール）の上面とアーマチュアの下面との間の空隙が磁石およびコイルの起磁力に対する磁気抵抗を形成し，これで決定される大きさの磁束により磁気吸引力が発生する。吸引力は図の右向きで，大きさは空隙の長さの 2 乗に反比例するので図の曲線のようになる。このためアーマチュアは吸引力と弾性力とがバランスする距離 x_0〔m〕だけ磁極に近づく。

4.1 磁界を用いる変換器

磁気吸引力の曲線の勾配はやはりスチフネスだが，力の向きが逆なので負のスチフネスと定義する．この位置での負スチフネスは振動板のスチフネスより小さいので，外力により振動板が動かされても外力がなくなれば元に戻る．振動板のスチフネスと吸引力による負スチフネスの比を**安定度**（stability factor）と呼び，電磁変換器を設計するときに重視すべき量となる．

最悪の場合，大きな外力によりアーマチュアが磁極面に押し付けられると，その位置では負スチフネスおよび磁気吸引力のほうが大きいので振動板は磁極面に吸着されたままとなってしまう．このとき，アーマチュアを振動板の上に装着し，振動板の厚みのためにアーマチュアが g_0〔m〕しか近づけないように設計しておけば安全となる．

コイルに電流を流して磁気吸引力を図の上の曲線のように増やすと，アーマチュアはさらに x〔m〕吸引される．コイルに交流を流すとアーマチュアは距離 x_0 の点の周囲で振動し，振動板が駆動されるのでイヤホンまたはスピーカとして動作することになる．

磁石の起磁力を U_M〔A〕，コイルの巻き数を n〔回〕，コイルの電流を I〔A〕，これで加算される起磁力を ni〔A〕，そのときの空隙を g_0-x_0-x〔m〕とする．磁気回路を構成する鉄材の透磁率は空気や振動板材料（例えばアルミ合金）のそれに比べ数千倍なので，磁気抵抗としてはアーマチュアと磁気回路上面との間の空隙によるもののみを考慮すればよい．両者の対向面積を S_g〔m²〕（ポールとの対向面積とプレートとの対向面積はそれぞれ $S_g/2$ で同じと考える）とし，真空の透磁率を μ_0〔N/A²〕とすると，空隙での磁束は起磁力と磁気抵抗との比より次のように与えられる．

$$\Phi_M = \frac{U_M + ni}{4(g_0 - x_0 - x)/(\mu_0 S_g)} = \frac{\mu_0 S_g}{4} \frac{U_M + ni}{g_0 - x_0 - x} \tag{4.8}$$

これより空隙の磁束密度を求めると，磁気回路とアーマチュアとの間の吸引力は次のように与えられる．

$$f_M = \frac{\mu_0 S_g}{8} \frac{U_M^2}{g_0^2} \left(1 + \frac{ni}{U_M}\right)^2 \left(1 - \frac{x_0}{g_0} - \frac{x}{g_0}\right)^{-2} \tag{4.9}$$

ここで

$$\left. \begin{array}{l} |U_M| \gg |ni| \\ |g_0| \gg |x_0|, \ |x| \end{array} \right\} \quad (4.10)$$

と仮定すると，吸引力は

$$f_M = \frac{\mu_0 S_g}{8} \frac{U_M^2}{g_0^2} \left(1 + 2\frac{ni}{U_M} + 2\frac{x_0}{g_0} + 2\frac{x}{g_0} \right) \quad (4.11)$$

のように近似される。

（　）内の第1項と第3項は短時間では変化しない静吸引力である。いま時間変化分のみに注目し，電流，変位，吸引力の交流分（f' と書く）が角周波数 ω の正弦波で振動すると考えると

$$\left. \begin{array}{l} i \to \sqrt{2}\, I e^{j\omega t} \\ x \to \sqrt{2}\, X e^{j\omega t} \\ f' \to \sqrt{2}\, F' e^{j\omega t} \end{array} \right\} \quad (4.12)$$

と置き換えられる。$I,\ X,\ F'$ はいずれも実効値を表す。変位 X が速度 V を用いて $V/j\omega$ で表されることに留意して置き換えると，次の関係が得られる。

$$F' = \frac{\mu_0 S_g}{4} \frac{U_M^2}{g_0^2} \left(\frac{n}{U_M} I + \frac{1}{g_0} \frac{V}{j\omega} \right) \quad (4.13)$$

振動板を駆動する同じ周波数の別の外力 F があるとし，また磁石による静吸引力のないときの振動板の機械インピーダンスを z_d，振動板から見た外部の機械インピーダンスを z_0 とすると

$$F + F' = (z_d + z_0) V$$

$$\therefore F = \left(z_d - \frac{1}{j\omega} \frac{\mu_0 S_g U_M^2}{4 g_0^3} + z_0 \right) V - \frac{\mu_0 S_g U_M n}{4 g_0^2} I \quad (4.14)$$

（　）内の第2項は磁気吸引力による負スチフネスである。したがって磁気吸引力があると振動板が軟らかく見えることになる。ここで

$$z \equiv z_d - \frac{1}{j\omega} \frac{\mu_0 S_g U_M^2}{4 g_0^3}$$

$$A \equiv \frac{\mu_0 S_g U_M n}{4 g_0^2} \tag{4.15}$$

と置くと，この式は次のようになる．

$$F = (z + z_0)V - AI \tag{4.16}$$

これは動電変換器で求めた式 (4.7) と同じ形である．A は電磁変換器の力係数である．

一方，マイクロホンとしての動作の定式化の過程の説明はここでは省略するが，結果として式 (4.6) と同じ形の次式が得られる．

$$E = (Z + Z_0)I + AV \tag{4.17}$$

このように，磁界を用いる変換器の電気音響変換動作を表す基本方程式は動電，電磁を問わず同じ形式となる．両者で異なるのは力係数 A の式である．

ただし，実際の設計では個々のトランスデューサに特有の現象に留意するのを忘れてはいけない．例えば，こうした変換器は原理的に可逆だが，アンプを内蔵したスピーカは見かけでは非可逆である．

4.1.2　モーショナルインピーダンス

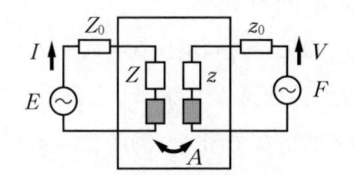

4.1.1 項のような磁界を用いる変換器の電気音響変換動作の基本方程式はそれぞれ電気系および機械音響系のオームの法則（電圧と電流の関係，力と速度との関係）というべきものだが，いずれにもこれに力係数 A を含む項が加わっている．概念としては図 4.4 のようになっているわけである．

図 4.4　磁界を用いる電気音響変換器の回路表示

この表示の意味を知るために，ここで電気端子から見た電気インピーダンスをこれらの基本式から導出してみよう．

電気端子から信号を加えて動作を解析するとき，変換器はスピーカまたはイ

ヤホンとして動作することになる。これらのトランスデューサは外部から加えられる電圧で動作するものであり，外部から力が加わることは考慮しなくてよい。したがって，式 (4.6) および式 (4.7) は次のように書き換えられる。

$$E = (Z + Z_0) I + AV \\ 0 = -AI + (z + z_0) V \quad \}\qquad(4.18)$$

これを変形すると次の式が得られる。

$$E = \left[(Z + Z_0) + \frac{A^2}{z + z_0} \right] I \qquad(4.19)$$

この式は電圧と電流との関係を表すから [ ] の項は電気インピーダンスそのものである。[ ] の中の ( ) で囲まれた第1項は電源とスピーカのコイルの電気インピーダンスだが，これに振動系の機械インピーダンスの逆数と力係数の2乗からなる分数形の第2項が加わり，スピーカの電気側と機械・音響側とがまとめて電気インピーダンス表現されている。これを回路図で示すと**図 4.5** のようになる。

式 (4.19) の第1項は純粋の電気インピーダンスで，スピーカの振動系の運動とは関係がない。したがって，例えばコイルと磁気回路との間に接着剤を流し込んで振動系を固めてしまい，機械インピーダンスが非常に大きい（運動できない）状態として測定しても観測される電気インピーダンスとなる。これを**制動インピーダンス**（blocked impedance）と呼ぶ。

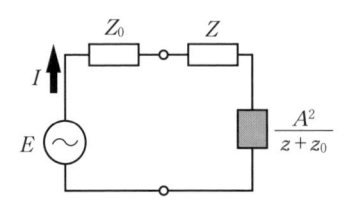

図 4.5 磁界を用いる電気音響変換器の電気インピーダンス

これに対して，第2項は振動系が動くことにより現れる電気インピーダンスである。例えば，磁石を着磁する前は力係数 A が 0 なので振動系が動かないためこの項は現れない。また，振動系を接着剤で固めて動けないようにして測定すると，式の分母（機械インピーダンス）が非常に大きくなるため，やはり現れない。この第2項を**動インピーダンス**（motional impedance）と呼ぶ。

スピーカの振動板が自由に動ける状態での電気インピーダンスは式 (4.19) のように制動インピーダンスと動インピーダンスとの和になる。これを**自由イ**

ンピーダンス (free impedance) と呼ぶ．これは簡単に測定できる．動インピーダンスは自由インピーダンスと制動インピーダンスとの差（ベクトル演算）より得られることになるが，制動インピーダンスは磁石の着磁後の完成品の状態では接着剤で振動系を固着して測定する必要があり，測定のあとスピーカを復旧することができないのでやや測定しにくい．

4.1.3　実例：ダイナミックスピーカの電気特性

上記までの解析の応用例として，実用に供されているダイナミックスピーカがどのような電気回路のデバイスになっているかを考えよう．

〔1〕　スピーカユニット

スピーカの場合，式 (4.19) の中の Z はコイルの電気抵抗（通常数 Ω）とインダクタンス L（通常数 mH）との直列接続となる．一方，外部の電気インピーダンス Z_0 はスピーカを駆動するオーディオアンプの出力インピーダンスだが，現在入手できるオーディオアンプの Z_0 は $0.1\,\Omega$ 以下で，スピーカのコイルの直流抵抗に比べ十分小さいと考えてよい．

一方，外部の機械インピーダンス z_0 はコーンの前の空気の質量などだが，ここでは z の一部と考えることにしよう．そうすると第2項の動インピーダンスの分母となる振動系の機械インピーダンスは式 (3.20) のような質量，ばね，機械抵抗からなる振動系の機械インピーダンス

$$z = j\omega m + r + \frac{s}{j\omega} \tag{4.20}$$

と考えてよい．すなわち，3章で述べたように z は機械・音響回路では直列接続で表示される．

しかし，電気端子から見た動インピーダンスには式 (4.19) の第2項のように z が逆数で入る．このために生じる現象を考えよう．

2章で述べたようにスピーカの共振周波数

$$\omega_0 = \sqrt{\frac{s}{m}} \tag{4.21}$$

の付近では機械インピーダンス z が小さく（すなわち振動系が動きやすく）な

る。一方，これが逆数で入る動インピーダンスはこの周波数で大きくなる。これは並列共振の特性であるから，ダイナミックスピーカの電気回路は図 4.6 のようになり，動インピーダンスを表す部分は並列接続に見えることになる。

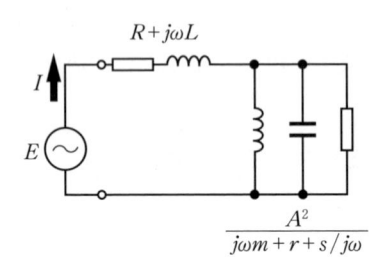

$$\frac{A^2}{j\omega m + r + s/j\omega}$$

図 4.6 ダイナミックスピーカユニットの電気回路

したがって，実際のスピーカでは電気インピーダンスの絶対値は図 4.7 のような周波数特性を示し，自由インピーダンスの周波数特性には顕著なピークが現れる。通常のスピーカでは力係数がそれほど大きくないので動インピーダンスはコイルの電気抵抗に比べ小さく，中，高音の周波数では無視できる。したがって自由インピーダンスは制動インピーダンスに一致する。

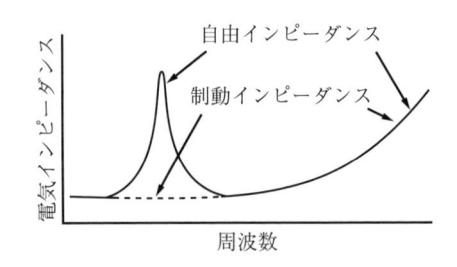

図 4.7 ダイナミックスピーカユニットの電気インピーダンス周波数特性

しかし共振周波数の付近では動インピーダンスが大きくなるので自由インピーダンスと制動インピーダンスとが異なる値となり，その差として動インピーダンスが見えてくるわけである。

これを利用して，実際のスピーカでは式 (4.21) で与えられる振動系の共振周波数を電気インピーダンスに生じる共振の山の周波数より求めている。

〔2〕 **密閉箱を用いるスピーカシステム**

3.5 節で述べたようにダイナミックスピーカはユニットのみで用いることは

4.1 磁界を用いる変換器

なく，エンクロージャ（enclosure）またはキャビネット（cabinet）と呼ばれる箱を用いてスピーカシステム（loudspeaker system）とする．

最も簡単なキャビネットである密閉箱（closed box）を用いる場合は内部の空気がばねとして動作するので，振動系の機械インピーダンスは式 (4.20) に箱のスチフネスを加えて

$$z = j\omega m + r + \frac{s + s_C}{j\omega} \tag{4.22}$$

となる．したがって，このスピーカのシステムの電気回路は**図 4.8** のようになり，電気インピーダンスは四つの素子から形成される．

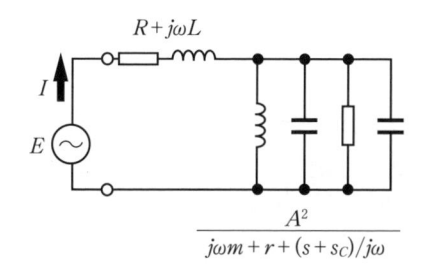

図 4.8 密閉箱を用いたスピーカシステムの電気回路

$$\frac{A^2}{j\omega m + r + (s+s_C)/j\omega}$$

この回路の電気インピーダンスの絶対値の周波数特性は図 4.7 と同じ形となるが，3.5 節で述べたように共振周波数は

$$\omega_0 = \sqrt{\frac{s+s_c}{m}} \tag{4.23}$$

の値に変化する．

〔3〕 位相変換形キャビネットを用いるスピーカシステム

3.5 節で述べたように，市販のスピーカユニットの多くは小形の密閉箱で低い共振周波数を実現するため，管による開口部（ポート）をもつ**位相反転形エンクロージャ**（bass-reflex enclosure）を用いている．

この構造は図 3.11 のように，ポート内の空気を素子として含むやや複雑な回路図で表されることになる．したがって，このスピーカシステムの電気回路は**図 4.9** のようになり，電気インピーダンスは六つの素子から形成されるものとなる．図 4.7 で見られたと同様に，機械インピーダンスが逆数となるので機

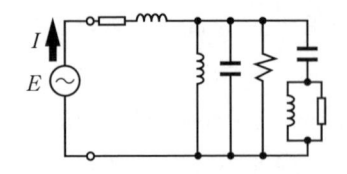

図 4.9 位相反転形キャビネットを用いたスピーカシステムの電気回路

械，音響回路の直列，並列が電気回路では反転している。

この電気インピーダンスはループが二つ，すなわち2自由度の回路となっており，二つの共振周波数をもつ。電気インピーダンスの絶対値は**図 4.10**のような周波数特性を示し，一つのディップを挟む二つのピークが現れる。この周波数は3.5節で述べた二つの共振周波数

$$\omega_{0h} = \sqrt{\frac{s+s_c}{m}}, \quad \omega_{0l} = \sqrt{\frac{s}{m+m_p}} \tag{4.24}$$

に近い値となる。したがって，この形式のスピーカシステムでも振動系の共振特性を電気インピーダンスの測定により求めることができるわけである。

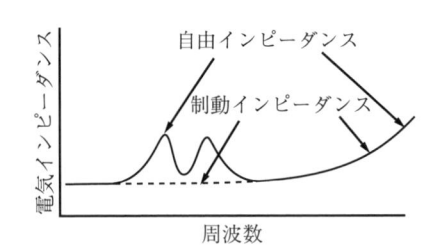

図 4.10 位相反転形キャビネットを用いたスピーカシステムの電気インピーダンスの周波数特性

実際にはポートの断面積と長さとを変化させ，電気インピーダンスの二つのピークがほぼ同じ高さとなるところに設定すると，良好な周波数特性が得られるといわれており，スピーカシステムの設計における重要な観点となっている。

4.2 電界を用いる変換器

4.2.1 基本方程式

〔1〕 コンデンサ変換器

2章で述べたように，コンデンサ変換器を代表する製品はコンデンサマイクロホンである。その構成は**図 4.11**のようなモデルで表現できる。

4.2 電界を用いる変換器

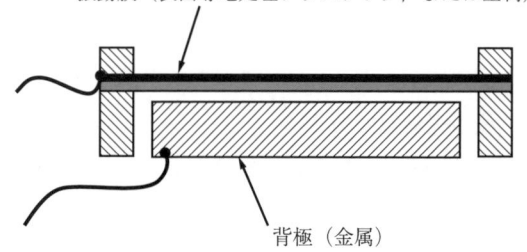

図4.11 コンデンサ形の電気音響変換器

　この構成の変換器の動作を定量化しよう。振動膜は金属膜または導電処理されたプラスチック膜である。これと金属製の背極とで構成されるコンデンサの静電容量 C 〔F〕は

$$C = \frac{\varepsilon_0 S}{x_0 - x} \tag{4.25}$$

で与えられる。ただし，S〔m^2〕は振動膜と背極との対向面積，x_0〔m〕は振動膜が静止しているときの電極との間の距離，x〔m〕は音圧の入射による振動膜の平均変位，ε_0〔F/m〕は真空の誘電率（空気中でも大差ない）である。音圧が増加すると膜と背極の距離が減るので，分母の x には負号をつける。

　背極と振動膜との間に高い直流電圧をかける，または振動膜に帯電したエレクトレット膜とするか背極の表面に帯電したエレクトレット膜を置くなどの方法で振動膜および背極からなるコンデンサに電荷を与える。それぞれにたがいに逆符号の電荷 q〔Q〕が蓄えられているとすると，静電容量 C を用いて

$$q = C(e_0 + e) = \frac{\varepsilon_0 S}{x_0 - x}(e_0 + e) \tag{4.26}$$

という関係が得られる。ただし，e_0〔V〕は振動膜が静止しているときの電極との間の電位差，e〔V〕は振動膜の振動による電位差の変化量を表す。これらの時間変化分を求めると

$$\frac{dq}{dt} = \frac{\varepsilon_0 S}{x_0} e_0 \left(\frac{1}{x_0} \frac{dx}{dt} + \frac{1}{e_0} \frac{de}{dt} \right) \tag{4.27}$$

となる。電荷の時間微分は電流であるから，信号が角周波数 ω の正弦波のときにはこの式は

$$I' = \frac{\varepsilon_0 S e_0}{x_0^2} V + j\omega \frac{\varepsilon_0 S}{x_0} E \tag{4.28}$$

となる。ただし I'〔A〕は外部への電流の，V〔m/s〕は振動膜の振動速度の，E〔V〕は電位差のいずれも正弦波の実効値である。

ここで，マイクロホンの電気端子に外部から流入する電流を I〔A〕，マイクロホンの電気端子から見た外部の電気アドミタンスを Y_0〔1/Ω〕とすると，この式は次のようになる。

$$I = I' + Y_0 E$$

$$\therefore I = \frac{\varepsilon_0 S e_0}{x_0^2} V + \left(j\omega \frac{\varepsilon_0 S}{x_0} + Y_0 \right) E \tag{4.29}$$

ここで

$$B = \frac{\varepsilon_0 S e_0}{x_0^2}, \qquad C_0 = \frac{\varepsilon_0 S}{x_0} \tag{4.30}$$

と定義する。ただし C_0〔F〕は振動膜が静止しているときの静電容量である。このとき式 (4.29) は，振動膜が静止しているときのマイクロホンの電気アドミタンス $j\omega C_0$ を Y とすると

$$I = BV + (Y + Y_0) E \tag{4.31}$$

となり，磁界を用いる変換器の式 (4.6) または式 (4.17) に対応する方程式が与えられる。これがコンデンサ変換器の電気音響変換動作を表す基本方程式の一つとなる。また，電流と速度を結びつける比例係数 B[†]〔N/V〕(すなわち〔As/m〕) は，電界を用いる変換器の**力係数**である。磁界を用いる変換器の基本方程式とは電圧と電流が入れ代わり，電気インピーダンスが電気アドミタンスに代わっている。

一方，コンデンサマイクロホンの振動膜と背極との間には蓄えられた +, − の電荷に由来する静吸引力が作用しているので，これらの間に交流電圧を与えると吸引力が変化して音が放射される。したがってコンデンサ変換器も可逆である。

[†] ここでは慣習に従って電界を用いる変換器の力係数を B で表した。動電変換器における磁束密度 B とは別の量なので注意されたい。

4.2 電界を用いる変換器

この現象の詳細な解析は省略するが，磁界を用いる変換器における式 (4.7) または式 (4.16) に対応する次のような方程式が得られる。

$$F = -BE + (z + z_0)V \qquad (4.32)$$

これがコンデンサ変換器の電気音響変換動作を表す基本方程式の別の一つとなる。この式でも磁界を用いる変換器の式と比べて電圧と電流が入れ代わっている。この方程式は続けて述べる圧電変換器でも同じ式となる。

〔2〕 圧 電 変 換 器

2章で構造と動作を述べた圧電振動板を用いたトランスデューサの，音源としての動作を調べよう。ここでは，図 2.21 で示したような圧電材料板と圧電性をもたない金属板を貼り合わせた円形の圧電ユニモルフ振動板が周辺でサポートされた図 4.12 に示すような単純なモデルで代表させる。振動板の半径は a 〔m〕とする[4]。

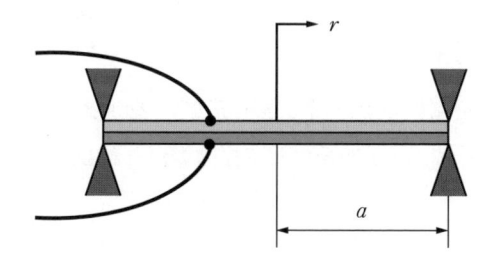

図 4.12 圧電形の電気音響変換器

板の厚さは圧電材料板，金属板それぞれ h 〔m〕で，接着層の厚さを無視して全厚を $2h$ 〔m〕とする。ヤング率 $Y^{†1}$ 〔Pa〕，密度 ρ 〔kg/m³〕，ポアソン比 $\sigma^{†2}$ は圧電，非圧電を問わず同じとする。通常用いられる圧電セラミック板と金属板の組合せによるユニモルフ振動板では，この仮定はおおむね妥当である。

音圧 P 〔Pa〕が表面に一様に入射したときの，振動板上の半径 r 〔m〕の点

---

†1 ここでは慣習に従ってヤング率を Y で表した。電気アドミタンス Y とは別の量なので注意されたい。

†2 固体を例えば x 方向に引っ張って伸ばすと，これに直交する y，z 方向の寸法は縮む。このときの y，z 方向と x 方向の寸法変化の比をポアソン比と呼ぶ。体積の変化がなければポアソン比は $1/2$ になるが，金属やセラミックでは $1/3$ 程度の値となる。

での変位を，静変位（周波数が0）の式で近似すると

$$\xi_p = P\frac{3(1-\sigma^2)}{128Yh^3}(a^2-r^2)\left(\frac{5+\sigma}{1+\sigma}a^2-r^2\right) \tag{4.33}$$

となる。これを振動板の全面で積分すると音圧による体積変位が次のように求められる。

$$U_p = \int_0^a \xi_p 2\pi r dr$$

$$= P\frac{3(1-\sigma^2)}{128Yh^3}\int_0^a (a^2-r^2)\left(\frac{5+\sigma}{1+\sigma}a^2-r^2\right)2\pi r dr \tag{4.34}$$

ここで，振動板をこの体積変位で一様な振幅で振動するピストン振動板にモデル化する。その変位は体積変位を振動板の面積 πa^2〔m^2〕で除して与えられる。したがって，振動板の見かけのスチフネスは力（音圧と振動板の面積との積）と振動板の変位との比より次式のように与えられる。

$$s_d = \frac{P\pi a^2}{U_p/\pi a^2} = \frac{128\pi Yh^3}{a^2(1-\sigma)(7+\sigma)} \tag{4.35}$$

一方，このユニモルフ振動板の圧電板の上下面に電圧 E〔V〕を加えると，振動板の周辺に次式のような曲げモーメントが発生して振動板がたわむ。

$$M_v = E\frac{Yhd_{31}}{2(1-\sigma)} \tag{4.36}$$

ただし，d_{31}〔m/V〕（または〔Q/N〕）は圧電材料板の圧電現象の大きさを表す係数で，板の面に沿って発生する機械的なひずみ（寸法の変化率）と厚さ方向に印加された電界〔V/m〕との比である。このたわみによる振動板の体積変位は

$$U_e = M_v \frac{\pi a^4}{4}\frac{1}{D(1+\sigma)} \tag{4.37}$$

となる。ここで D は振動板の曲げ剛性率で，次式で与えられるものである。

$$D = \frac{2Yh^3}{3(1-\sigma^2)} \tag{4.38}$$

電圧の印加による平均変位は体積変位を振動板の面積 πa^2 で除して与えられ

る。これと式 (4.35) で得たスチフネスとの積より，電圧印加に対応する力が求められる。

$$F' = s_d \frac{U_e}{\pi a^2} = \frac{24\pi Y h d_{31}}{(1-\sigma)(7+\sigma)} E \tag{4.39}$$

これに外力 F も加えた力と速度の関係式は

$$F + F' = (z + z_0)V \tag{4.40}$$

となる。ここで V〔m/s〕は振動速度，z〔Ns/m〕はスチフネス s_d などで構成される振動板の機械インピーダンス，z_0 は振動板から見た外部の機械インピーダンスである。

ここで，**力係数** B〔N/V〕（すなわち〔As/m〕）を次のように定義する。

$$B = \frac{24\pi Y h d_{31}}{(1-\sigma)(7+\sigma)} \tag{4.41}$$

このとき，式 (4.40) は次のようになる。

$$F = -BE + (z + z_0)V \tag{4.42}$$

この式は式 (4.32) そのものであり，また磁界を用いる変換器の式 (4.7) または式 (4.16) に対応する基本方程式である。

なお，図 2.26 に示したバイモルフ構造の振動板では入力電圧に対する振動板の変形量が約 2 倍になるので，力係数もそれに応じて増大する。

このように，式 (4.31)，式 (4.32) の基本方程式は電界を用いる電気音響変換器に共通に用いることができるが，個々の変換器に特有の現象に留意するのを忘れてはいけない。例えば，実用されている圧電変換器では振動部の音圧入射による変形と電気的駆動による変形とが同じ形になるとは限らないので厳密には可逆性が成立していないこともありうる。また，この種の変換器は原理的に可逆だが，通常のエレクトレットコンデンサマイクロホンは IC による電子回路を内蔵しているので見かけでは非可逆である。

4.2.2 モーショナルアドミタンス

4.2.1 項のような電界を用いる変換器の電気音響変換動作の基本方程式はそ

れぞれ電気系および機械音響系のオームの法則（電圧と電流の関係，力と速度との関係）というべきものだが，いずれにもこれに力係数 B を含む項が加わっている。概念としては図 4.13 のようになっているわけである。

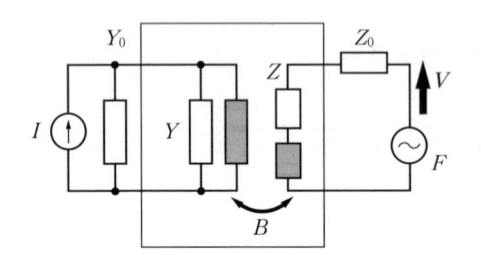

図 4.13 電界を用いる電気音響変換器の回路表示

　ここで，実用に供されている圧電セラミック振動板はどのような電気回路で表されるかを考えよう。

　電気端子から信号を加えて動作を解析するとき，変換器はスピーカまたはヘッドホンとして動作することになる。これらのトランスデューサは外部から加えられる電圧で動作するものであり，外部から力が加わることは考慮しなくてよい。したがって式 (4.31) および式 (4.32) は次のように書き換えられる。

$$\left.\begin{array}{l} I = (Y + Y_0) E + BV \\ 0 = -BE + (z + z_0) V \end{array}\right\} \tag{4.43}$$

これを変形すると次の式が得られる。

$$I = \left[(Y + Y_0) + \frac{B^2}{z + z_0} \right] E \tag{4.44}$$

　これは電流と電圧との関係を表すから [ ] の項は電気アドミタンスそのものである。[ ] の中の ( ) の第 1 項は電源と圧電セラミック板の電気アドミタンスだが，これに振動系の機械インピーダンスの逆数と力係数の 2 乗からなる分数形の第 2 項が加わり，スピーカの電気側と機械・音響側とがまとめて表現されている。回路図で示すと図 4.14 のようになる。アドミタンスの加算なので回路は並列接続になる。

　スピーカの場合，式 (4.44) の Y は圧電セラミック板のキャパシタンス（通常数ナノファラド程度）である。一方，外部の電気アドミタンス y_0 はスピー

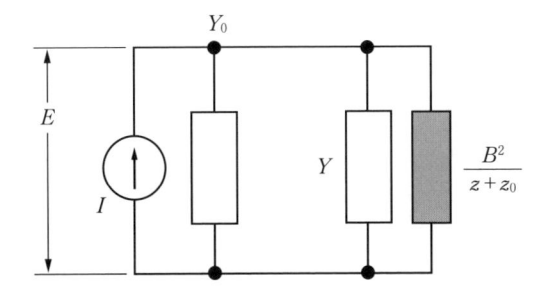

図 4.14 電界を用いる電気音響変換器の電気アドミタンス

カを駆動するオーディオアンプの出力アドミタンスだが，現在入手できるオーディオアンプでは十分大きい（つまり出力インピーダンスが十分小さい）と考えてよい．したがって，電流 I の大部分は右の二つのアドミタンスに流れ込む．

第2項の動アドミタンスの分母となる振動系の機械インピーダンスはダイナミックスピーカの場合の式 (4.20) と同じ質量，ばね，機械抵抗からなる振動系の機械インピーダンス

$$z = j\omega m + r + \frac{s}{j\omega} \tag{4.45}$$

と考えてよい．機械・音響回路の質量，ばね，機械抵抗は電気回路のコイル，コンデンサ（数値は逆数となる），電気抵抗にそれぞれ対応する．

このような項からなる自由アドミタンスの逆数が圧電セラミック振動板の自由インピーダンスである．測定しやすい電気インピーダンスで表した圧電振動板の電気回路は**図 4.15** のようになる．自由インピーダンスは二つの枝路の並列接続からなり，図の右の3素子直列の枝路が動インピーダンスを表す．これを無限大（機械インピーダンスが無限大，電気の言葉では絶縁）としたときが制動インピーダンスを表すことになる．

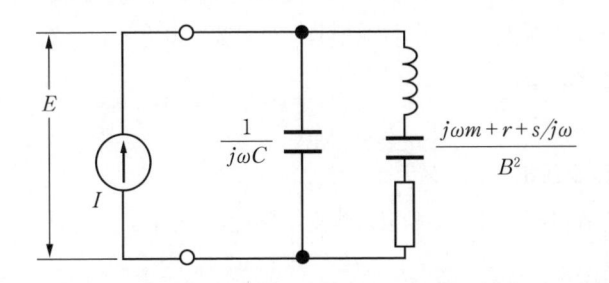

図 4.15 圧電形電気音響変換器の電気インピーダンス

こうした回路で現される圧電振動板では,電気インピーダンスの絶対値は図 4.16 のような周波数特性を示す。

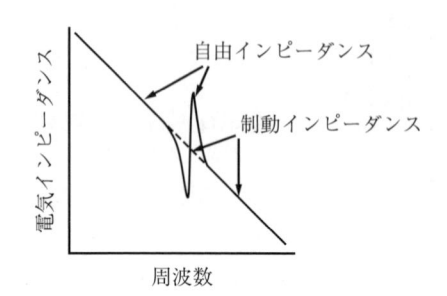

図 4.16 圧電振動板の電気インピーダンス周波数特性

通常の圧電振動板では力係数が小さいので動インピーダンスは無視できる。したがって自由インピーダンスは制動インピーダンスにほぼ一致する。したがって,電気インピーダンスの絶対値は圧電セラミック板の電気容量より与えられる $1/\omega C$〔Ω〕となり,電気インピーダンス周波数特性は右下がりの直線となる。

しかし,圧電振動板の共振角周波数

$$\omega_0 = \sqrt{\frac{s}{m}} \tag{4.46}$$

の付近では機械インピーダンスが小さく(すなわち振動系が動きやすく)なるので,動インピーダンスが小さくなり,図のように顕著なピークとディップが現れる。右の3素子直列の枝路は低い周波数ではコンデンサとして動作するが,共振角周波数では機械インピーダンス(すなわち電気インピーダンス)が小さくなり,自由インピーダンスにはディップが現れる。これより高い周波数では3素子直列の枝路がコイルとして動作するようになるので,ある角周波数で圧電振動板の電気容量と共振する。これは並列共振なので自由インピーダンスにピークをもたらすことになる。

4.2.3 実例:セラミック圧電トランスデューサ

実際の圧電セラミック振動板では,振動板の前後に空気室,小孔,音響抵抗

素子を配置して周波数レスポンスを制御することが行われる。その例として電話機の圧電イヤホンを3.5節で述べた。その構成の例は図3.12に示した。

これの機械，音響回路の電気回路素子による表示は図3.13に示したようにやや複雑な回路図で表され，四つの方程式で定式化される。一方，圧電振動板の電気回路は図4.15のように与えられているので，これの機械回路に相当する部分を図3.12の回路より求めて挿入すると，このイヤホンの電気回路は**図4.17**のようになる（アドミタンス表示では機械インピーダンスが逆数となるので機械，音響回路の直列，並列が反転したが，電気インピーダンス表示では機械インピーダンスが逆数にならないので機械，音響回路の直列，並列は電気回路でも反転しない）。

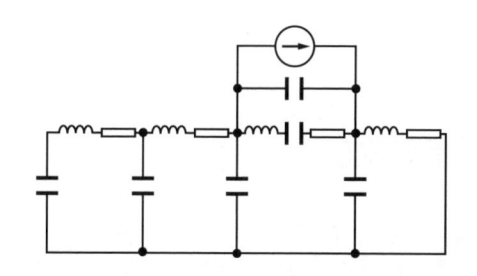

図4.17 固定電話機用ハンドセットのイヤホン部の電気回路

3章で述べたように，1980年代に行われた電話機用セラミック圧電音響変換器の設計はこうした回路表示を活用して行われた。また，実験の結果をこうした回路表示に当てはめることによる物理現象の解析も行われた。

4.3 基本方程式のまとめ

磁界を用いるもの，電界を用いるものの2種に大別できる可逆の電気音響変換器の動作方程式を，回路的な概念と合わせて**表4.1**に示す。信号を表す量にはいずれも交流の実効値を用いる。

以後の各章で変換器の基本概念に立ち戻るときには，この表を参照するのが便利である。

表4.1 各種の可逆電気音響変換器の抽象概念と基本方程式

変換形式	概念	基本方程式
磁界を用いる電気音響変換器		$E = (Z + Z_0)I + AV$ $F = -AI + (z + z_0)V$ A：力係数
電界を用いる電気音響変換器		$I = (Y + Y_0)E + BV$ $F = -BE + (z + z_0)V$ B：力係数

引用・参考文献

1) 早坂寿雄, 吉川昭吉郎：音響振動論, 丸善 (1974)
2) H. F. Olson 著, 西巻正郎訳：音響工学 (上) (下), 近代科学社 (1959)
3) 増沢健郎, 山口善司, 三浦宏康, 武田尚正, 田島清, 山崎新一, 古沢明：600形電話機, 電気通信協会 (1964)
4) 富田泰夫, 山口強：圧電形受話器の検討, 研究実用化報告, **14**, 4, pp. 703-742 (1965)

5 感度と周波数特性

マイクロホン，スピーカなどのオーディオトランスデューサを設計または選択するにあたり，まず問題となるのは変換動作の**能率**または**効率**（efficiency）である。変換能率に余裕のあるトランスデューサは，必要な効率を保持して小形化が可能であり，また材料の質や製造の精度を落として低価格化することもできる。

トランスデューサの変換能率を上げる一つの方法は振動部の機械的な共振を利用することである。超音波トランスデューサでは使用する周波数帯域に共振周波数を合わせる技術が広く用いられる。しかし，オーディオトランスデューサでは一般にこうした技法が使いにくい。

オーディオトランスデューサには音楽，音声などの入力信号の波形の情報を保存して動作することが要求される。良好な波形伝送特性を実現するには，トランスデューサは動作する周波数帯域内で変換能率の周波数特性が平坦なこと，またその位相周波数特性が一様に変化することが理想となる。

これを実現するにあたってまず問題になるのは，3章で言及したようにオーディオ信号の周波数帯域が非常に広いことである。健常者の耳で聴き取ることのできる周波数はおよそ 20 Hz 〜 20 kHz，すなわち上限と下限の周波数の比が約 1 000 倍であり，変換器にはこれに対応できるような広い周波数帯域での動作が要求される。この広さは同じように空間の波を対象とする電波のアンテナと対比すると明らかとなろう。例えば，女性の高い歌声の基本周波数（最高 900 Hz 程度）の音波とほぼ同じ波長の電波（周波数 440 〜 770 MHz，波長 68 〜 39 cm）を受信する UHF 帯テレビジョン用アンテナに要求される周波数帯域の上限，下限の比は約 1.6 倍にすぎない。超音波トランスデューサのこの比

5. 感度と周波数特性

は一般にさらに小さい。

さらにトランスデューサの設計において問題となるのが，空気中の音波の伝搬速度が電波のそれに比べ著しく低いことである。同じ波長の波の周波数が，電波では音波の約 100 万倍になる。したがって，電気音響変換器の設計にあたっては超高周波数帯の電波システムと同じく空間的，分布定数的な現象が避けられない。このため，動作周波数帯域内に必ずなんらかの共振現象の影響が現れる。これをいかに制御して良好な波形伝送特性を実現するかがトランスデューサの設計における重要な技術となる。

近年のアンプの進歩とともに，変換能率の不足はアンプで救済可能とされ，変換能率への関心は薄らいでいるように見える。また，ディジタルフィルタなどの信号処理技術の進歩により周波数特性の乱れは逆フィルタで補正できるとする思想も力を得ている。

しかし，実際のシステムでは騒音，雑音の影響が不可避なので信号のレベルにはそれなりの大きさが要求される。変換能率の低すぎるマイクロホンは出力信号の SN 比が低く，これは単純な増幅では改善されない。また，能率の低すぎるスピーカからはアンプの最大出力振幅の制約のため波形ひずみが発生して十分な音量を得ることができない。さらに，トランスデューサの感度周波数特性の乱れにより特定の周波数帯域で変換能率が不十分な場合，これを電子システムで完全に補うのは難しいことが多い。

一般に，性能の低いトランスデューサをアンプやフィルタなど電子回路により完全に救済することは困難なのである。たとえ可能でも工業製品としてはコストが高すぎることが多い。

この章では数種の基本的なトランスデューサに着目し，トランスデューサ本来の変換能率と周波数特性の定量化方法を論じ，高い変換能率と平坦な周波数特性とを実現できる条件を検討する。

電子回路におけるアンプの変換能率は**利得**（gain），すなわち出力信号と入力信号の大きさの比で表される。これと同様に，トランスデューサの能率も一般に出力と入力の比で表される**感度**（sensitivity または response）を用いる。

目的に応じていくつかの種類の感度が使われるが，通常は信号の比の絶対値をdB表示し，位相特性を考慮しない。

ここでは，はじめにIEC（国際電気標準会議）で用語として定義されている感度を紹介し，次にトランスデューサの動作を表す基本方程式を用いて代表的な感度を定式化する。これらの式より変換能率を上げ，周波数特性を平坦とする条件が明らかになる。

なお，産業界ではこれらをもとにさらに条件を限定した実用感度も用いられている。個々の例については必要に応じて後の章で述べる。

5.1 感度の定義

オーディオトランスデューサの感度は増幅器の利得などと同様にdBで表示され，**感度レベル**（sensitivity levelまたはresponse level）と呼ばれる。dB表示の原則にしたがって電力に関連する感度には$10\log_{10}$を，それ以外には$20\log_{10}$を用いる[1]。

しかし，オーディオトランスデューサの感度は増幅器の利得とは異なり，入力と出力の単位（物理量としての次元）が同じではない。例えばマイクロホンの場合は出力は電気量，入力は音圧である。したがって，感度値の対数を求めてdB表示するのは理論的な厳密性を欠くことになる。

厳密には次のように解釈すべきである。

① 感度Kの変換器を評価したいとする。ここで感度の単位は，例えばマイクロホンなら〔V/Pa〕である。

② 基準の入力値により基準の出力値が得られる仮想の変換器が定義できる。この感度をK_0とする。単位はKと同じである。例えば，マイクロホンなら1 Paの入力音圧で1 Vの起電力を生じるマイクロホンをこの仮想マイクロホンと考えることができる。

③ KとK_0との比は分子，分母ともV/Paの次元なので無名数（無次元）となるからdBで表示してもよい。

5. 感度と周波数特性

④ 上記の例のように K_0 の数値が1となるように物理量の基準値を決めておけば，このdB値はKの値をそのままdB変換した値に一致する。

このためには，実務上それぞれの物理量の単位と基準値を決めておく必要がある。IECの音響機器規格では電圧の単位は〔V〕，電流は〔A〕を用い，電圧は1Vを基準値としている。電流の基準値には決められた値がない。電力は〔W〕を単位とし，スピーカでは1Wを，イヤホンおよびヘッドホンでは1mWを基準値としている。

音圧の単位は〔Pa〕を用いる。マイクロホンでは音圧の基準値を1Paとし，スピーカ，イヤホンおよびヘッドホンでは20μPaを基準値としている。

5.1.1 マイクロホンの感度

表5.1にマイクロホンの評価に用いる感度を示す。いずれも出力となる起電力と入力の音圧との比である。

表5.1 マイクロホンの種々の感度（IEC）

種類	出力（分子）	入力（分母）	dB表示
音圧感度	起電力 （電気端子開放時の電圧）	マイクロホンの入力部に実際に入射している音圧（通常カップラ使用）	$20 \log_{10}$
自由音場感度		自由音場の中にマイクロホンをおく前の，その点の音圧	$20 \log_{10}$
拡散音場感度		拡散音場の中にマイクロホンをおく前の，その点の音圧	$20 \log_{10}$
接話感度		近接した音源による音場中にマイクロホンをおく前の，その点の音圧	$20 \log_{10}$

入力音圧は，実際にマイクロホンの振動部分に印加されている音圧，**自由音場**（free sound field）または**拡散音場**（diffuse sound field）で定義される音圧，人の口などの音源の近傍での音圧の4種を選択して用いる。音圧感度以外はいずれもマイクロホンを設置する前のその点での音圧を入力と定義するので，8章で述べるマイクロホン自身の回折効果による入力音圧の変化分も感度に含まれる。一方，マイクロホンの出力信号を受け取る増幅器の入力電気インピーダンスは一般にマイクロホンの出力電気インピーダンスより十分大きな値とする

ので，出力はマイクロホンの起電力とするのが実用的である。

エレクトレットコンデンサマイクロホンなどの電子回路を内蔵したマイクロホンでは，電子回路の特性も含めた感度を用いるのが実用的である。このときには電子回路の駆動条件などを決めておく必要がある。

〔1〕 音圧感度

音圧感度（pressure sensitivity, pressure response）は，**カプラ**（coupler）と呼ばれる信号音波の波長より十分小さな部屋を介して音源とマイクロホンとを結合して測定される感度である。この状態での音圧はマイクロホンの振動部に実際に印加されている値となるので，音圧感度はマイクロホンの音響電気変換性能そのものを表す。音響測定の標準となるマイクロホンの厳密な感度評価にはこれが用いられる。

〔2〕 自由音場感度

自由音場感度（free field sensitivity, free field response）は自由空間での平面波入射を仮定しているので，8章で述べる回折効果など音場に対するマイクロホン自身の影響を含んだ量となる。このため通常の用途のマイクロホンを評価する尺度として最も実用性が高いので，カタログの記述などに広く用いられる。

〔3〕 拡散音場感度

すべての方向から平面波が一様に入射すると仮定する**拡散音場感度**（diffuse field sensitivity, diffuse field response）も自身の音場効果を含んでいるので，音の入射方向が多様で特定できないサウンドレベルメータ（騒音計）用のマイクロホンの評価に適している。

〔4〕 接話感度

接話感度（close talking sensitivity, close talking response）は人の口など，寸法が音波の波長程度以下の小さな音源から放射される球面波に近い音波を，音源の近く（例えば距離25 mm）で受音することを仮定した感度で，電話機用マイクロホンの評価方法から普及したものである。人の口，頭部などの音響特性を再現するような音源の使用が望ましいが，理想的な再現は困難なので，11章で述べるような円筒形の簡易な音源（人工口と呼ばれる）の使用がIEC

規格およびITU-T勧告で規定されている。

5.1.2 スピーカ，イヤホン，ヘッドホンの感度

表5.2にスピーカおよびイヤホン（ヘッドホン）の評価に用いる感度を示す。いずれも出力となる音圧と入力の電気的な量との比である。入力は電気端における電圧，電流または電力の値とする。出力音圧は，イヤホン，ヘッドホンでは人の耳の音響的な性質をある程度模擬したものとしてIEC規格で決められているカプラ（人工耳と呼ばれる）を用いて測定された音圧を用いる。スピーカでは空間の決められた点での音圧を用い，正面から1mの点の音圧を代表値とする。評価の技法は11章で説明する。

表5.2　スピーカ，イヤホン（ヘッドホン）の種々の感度（IEC）

種類	出力（分子）	入力（分母）	dB表示
電圧感度	音圧 スピーカ：音場内の指定点 イヤホン：カプラ内	電気端子に流入される電圧	$20\log_{10}$
電流感度		電気端子に流入される電流	$20\log_{10}$
電力感度	音圧の2乗平均	電気端子に加える電圧の2乗平均を内部電気インピーダンスで除した値	$10\log_{10}$

なお，以下に述べるようにIECの定義では感度の用語を，マイクロホンでは"○○ sensitivety"，スピーカ，ヘッドホン，イヤホンの感度は"senseitivity to ○○"のように区別しているのに留意していただきたい。

〔1〕　電　圧　感　度

マイクロホンの感度の定義では出力側は電圧を用いることとなっていた。スピーカ，ヘッドホン，イヤホンでも入力電圧は測定しやすく扱いやすい。特に圧電イヤホンのような電界を用いる変換器は本質的に電圧入力で動作するので，その評価には**電圧感度**（sensitivity to voltage, response to voltage）が適している。

〔2〕　電　流　感　度

スピーカ，ヘッドホン，イヤホンでは入力信号として電流値を用いた評価も

可能である．特に磁界を用いる変換器では振動部の駆動力はコイルの電流に比例するので，その評価には本来**電流感度**（sensitivity to current, response to current）が適しているはずである．

しかし，以下に述べるような実用技術的な理由で，オーディオトランスデューサの評価には電流感度はあまり使われない．

〔3〕 電 力 感 度

ダイナミックスピーカなど磁界を用いる変換器では，入力の条件はコイルの設計により変化する．例えば同じスペースに細い電線を多数回巻いたコイルを用いるものと太い線を少数回巻いたコイルを用いるものとでは電気インピーダンスが相違するので，同じ出力音圧を得るための入力電圧または入力電流はコイルの設計により相違することとなる．振動板，磁石，磁気回路などに同一のものを用いて，ユーザの要求に応じてコイルの定数のみ変化させる例の多いこの種の製品では，電圧感度，電流感度は幅広い比較には向かない．

コイルの電気インピーダンスを変化させると同じ音圧を得るための入力電圧と入力電流とは反比例して変化するので，入力電力はコイルの体積が同じならおおむね一定となる．このため，スピーカ，ヘッドホン，イヤホンを問わず動電，電磁変換器の評価には**電力感度**（sensitivity to power, response to power）またはその派生量が用いられる．

5.2　磁界を用いるトランスデューサの感度の解析

ここで，電気音響変換器の動作を表す基本方程式を用いて感度の意味を検討し，高い感度，平坦な周波数レスポンスを得る条件を調べよう．

5.2.1　直接放射形動電スピーカ

まず，直接放射形のダイナミック（動電）スピーカの感度に注目する．スピーカでは外部から印加されるのは電圧のみで，力の印加がないことを考慮すると，表4.1の磁場を用いる電気音響変換器の基本方程式は次のように変形される．

5. 感度と周波数特性

$$E = (Z+Z_0)I + AV \atop 0 = -AI + (z+z_0)V \Bigg\} \quad (5.1)$$

これより，次の関係が得られる．

$$E = \frac{(z+z_0)(Z+Z_0) + A^2}{A} V \quad (5.2)$$

一方，6章で述べるように，スピーカの放射特性が方向によらず同じ（全指向性）であれば，スピーカから距離 r [m] の点における出力音圧については次のような自由音場での球面波放射の式がよい近似式となる．

$$P = j\omega\rho \frac{VS}{4\pi r} e^{-jkr} \quad (5.3)$$

ただし ρ_a [kg/m³] は空気の密度，ω [rad/s] は角周波数，S [m²] は振動板の面積，$k = \omega/c$ [1/m] は波定数，c [m/s] は音速である．

ここで4.1.3項で述べたように，通常のスピーカでは最低共振周波数付近以外の周波数では，次式のようにみなされる．

$$|A^2| \ll |(z+z_0)(Z+Z_0)| \quad (5.4)$$

また，スピーカの電気インピーダンス Z [Ω] は，コイルのインダクタンスの影響の大きくなる高周波数領域以外ではコイルの直流抵抗 R とみなしてよいこと，スピーカを駆動する通常のアンプの出力電気インピーダンスが十分に小さく，Z_0 は0とみなしてよいことを考慮すると，電圧感度は次式のようになる．

$$K_E = \frac{P}{E} = j\omega\rho_a \frac{S}{4\pi r} \frac{A}{(z+z_0)R} e^{-jkr} \quad (5.5)$$

実用的な感度はこの絶対値の dB 表示で与えられる．

一方，スピーカの電力感度の絶対値は力係数 A が磁束密度 B とコイルの長さ l の積であることを考慮すると次のように与えられる（厳密には複素共役との積を用いるべきである）．

$$|K_W| = \left|\frac{P}{E}\right|^2 R = \left|\omega\rho_a \frac{S}{4\pi r} \frac{Bl}{(z+z_0)\sqrt{R}}\right|^2 \quad (5.6)$$

dB 尺度が電圧感度は 20 log で，電力感度は 10 log で求められることを考慮

すると，電力感度の2乗演算は実務には影響を及ぼすことはない．

コイルを巻くスペースは磁気回路の寸法の制約を受ける．一定のコイルの体積の中に n 回巻くとき，電線の断面積は n に反比例する．したがってコイルの長さ l は回数 n に，また電気抵抗 R（長さに比例し断面積に反比例する）は n^2 に比例する．このため電力感度はコイルの定数に無関係になる．これがダイナミックスピーカの評価に電力感度が便利な理由である．

この結果より感度の性質を次のように読み取ることができる．
- 距離 r が小さいと感度が高い．スピーカに近づくと音が大きくなるのは当然であろう．
- 振動板が大きく面積 S が大きいと感度が高い．
- 磁石が強く磁束密度 B が大きいと感度が高い．

一方，振動系が3章で述べた1自由度振動系であればこの式は

$$\left|K_W\right| = \left|\frac{P}{E}\right|^2 R = \left|\omega\rho_a \frac{S}{4\pi r} \frac{Bl}{(j\omega m + r + s/j\omega)\sqrt{R}}\right|^2 \tag{5.7}$$

となり，周波数に依存する項は

$$\left|\frac{\omega}{j\omega m + r + s/j\omega}\right| \tag{5.8}$$

である．表3.1を参照すると，感度が周波数によらず平坦となる周波数領域は機械インピーダンスが $j\omega m$ のみに見える領域，すなわち，振動系の加速度が周波数によらず一定となる質量制御の領域であることがわかる．この領域を用いるには，振動系の共振周波数を使用周波数帯域の下限とする必要がある．

5.2.2 動電および電磁イヤホン

動作方程式 (5.1) を用いると，電話用に代表される密閉形イヤホンやポータブルオーディオセットの挿入形ヘッドホン，すなわち外部への音の漏洩が少ない状態で使用されるイヤホン（ヘッドホン）の感度も算出できる．

イヤホンの負荷となる耳孔を容積 G〔m³〕の密閉空間と考える．気体の性質より，空間の容積が ΔG 変化したときの内部の気圧の変化量 Δp は次のよう

に与えられる．ここで，γP_0 は空気の体積弾性率〔Pa/m³〕で，比熱比 γ と大気圧 P_0 の積で与えられる．

$$\Delta p = -\gamma P_0 \frac{\Delta G}{G} \tag{5.9}$$

イヤホンの場合，ΔG は振動変位 $V/j\omega$ と面積 S との積であり，Δp は交流音圧 P である．したがって，式 (5.2) を用い，式 (5.4) の近似を採用すると音圧は

$$P = -\frac{\gamma P_0}{G}\frac{V}{j\omega}S = -\frac{\gamma P_0}{G}\frac{S}{j\omega}\frac{A}{(z+z_0)(Z+Z_0)}E \tag{5.10}$$

で与えられる．したがって，電圧感度は次式のようになる．

$$K_E = \frac{P}{E} = -\frac{\gamma P_0}{G}\frac{S}{\omega}\frac{A}{(z+z_0)(Z+Z_0)} \tag{5.11}$$

動電形の場合はスピーカと同じく電気インピーダンス Z〔Ω〕をコイルの直流抵抗 R とみなしてよいが，電磁形の場合はコイルのインダクタンスが無視できないのでやや複雑な値となることが多い．また 11 章で述べるように，イヤホン，ヘッドホンを駆動する通常のアンプの出力電気インピーダンス Z_0 はイヤホン，ヘッドホンの電気インピーダンス Z に比べ小さくない場合もあるので留意を要する．

ここではダイナミックスピーカの場合と同じく，アンプの出力電気インピーダンス Z_0 が十分小さく，またイヤホンの電気インピーダンス Z はコイルの直流抵抗 R とみなしてよいと仮定しよう．このとき電圧感度の絶対値は次式のようになる．

$$|K_E| = \left|\frac{P}{E}\right| = \left|\frac{\gamma P_0}{G}\frac{S}{\omega}\frac{A}{(z+z_0)R}\right| \tag{5.12}$$

この結果より次のように読み取ることができる．

- 負荷となる空間の容積 G が小さいと感度が高い．挿入形ヘッドホンは耳にしっかり差し込むのがよい．
- 振動板が大きく面積 S が大きいと感度が高い．

- 磁石が強く磁束密度 B が大きいと感度が高い。

一方,振動系が3章で述べた1自由度振動系であればこの式は

$$\left|K_E\right| = \left|\frac{P}{E}\right| = \left|\frac{\gamma P_0}{G}\frac{S}{\omega}\frac{A}{(j\omega m + r + s/j\omega)R}\right| \tag{5.13}$$

となり,周波数に依存する項は

$$\left|\frac{1}{\omega(j\omega m + r + s/j\omega)}\right| \tag{5.14}$$

である。表3.1を参照すると,感度が周波数によらず平坦となる周波数領域は機械インピーダンスが $s/j\omega$ のみに見える領域,すなわち,振動系の変位が周波数によらず一定となる弾性制御の領域であることがわかる。この領域を用いるには振動系の共振周波数を使用周波数帯域の上限とする必要がある。

なお,動電および電磁イヤホンでもダイナミックスピーカと同様の検討より,感度の比較には電力感度を用いるほうがよいことが知られる。電気インピーダンスが使用周波数帯域内で電気抵抗とみなされるトランスデューサでは電力感度の周波数依存性は電圧感度の場合と同じとみなすことができる。

5.2.3 動電および電磁マイクロホン

動電変換器は可逆であるから,動作方程式を用いて動電マイクロホンの感度も算出できる。マイクロホンでは外部からの電圧はなく,また外部からの力 F〔N〕は入射音圧 P〔Pa〕と振動板の面積 S〔m²〕との積である。したがって動作方程式は表2.2の式を変形して次のように与えられる。

$$\left.\begin{array}{l} 0 = (Z+Z_0)I + AV \\ PS = -AI + (z+z_0)V \end{array}\right\} \tag{5.15}$$

これより,式 (5.4) の近似を採用すると次の関係が得られる。

$$PS = -\frac{A^2 + (z+z_0)(Z+Z_0)}{A}I \approx -\frac{(z+z_0)(Z+Z_0)}{A}I \tag{5.16}$$

マイクロホンの出力信号を受け取る増幅器の入力電気インピーダンスは通常マイクロホンの出力電気インピーダンスより十分に大きく設定され,またおおむね純

抵抗である．これを R_A 〔Ω〕とすると，感度とその絶対値は次式で与えられる．

$$K_P = \frac{IR_A}{P} = \frac{-AS}{z+z_0} \frac{R_A}{Z+R_A}$$

$$\therefore |K_P| \approx \left| \frac{AS}{z+z_0} \right| \tag{5.17}$$

この結果より次のように読み取ることができる．

- 振動板の質量が変わらずに面積 S が大きいと感度が高い．
- 磁石が強く力係数 A が大きいと感度が高い．

一方，振動系が3章で述べた1自由度振動系であればこの式は

$$|K_P| \approx \left| \frac{AS}{j\omega m + r + s/j\omega} \right| \tag{5.18}$$

となり，周波数に依存する項は

$$\left| \frac{1}{j\omega m + r + s/j\omega} \right| \tag{5.19}$$

である．表3.1を参照すると，感度が周波数によらず平坦となる周波数領域は機械インピーダンスが r のみに見える領域，すなわち，振動系の速度が周波数によらず一定となる抵抗制御の領域であることがわかる．この領域を用いるには振動系の共振周波数を使用周波数帯域の中央とする必要がある．

5.3　電界を用いるトランスデューサの感度の解析

5.3.1　コンデンサマイクロホン

同じ手法でエレクトレットコンデンサマイクロホンの感度を定式化しよう．マイクロホンでは外部から加わる電圧はなく，また外部からの力 F 〔N〕は入射音圧 P 〔Pa〕と振動膜の有効面積 S 〔m^2〕の積である．したがって，動作方程式として表4.1における電界を用いる変換器の式を用いると，次の式が得られる．

$$\left. \begin{array}{l} 0 = (Y+Y_0)E + BV \\ PS = -BE + (z+z_0)V \end{array} \right\} \tag{5.20}$$

5.3 電界を用いるトランスデューサの感度の解析

ただし，B は式 (4.30) で与えられる力係数である。

ここで，マイクロホン素子に内蔵されていて出力電流 I 〔A〕を受け取る増幅器の入力電気インピーダンスを純抵抗 R_A とすると，感度 K_P は電圧 IR_A と音圧 P との比で与えられる。スピーカの場合と同様に力係数 B^2 の項を小さいと仮定して

$$|B^2| \ll |(z+z_0)(Y+Y_0)| \tag{5.21}$$

とすると，感度は次のように算出される。

$$K_P = \frac{E}{P} \approx \frac{-BS}{(z+z_0)(Y+Y_0)} \tag{5.22}$$

R_A はマイクロホン素子の電気インピーダンスより大きく設定されるので，増幅器の電気アドミタンス Y_0 はマイクロホン素子のアドミタンス Y より小さい値となる。また，Y は電気容量 C からなる。したがって

$$Y + Y_0 \approx Y = j\omega C \tag{5.23}$$

とみなされるので，感度の絶対値は次の式で表される。

$$|K_P| \approx \left| \frac{BS}{j\omega C(z+z_0)} \right| \tag{5.24}$$

この結果より次のように読み取ることができる。

・ 振動板の面積 S が大きいと感度が高い。
・ 蓄積された電荷が大きく力係数 B が大きいと感度が高い。

一方，振動系が3章で述べた1自由度振動系であれば，この式は

$$|K_P| \approx \left| \frac{BS}{j\omega C(j\omega m + r + s/j\omega)} \right| \tag{5.25}$$

となり，周波数に依存する項は

$$\left| \frac{1}{\omega(j\omega m + r + s/j\omega)} \right| \tag{5.26}$$

である。表3.1を参照すると，感度が周波数によらず平坦となる周波数領域は機械インピーダンスが $s/j\omega$ のみに見える領域，すなわち，振動系の変位が周波数によらず一定となる弾性制御の領域であることがわかる。この領域を用い

るには振動系の共振周波数を使用周波数帯域の上限とする必要がある．

5.3.2 圧電イヤホンと圧電スピーカ

最後に，密閉形の圧電イヤホンと直接放射形の圧電スピーカの感度に注目しよう[2]．こうした発音体では外部からの力の印加がないことを考慮すると，表4.1にある電気音響変換器の動作方程式は次のように変形される．

$$\left.\begin{array}{l} I = (Y+Y_0)E + BV \\ 0 = -BE + (z+z_0)V \end{array}\right\} \tag{5.27}$$

ここでも式 (5.21) の近似関係を考慮すると，次の関係が得られる．

$$I = \frac{(z+z_0)(Y+Y_0)+B^2}{B}V \approx \frac{(z+z_0)(Y+Y_0)}{B}V \tag{5.28}$$

一般に圧電変換器は電気インピーダンスが駆動のための増幅器の内部インピーダンスより高いので，駆動電圧を E_0 とすると

$$I = (Y+Y_0)E_0 \approx YE_0 \tag{5.29}$$

と考えてよい．このとき，振動速度は次式のようになる．

$$V = \frac{B}{(z+z_0)(Y+Y_0)}I \approx \frac{B}{z+z_0}E_0 \tag{5.30}$$

式 (5.9)，式 (5.10) を参照すると，密閉形イヤホンの出力音圧は次式で与えられる．

$$P = -\gamma P_0 \frac{S}{G}\frac{V}{j\omega} = -\gamma P_0 \frac{S}{G}\frac{B}{j\omega(z+z_0)}E_0 \tag{5.31}$$

これよりイヤホンの感度が次のように与えられる．

$$K_E = \frac{P}{E_0} = -\gamma P_0 \frac{S}{G}\frac{B}{j\omega(z+z_0)} \tag{5.32}$$

この結果より次のように読み取ることができる．
・負荷となる空間の容積 G が小さいと感度が高い．
・振動板が大きく面積 S が大きいと感度が高い．
・圧電定数が大きく力係数 B が大きいと感度が高い．

5.3 電界を用いるトランスデューサの感度の解析

一方,振動系が3章で述べた1自由度振動系であれば,この式の絶対値は

$$\left|K_E\right| = \left|\frac{P}{E_0}\right| = \left|\gamma P_0 \frac{S}{G} \frac{B}{j\omega(j\omega m + r + s/j\omega)}\right| \tag{5.33}$$

となり,周波数に依存する項は

$$\left|\frac{1}{\omega(j\omega m + r + s/j\omega)}\right| \tag{5.34}$$

である。表3.1を参照すると,感度が周波数によらず平坦となる周波数領域は機械インピーダンスが $s/j\omega$ のみに見える領域,すなわち,振動系の変位が周波数によらず一定となる弾性制御の領域であることがわかる。この領域を用いるには振動系の共振周波数を使用周波数帯域の上限とする必要がある。

一方,5.3.1項で仮定したようにスピーカの放射特性を全指向性とすれば,スピーカから距離 r [m] の点における出力音圧については式 (5.3) がよい近似式となる。これと式 (5.30) より音圧は

$$P = j\omega\rho \frac{S}{4\pi r} \frac{BE_0}{(z+z_0)} e^{-jkr} \tag{5.35}$$

となるので,圧電スピーカの電圧感度は次のように与えられる。

$$K_E = \frac{P}{E} = j\omega\rho \frac{S}{4\pi r} \frac{B}{(z+z_0)} e^{-jkr} \tag{5.36}$$

この結果より次のように読み取ることができる。

- 距離 r が小さいと感度が高い。スピーカに近づくと音が大きくなるのは当然であろう。
- 振動板が大きく面積 S が大きいと感度が高い。
- 圧電定数が大きく力係数 B が大きいと感度が高い。

一方,振動系が3章で述べた1自由度振動系であればこの式の絶対値は

$$\left|K_E\right| = \left|\frac{P}{E}\right| = \left|\omega\rho \frac{S}{4\pi r} \frac{B}{(j\omega m + r + s/j\omega)}\right| \tag{5.37}$$

となり,周波数に依存する項は

$$\left|\frac{\omega}{j\omega m + r + s/j\omega}\right| \tag{5.38}$$

である。表3.1を参照すると，感度が周波数によらず平坦となる周波数領域は機械インピーダンスが $j\omega m$ のみに見える領域，すなわち，振動系の加速度が周波数によらず一定となる質量制御の領域であることがわかる。この領域を用いるには振動系の共振周波数を使用周波数帯域の下限とする必要がある。

5.4 電気抵抗変化マイクロホンの感度の解析

2章で，音圧の入射による電気抵抗の変化を利用するカーボン粉粒マイクロホンと半導体マイクロホンとを紹介した。こうしたマイクロホンは変調形のデバイスで，上記までに詳述した電気音響変換器とは異なる種類のものである。ここでこうしたデバイスもトランスデューサの一つとみなして，**図 5.1** のようなモデルを用いて入力と出力との関係を調べよう。

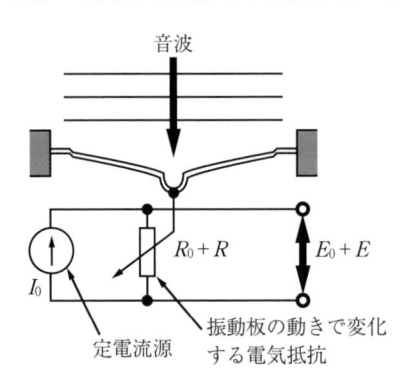

図 5.1 電気抵抗変化マイクロホン

外部から振動板への駆動力がないときの電気抵抗が R_0〔Ω〕の電気抵抗変化マイクロホンに直流電流 I_0〔A〕の定電流源が接続されているとする。音圧 P〔Pa〕，角周波数 ω〔rad/s〕の正弦波の音波の入射により面積 S〔m^2〕の振動板が速度 V〔m/s〕で振動するとき，振動部分の機械インピーダンス z_0〔Ns/m〕，振動部分から見た外部の機械インピーダンス z とを用いて次の式が得られる。

$$PS = (z_0 + z) V \tag{5.39}$$

振動により発生する電気抵抗変化の量 R〔Ω〕は振動板の変位に比例する。また，一般に電気抵抗 R_0 が大きいと変化量 R も大きい。そこで次の式のよう

に定義する。

$$\frac{R}{R_0} = k\frac{V}{j\omega} = \frac{k}{j\omega}\frac{PS}{(z_0+z)} \tag{5.40}$$

ここで k は電気抵抗の変化率と振動板の変位との間の比例係数である。一方，マイクロホンの入力直流電流と電気端子の電圧との間にはオームの法則

$$E_0 + E = (R_0 + R)I_0 = R_0\left(1 + \frac{R}{R_0}\right)I_0 \tag{5.41}$$

が成立する。ここで $E_0 = R_0 I_0$ は入力音波がないときの電圧である。マイクロホンとしての出力音圧はこの式の E であり，次の式で与えられる。

$$E = \frac{k}{j\omega}\frac{PS}{(z_0+z)}E_0 \tag{5.42}$$

これより，このマイクロホンの感度は次式で与えられることになる。

$$K_{MIC} = \frac{E}{P} = \frac{k}{j\omega}\frac{S}{(z_0+z)}E_0 \tag{5.43}$$

この式から知られるように，電気抵抗変化マイクロホンの感度は他のトランスデューサと同じように振動板の大きさに依存するほか，直流入力電圧を大きくすると上昇する。これはこうした変調形デバイスの大きな特徴である。

一方，振動系が3章で述べた1自由度振動系であればこの式は

$$K_{MIC} = \frac{E}{P} = \frac{k}{j\omega}\frac{S}{(j\omega m + r + s/j\omega)}I_0 \tag{5.44}$$

となり，感度が周波数によらず平坦となる周波数領域は機械インピーダンスがスチフネスに見える領域，すなわち，振動系の変位が周波数によらず一定となる弾性制御の領域であることがわかる。したがって振動系の共振周波数は使用周波数帯域の上限とする必要がある。

5.5 トランスデューサの振動系の制御方式と共振周波数 — その1

通常用いられるトランスデューサの振動系は1自由度の機械振動系とみなさ

れることが多い．こうした振動系では表3.1に示したように，平坦な特性を示す物理量が共振周波数との関係で決められる．設計者は振動系の共振周波数を適当な値とすることにより振動系の制御方式を選ばなければならない．

ここまでで述べたように，種々のトランスデューサにおいて平坦な周波数レスポンスを得るために選択すべき振動系制御方式は原理的に決められる．これらをまとめて**表5.3**に示す．

なお，この表に挙げたほかに，マイクロホンには音圧傾度形（指向性），イヤホン・ヘッドホンには開放形，スピーカにはホーン形がある．これらを包含して完成された表は10章で改めて示すこととする．

表5.3 各種のトランスデューサで周波数特性を平坦とするために用いるべき振動系制御方式

	マイクロホン	イヤホン・ヘッドホン	スピーカ
	音圧形 （全指向性）	密閉形	直接放射形
電磁形 動電形	抵抗	弾性	質量
静電形 圧電形	弾性	弾性	質量
電気抵抗 変化形	弾性		

この表は中間段階のものである．さらにユニバーサルな表は表10.5に示す．

引用・参考文献

1) IEC 60050（801）"International Electrotechnical Vocabulary Chap. 801 Acoustics and electroacoustics"
2) 大賀寿郎：圧電材料を用いた音響部品のバラエティ ―磁石もコイルもないスピーカは実用的か？―, Fundamentals Review, **1**, 4, pp. 46-61（2008）

6 トランスデューサの音場と音響放射

オーディオトランスデューサは音響信号と電気信号の仲立ちをする。音響信号のメディアとなる音波は電磁波と同じ空間波だが，電磁波に比べ伝搬速度が非常に遅いため，設計において留意すべき種々の現象を生じる。

音波の存在する空間を音場と呼ぶ。ここでは基本的な音波と音場とを定量化する手段を述べ，トランスデューサの動作に影響を及ぼす音響現象の定量的な取扱いを論じる。

6.1 自 由 音 場

1章で空気中の音波の物理現象とそれを表す音圧，粒子速度，音速などの量を概観した。トランスデューサの設計のためにはこうした音波をさらに詳しく定量化しておく必要がある。

6.1.1 平　面　波

平面の波面をもち1方向に伝搬する音波は**平面波**（plane wave）と呼ばれ，最も簡単かつ重要な音波である[1],[2]。

一般に音波は疎密波，いわゆる**縦波**である。空気粒子の平均位置が音波の伝播方向に往復移動することにより空気の疎密が生じ，大気圧からの圧力の増減が生じる。この圧力変化分を**音圧**（sound pressure）と呼ぶ。ここで音波の伝播方向に空間座標 x を定義し，音圧を p〔Pa〕，**粒子変位**（particle displacement）を u〔m〕，**粒子速度**（particle velocity）を v〔m/s〕としよう。いず

れも場所 x〔m〕と時間 t〔s〕の関数であり，u と v の間には

$$v = \frac{\partial u}{\partial t} \tag{6.1}$$

の関係がある。

　いま**図 6.1** に示すような，音波の伝搬方向に垂直な面をもち，音波の波長より十分小さい空気を切り取った直方体を考え，左面の座標を x，左右面の距離を δx とする。これが音圧 p の入射により x 方向に伸縮して体積が変化する。式 (3.30) で定義された**体積弾性率**（volume stiffness），すなわち音圧と体積変化率（変化量と元の体積との比）との間の比例係数を K〔N/m^2〕とすると，力の釣り合いを表す式は次のようになる。

$$p(x,t) = -K \frac{S[u(x+\delta x, t) - u(x,t)]}{S\delta x}$$

$$\therefore p = -K \frac{\partial u}{\partial x} \tag{6.2}$$

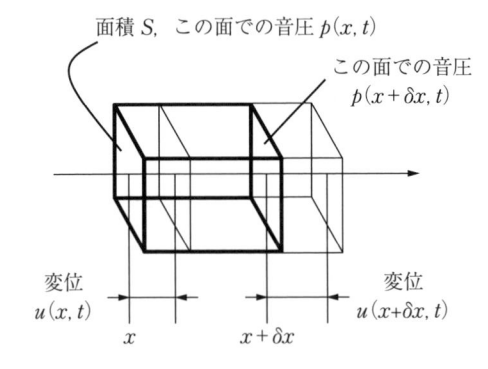

図 6.1　平面波による空気の運動

　また，この空気の直方体は左右の圧力の差により運動する。これを表すニュートンの運動方程式は次のようになる。

$$\rho_a S \delta x \frac{\partial^2 u(x,t)}{\partial t^2} = S[p(x,t) - p(x+\delta x, t)]$$

$$\therefore \rho_a \frac{\partial^2 u}{\partial t^2} = \rho \frac{\partial v}{\partial t} = -\frac{\partial p}{\partial x} \tag{6.3}$$

ただし，ここでは次の近似を用いている。u，v についても同様である。

$$p(x+\delta x, t) = p(x,t) + \frac{\partial p}{\partial x}\delta x \tag{6.4}$$

これらの式より次のような優れた対称性をもつ方程式が得られる。これを**波動方程式**（wave equation）と呼ぶ。

$$\left.\begin{array}{l}\dfrac{\partial^2 p}{\partial x^2} = \dfrac{\rho_a}{K}\dfrac{\partial^2 p}{\partial t^2} \\[2mm] \dfrac{\partial^2 v}{\partial x^2} = \dfrac{\rho_a}{K}\dfrac{\partial^2 v}{\partial t^2}\end{array}\right\} \tag{6.5}$$

これを解けば平面波が定量化できる。しかし，音圧，粒子速度の両者を別に求めるのは煩雑なので，次のようにその空間微分が粒子速度を与えるような**速度ポテンシャル**（velocity potential）と呼ばれる場所と時間の関数 ϕ を定義する。

$$v = -\frac{\partial \phi}{\partial x} \tag{6.6}$$

速度ポテンシャルは抽象的な関数だが，式 (6.3) の第 2 式を用いると，音圧も次式のようにこれの時間微分から与えられることがわかる。

$$p = \rho_a \frac{\partial \phi}{\partial t} \tag{6.7}$$

また，速度ポテンシャル自身も次のような波動方程式を満たす。

$$\frac{\partial^2 \phi}{\partial x^2} = \frac{\rho_a}{K}\frac{\partial^2 \phi}{\partial t^2} \tag{6.8}$$

したがって速度ポテンシャルは，これに関する波動方程式の解を求めれば音圧，粒子速度いずれも求められ，また境界条件が音圧，粒子速度いずれで与えられても対応できるのできわめて便利なものである。

1 章で述べた音の伝わる速度すなわち**音速**（sound velocity）c 〔m/s〕は粒子速度と区別するため**位相速度**（phase velocity）とも呼ばれ，次の式で与えられる。

$$c = \sqrt{\frac{K}{\rho_a}} \tag{6.9}$$

これを用いると波動方程式は次のように変形される。

6. トランスデューサの音場と音響放射

$$\therefore \frac{\partial^2 \phi}{\partial x^2} = \frac{1}{c^2} \frac{\partial^2 \phi}{\partial t^2} \tag{6.10}$$

この方程式の解は，x で微分演算すると $1/c$ という係数が発生する関数でなければならない。次のような形の式はこれに適合する。

$$\phi = \phi_1 \left(t - \frac{x}{c} \right) + \phi_2 \left(t + \frac{x}{c} \right) \tag{6.11}$$

この式の第 1 項を見ると，例えば t が $t+\tau$ となったとき，x 座標が $x+c\tau$ の点では括弧内の値が $t-x/c$ となるから，関数の値が t のときの値と同じになる。したがって第 1 項は時間の経過とともに形を変えずに x が増加する向きに動く波を表す。これを**進行波**（forward-traveling wave または単純に traveling wave）と呼ぶ。一方，第 2 項は x が減少する向きに動く波を表し，**後退波**（backward-traveling wave）と呼ばれる。

ここで，これらの波が角周波数 ω の正弦波の場合を考えよう。このとき速度ポテンシャルは

$$\begin{aligned}
\phi &= \sqrt{2}\, \Phi e^{j\omega t} \\
&= \sqrt{2} \left[\Phi_1 e^{j\omega \left(t - \frac{x}{c} \right)} + \Phi_2 e^{j\omega \left(t + \frac{x}{c} \right)} \right] \\
&= \sqrt{2} \left[\Phi_1 e^{-jkx} + \Phi_2 e^{jkx} \right] e^{j\omega t}
\end{aligned} \tag{6.12}$$

で与えられ，時間関数，空間関数いずれも振幅が一定不変の正弦波になる。ここで係数 Φ_1 および Φ_2 は交流の実効値を表し，いずれも時間，距離によらない定数である。また

$$k = \frac{\omega}{c} = \frac{2\pi}{\lambda} \tag{6.13}$$

は波長定数または**波定数**（circular wave number または wavelength constant）と呼ばれ，周波数または位相変化量を表す数としてよく用いられる。ここで λ は音波の波長（後述）である。

角周波数 ω の正弦波に対する波動方程式は次のような形となる。

$$\frac{d^2 \Phi}{dx^2} + k^2 \Phi = 0 \tag{6.14}$$

また，音圧と粒子速度の実効値は

$$\left.\begin{array}{l} P = j\omega\rho_a \Phi = j\omega\rho_a \left[\Phi_1 e^{-jkx} + \Phi_2 e^{jkx}\right] \\ V_A = -\dfrac{d\Phi}{dx} = jk\left[\Phi_1 e^{-jkx} - \Phi_2 e^{jkx}\right] \end{array}\right\} \quad (6.15)$$

より与えられることになる。進行波でのこれらの比より3章で定義した空気の比音響インピーダンスを求めると

$$z_s = \rho_a c \quad (6.16)$$

となる。20℃の常圧の空気では音速は343 m/s，空気の密度は1.18 kg/m^3，比音響インピーダンスの値は約 405 kg/m^{2}s である。

よく知られているように角周波数の$1/(2\pi)$が1章で論じた周波数(frequency)〔Hz〕，その逆数が周期 (period)〔s〕である。また，空間での波の1単位の長さ（音速と周波数との比）を波長（wave length）〔m〕と呼ぶ。

トランスデューサの設計では音場が広い，狭い，またはトランスデューサの大きさが大きい，小さいと評価することが多いが，その基準は音波の波長である。例えば，20 cm 四方の箱の内部の室は周波数100 Hz（波長3.4 m）の音波に対しては十分小さいが，周波数5 kHz（波長6.8 cm）の音波に対しては大きいので内部の音響現象の場所による相違に留意する必要がある。また，感覚的には小さい直径1～2 cmのマイクロホンでも周波数10 kHz（波長3.4 cm）程度以上ではその大きさが無視できないので，後述するように音波の反射や回折に留意する必要がある。

6.1.2 球　面　波

波長より十分小さい音源からすべての向きに一様に放射される波は球面の波面をもつ。これを**球面波**（spherical wave）と呼ぶ[1,2]。

6.1.1項で述べた平面波の定義は無限距離にわたり振幅を変えずに伝播する波であり，厳密にはありえない。これに比べ，球面波は伝播するにつれて振幅が減少する波である。遠くに伝わるに従って大きさが小さくなる波は平面波よりは想像しやすいであろう。

こうした波は音源の位置を座標の原点とし，原点からの距離を r とする極座標系を用いると表現しやすい。これを用いると式 (6.10) に相当する速度ポテンシャルの波動方程式は次のようになる。

$$\frac{1}{r^2}\frac{\partial}{\partial r}\left(r^2 \frac{\partial \phi}{\partial r}\right) = \frac{1}{c^2}\frac{\partial^2 \phi}{\partial t^2} \tag{6.17}$$

この式は次のように変形できる。

$$\frac{\partial^2 (r\phi)}{\partial r^2} = \frac{1}{c^2}\frac{\partial^2 (r\phi)}{\partial t^2} \tag{6.18}$$

これを式 (6.10) と対比し，また式 (6.10) の解が式 (6.11) であることを考慮すると，式 (6.18) の解は次の形をしているものと予想される。

$$\phi = \frac{1}{r}\phi_1\left(t - \frac{r}{c}\right) + \frac{1}{r}\phi_2\left(t + \frac{r}{c}\right) \tag{6.19}$$

第 1 項は時間の経過とともに音源からの距離 r が増加する向きに発散する**拡散波**（outgoing wave）を表す。一方，第 2 項は r が減少する向きに集まる波で，**集束波**（focusing wave）と呼ばれる。いずれも振幅は r に逆比例し，音源から遠ざかると小さくなる。

音波を角周波数 ω の正弦波と仮定すると球面波の速度ポテンシャルは次の式で与えられる。

$$\phi = \sqrt{2}\,\frac{1}{r}\left[\Phi_1 e^{-jkr} + \Phi_2 e^{jkr}\right]e^{j\omega t} \tag{6.20}$$

また波動方程式は次のようになる。ただし，振幅は実効値を表すものとする。

$$\frac{d^2(r\Phi)}{dr^2} + k^2(r\Phi) = 0 \tag{6.21}$$

ここで k は式 (6.13) で定義された波定数である。

集束波は特別な音響環境（例えば球形の部屋の内部の音場の解析）以外では実用的にあまり重要ではないので，ここでは拡散波のみに注目しよう。音圧と粒子速度は次のように与えられる。

$$P = j\omega\rho_a \frac{\Phi_1}{r} e^{-jkr}$$
$$V_A = (1+jkr)\frac{\Phi_1}{r^2} e^{-jkr} \quad \quad (6.22)$$

これらの比より拡散波の比音響インピーダンスは

$$z_S = \frac{j\omega\rho_a}{1/r + jk} \quad (6.23)$$

のような複素数となる。

しかし，距離 r が十分大きい（音源から遠い）場所ではこの値は平面波での値 $\rho_a c$ に一致する。これは，例えば太陽から放射される光は宇宙規模では球面波とみなされるが，遠くの小さな地球上のわれわれの生活圏の範囲では波面の曲がりや振幅の距離による変化は無視できて，平面波とみなして差し支えない，という直感に対応するものである。

6.2 呼吸球と点音源

音波を発生する手段は爆発，衝突，生物の発声など多種多様だが，オーディオトランスデューサの技術で対象になるのは振動特性が完全に制御された機械振動体からの放射である。ここでは多くのトランスデューサの動作の基本となる単純な発音体の形成する音場を検討する[3]。

〔1〕 呼吸球の音場

球面波を発生する典型的な音源は直径が増減して音波を放射する**呼吸球** (pulsating sphere) である。概念を**図 6.2** に示す。

呼吸球は正確に実現するのは難しいが，スピーカ，人の口などの音場効果を簡単に近似する音源として，低い（波長がキャビネットや人の頭より大きい）周波数での概算によく用いられる。

静止しているときの直径が $2a$〔m〕（すなわち半径 a）の球を考える。その直径が速度 V_0 で変化するような呼吸振動をして前節で述べた球面波を放射し

6. トランスデューサの音場と音響放射

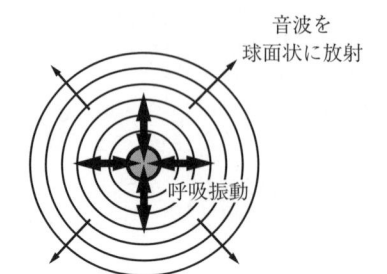

図6.2 呼吸球と球面波

音波を球面状に放射
呼吸振動

ているとする。この条件を球面波の速度を表す式 (6.22) の第2式に適用すると次のようになる。

$$V_0 = (1 + jka)\frac{\Phi_1}{a^2}e^{-jka}$$

$$\therefore \Phi_1 = \frac{a^2}{1+jka}V_0 e^{jka} \tag{6.24}$$

したがって，この呼吸球から放射される音圧は，中心から距離 r [m] の点では式 (6.22) の第1式より次のように与えられる。

$$P = j\omega\rho_a \frac{a^2}{1+jka}\frac{V_0}{r}e^{-jk(r-a)}$$

$$= j\omega\rho_a \frac{1}{1+jka}\frac{Q_0}{4\pi r}e^{-jk(r-a)} \tag{6.25}$$

ここで

$$Q_0 = 4\pi a^2 V_0 \tag{6.26}$$

は球の静止時の表面積と呼吸速度との積で，球の体積変化の速さを表し，3章で述べた体積速度と同じものである。したがって，$ka = 2\pi a/\lambda$（λ は波長）が小さければ，いい換えれば球の大きさが音波の波長 λ より小さければ，出力音圧は $j\omega Q_0$ すなわち体積加速度に比例する。

これより，音源が波長より過度に大きくなければその振動加速度を周波数によらず一定とすると出力音圧は一定となることがわかる。

一方，$ka = 2\pi a/\lambda$ が大きければ，いい換えれば球の大きさが音波の波長 λ より大きければ出力音圧は体積速度に比例する。したがって振動加速度が一定

の場合は出力音圧は周波数に反比例して減少する。音圧は$ka≈1$すなわち直径が波長の$1/\pi$倍となる周波数を境界として低い周波数では振動加速度に，高い周波数では振動速度に比例することになる。

こうした特性は**図6.3**のように表される。横軸はkaすなわち周波数に比例する量である。

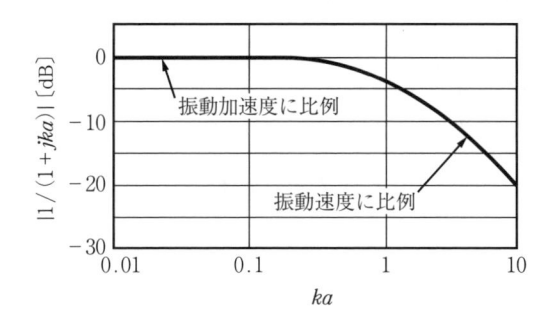

図6.3 呼吸球の音圧周波数特性

〔2〕 放射インピーダンス

式 (6.24) および式 (6.25) より呼吸球の表面での比音響インピーダンスを求めると次式のようになり，球に対して外界がどのような負荷になっているかがわかる。

$$z_{S0} \equiv \frac{P}{V_0} = j\omega\rho_a \frac{a}{1+jka} = \rho_a c \frac{k^2 a^2 + jka}{1+k^2 a^2}$$

$$\equiv r_{S0} + jx_{S0} \tag{6.27}$$

この値は呼吸球の**放射インピーダンス**（radiation impedance）と呼ばれる。ここでρcは式 (6.16) で与えられた平面波の比音響インピーダンスである。この実部と虚部の値を**図6.4**に示す。横軸はkaすなわち周波数に比例する量である。

この図より知られるように，周波数の高い領域（例えば球の直径が波長より大きな領域）では放射インピーダンスはほとんど実数となり，その値は平面波の比音響インピーダンス$\rho_a c$に近づく。一方，周波数の低い領域（例えば球の直径が波長の1/10より小さな領域）では放射インピーダンスはほとんど次式のような虚数となる。

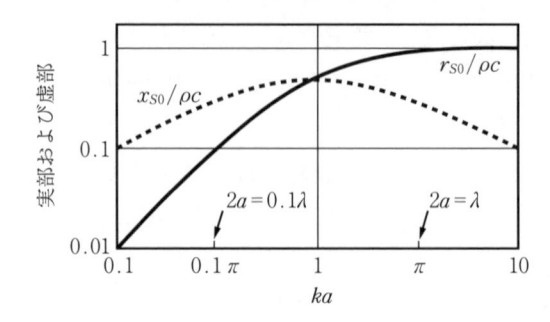

図 6.4 呼吸球の放射インピーダンス

$$jx_{S0} = j\rho_a c \frac{ka}{1+k^2a^2} \approx j\omega\rho_a a \tag{6.28}$$

これに球の表面積をかけると機械インピーダンスが求まる。

$$j4\pi a^2 x_{s0} = j\omega\rho_a 4\pi a^3 \tag{6.29}$$

これより，低い周波数では呼吸球からは外界が自分の3倍の体積をもつ空気の質量に見えることが知られる。

〔3〕 **点音源の音場**

呼吸球が体積速度 Q_0 を保持しながら半径 a が 0 に近づいた極限を考えると，その出力音圧は次式で表される。

$$P_P = j\omega\rho_a \frac{Q_0}{4\pi r} e^{-jkr} \tag{6.30}$$

こうした音源は**点音源**（point source または simple source）と呼ばれ，物理的，数学的に最も単純な音源である。体積が 0 でありながら有限な体積速度で音を放射する振動体は物理的には想像しにくいが，波長より十分小さい呼吸球と考えると納得できる。$j\omega Q_0$ は体積速度の時間微分すなわち体積加速度である。したがって，点音源は振動加速度が一定のときに周波数によらず一定の音圧を放射することになる。呼吸球の大きさが非常に小さく，図 6.3 の変曲点の ka 値が 0 になった場合を想像すればよい。

点音源は人の口，直接放射形スピーカなどがその大きさに比べ長い波長（低い周波数）で音波を放射しているときにはよい近似モデルであり，種々の形状の音源を解析するときの基準モデルとして「点音源とどう違うか」という観点

で理解することが行われる。

6.3 無限大バフル上の音源

スピーカの振動板など多くの音響放射体は，しっかりした箱（エンクロージャ（enclosure）またはキャビネット（cabinet）と呼ばれる）や波長より大きな板（**バフル**（baffle）と呼ばれる）に装着されて動作している。ここではこれらを無限大の平板で表し，振動する放射体がその表面に装着されて音を放射している状態をモデルとして考えよう。バフルは振動しないとする。また，バフルで絶縁されている裏側は考える必要がないから，対象となるのは片側の半空間となる。

〔1〕 **形成される音場**

最も簡単なのは**図 6.5** のように放射体が点音源のときである。無限大平板は表面に入射した音波を鏡のように反射するから，点音源から距離 r の場所での音圧は次式のように式 (6.30) の 2 倍となる。

$$P = j\omega\rho_a \frac{Q_0}{2\pi r} e^{-jkr} \tag{6.31}$$

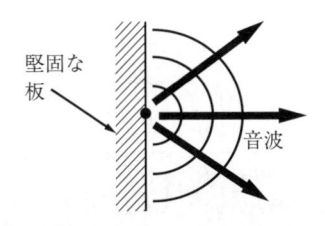

図 6.5 無限大平板上の点音源

したがって，無限大平板上の点音源は平板で区切られた半無限空間内で振幅が 2 倍の点音源として動作する。

実用的な音響システムでは振動放射部は一定の大きさをもつので，その特性を知るのに有用なモデルとなるのは**図 6.6** のような，無限大バフルの面内で円形の平らな振動板が，変形しないで往復運動している場合である。こうした振動板を**ピストン振動板**（piston）と呼ぶ。

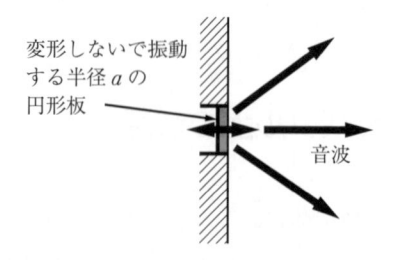

6. トランスデューサの音場と音響放射

図 6.6 無限大バフル上のピストン振動板

この振動板による音場での音圧は，振動板を微小部分に分割し，個々の部分を点音源とみなして式 (6.31) を適用して振動板全面にわたり積分することによって定式化される。振動板の半径を a，正弦波振動と仮定して角周波数を ω，振動速度の実効値を V_0 とすると，正面軸上で中心から距離 r 〔m〕の点での音圧の実効値は次式のようになる。

$$P = j\omega\rho_a V_0 \frac{2}{k} \sin\left[\frac{k}{2}\left(\sqrt{r^2+a^2}-r\right)\right] e^{-j\frac{k}{2}(\sqrt{r^2+a^2}+r)} \tag{6.32}$$

いささか見通しの悪い式だが，体積速度を

$$Q_0 \equiv \pi a^2 V_0 \tag{6.33}$$

と定義し，半径 a が距離 r より十分小さいと仮定して sin 関数を簡略化すると式 (6.31) の無限大バフル上の点音源の式となる。

それでは，どのような条件下で振動板の空間的な大きさの影響が現れるだろうか。これを知るため出力音圧の式を次のように変形しよう。

$$P = j\omega\rho_a Q_0 \frac{r}{\pi a^2}\left(\sqrt{1+\left(\frac{a}{r}\right)^2}-1\right) \frac{\sin\frac{kr}{2}\left(\sqrt{1+\left(\frac{a}{r}\right)^2}-1\right)}{\frac{kr}{2}\sqrt{1+\left(\frac{a}{r}\right)^2}-1} e^{-j\frac{kr}{2}\left(\sqrt{1+\left(\frac{a}{r}\right)^2}-1\right)} \tag{6.34}$$

点音源と対比するため体積加速度 $j\omega Q_0$ を周波数によらず一定と仮定すると，出力音圧振幅の周波数依存性は

$$\frac{\sin\frac{kr}{2}\sqrt{1+\left(\frac{a}{r}\right)^2}-1}{\frac{kr}{2}\sqrt{1+\left(\frac{a}{r}\right)^2}-1} \tag{6.35}$$

によることがわかる。そこで

$$\gamma \equiv \frac{kr}{2}\sqrt{1+\left(\frac{a}{r}\right)^2}-1 = \frac{k}{2}\left(\sqrt{r^2-a^2}-r\right) \qquad (6.36)$$

と定義して $\sin\gamma/\gamma$ の絶対値を dB 表示すると図 6.7 のようになる。γ が小さい範囲（周波数の低い範囲）では出力音圧は平坦（無限大バフル上の点音源と同じ）だが，$\gamma = 1.389$ 付近で 3 dB 低下し，γ がさらに大きいと特性が乱れる。距離 r が振動板の半径 a より大きい領域では a は

$$\gamma \approx \frac{\omega}{4c}\frac{a^2}{r} \qquad (6.37)$$

と近似されるので，距離 r が大きいほど，また半径 a が小さいほど平坦な周波数特性を与える周波数範囲が広くなることがわかる。

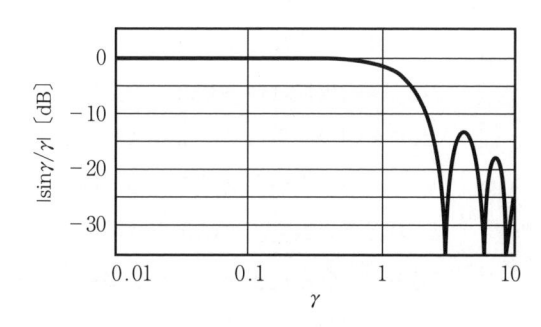

図 6.7 円形ピストン振動板の音圧周波数特性

したがって，平坦な周波数特性を実現するには振動加速度を周波数によらず一定とし，比較的低い周波数範囲で使用しなければならない。ただし，この条件による周波数の上限は，例えば公称 16 cm 径のスピーカの正面 1 m の点で約 60 kHz と十分に高い。実用的には，より低い周波数から発生する正面から外れた方向での指向特性の乱れのほうが主要な問題になる。

実際のトランスデューサは有限の大きさのケースまたはキャビネットを用いるので，その大きさ，形状により指向性が大きく変化する。8 章で実用的に役立つデータを論じることにしよう。

次に振動板の面上音圧に着目しよう。式 (6.32) において $r=0$ とおくと振動板の中心での面上音圧は次のように与えられ，やはり振動板の加速度に比例す

ることがわかる。

$$P = j\omega\rho_a V_0 \frac{2}{k}\sin\left[\frac{ka}{2}\right]e^{-j\frac{ka}{2}} \tag{6.38}$$

音圧が加速度に比例するので，その位相は音源の変位とは逆位相になる。正弦波信号の場合，振動板がバフルより前に出たら音圧は上昇するものと信じていると間違うので留意が必要である。

しかし，正弦波以外の信号の場合は現象が異なる。実用の場で面上音圧が用いられるケースとして，ダイナミックスピーカに電池などにより直流低電圧を加え，振動板に近接させたマイクロホンの出力を測定することによりスピーカの極性を求める方法があげられる。**図6.8**はこのときの振動板の動きを説明するものである。直流電圧をステップで加えると振動板が急速に起動し，ややゆっくり停止する。したがって加速度波形は非対称のN形となり，最初のピークの向きから極性が知られることになる。

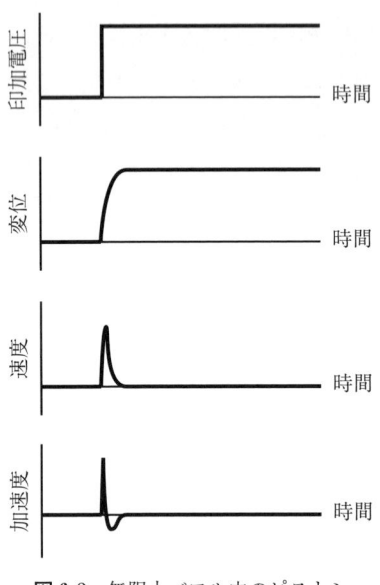

図6.8 無限大バフル中のピストン振動板のステップ応答

〔2〕 放射インピーダンス

振動板の各部の面上音圧の計算式より放射インピーダンスを求め，呼吸球の場合と同じように振動板に対して外界がどのような負荷になっているかを知ることができる。式 (6.27) に相当する式は

$$z_{S0} \equiv \frac{P_0}{V_0} = \rho_a c\left[\left\{1 - \frac{J_1(2ka)}{ka}\right\} + j\frac{S_1(2ka)}{ka}\right] \equiv r_{S0} + jx_{S0} \tag{6.39}$$

と算出される。ここで J_1, S_1 はそれぞれ1次の第1種ベッセル関数およびストルーブ関数である。これを図示すると**図6.9**のようになる。図6.4の呼吸球

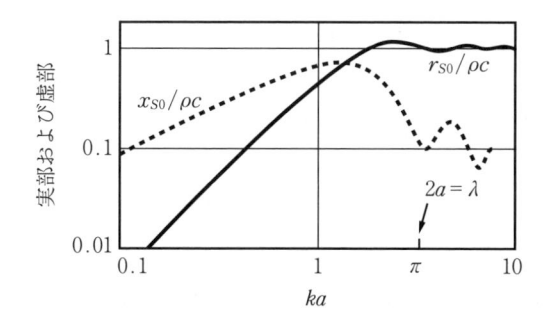

図6.9 ピストン円板の放射インピーダンス

の場合とよく似ているが，周波数の高い領域で波打ちが生じ，例えば $ka=\pi$ すなわち振動板の直径が出力音の波長と等しいときには虚部に谷が現れる。これは，振動板の大きさが波長と同等程度になると，異なる場所から放射された音が位相の違いのため干渉し，レスポンスの乱れが発生するためである。

実際のマイクロホンやスピーカでは無限大平板ではなく有限の大きさの容器が用いられる。そうした場合の音場への効果は8章で解説する。

6.4 室内音場と拡散音場

実際のオーディオトランスデューサは自由空間ではなく，一般に壁や窓で囲まれた室内で用いられる。平面波など基本的な音響現象の知識を踏まえてこうした環境での現象を考えよう[4]。

6.4.1 音波の反射と吸収

まず，単純な例で音波の反射現象を考える。

平面波が伝播している空間に，平面波の進路に直角な（波面に平行な）堅い（音響インピーダンスが空気より十分大きい）壁があるとする。壁の表面は平坦で，大きさは平面波の波長より十分大きい。

平面波の速度ポテンシャルは式 (6.12) で次のように与えられていた。

$$\phi = \sqrt{2}\left[\Phi_1 e^{-jkx} + \Phi_2 e^{jkx}\right]e^{j\omega t} \tag{6.40}$$

この第1項は進行波を，第2項は後退波を表す。

いま，x座標の原点が壁の面上にあり，音波はxが負の半空間だけにあるとする。進行波が壁に垂直に入射しても壁の表面では粒子速度はゼロであるから

$$-\frac{\partial \phi}{\partial x}\bigg|_{x=0} = \sqrt{2}\,jk\left(-\Phi_1 + \Phi_2\right)e^{j\omega t} = 0$$

$$\therefore \Phi_1 = \Phi_2 \tag{6.41}$$

すなわち，堅い境界に平面進行波が垂直に入射すると，同じ振幅の後退波すなわち**反射波**（reflected wave）が発生し，進行波とは逆の方向に伝搬していく。

では，平面波の進路に直角な軟らかい（音響インピーダンスが空気より十分小さい）物質との境界があるときを考えよう。空気より軟らかい壁は想像しにくいが，水中を伝搬する波に対する水面を想像するとわかりやすい。この面では音圧がゼロとなるから

$$j\omega\rho_a\phi\big|_{x=0} = \sqrt{2}\,j\omega\rho\left(\Phi_1 + \Phi_2\right)e^{j\omega t} = 0$$

$$\therefore \Phi_1 = -\Phi_2 \tag{6.42}$$

となる。すなわち，軟らかい境界に平面進行波が垂直に入射するとやはり同じ振幅の反射波が発生する。ただし，その位相は堅い境界の場合の逆となる。

その中間の場合として，壁の堅さが空気と同じ，すなわち壁の表面に垂直に入射する音波に対する比音響インピーダンスが$\rho_a c$の場合は，入射する平面波はそのまま内部に進入していくので反射波は発生しない。音を完全に吸収する壁はこのような性質をもつ壁である。

実際の室内の壁，天井などは上記のような完全反射でも完全吸収でもない。こうした場合を考えよう。

図6.10のように2種の媒質1，2が平らな境界面で接しており，この面に媒質1から平面波が入射するときを考える。平面波の一部は逆方向に反射し，一部は媒質2に進入していく。

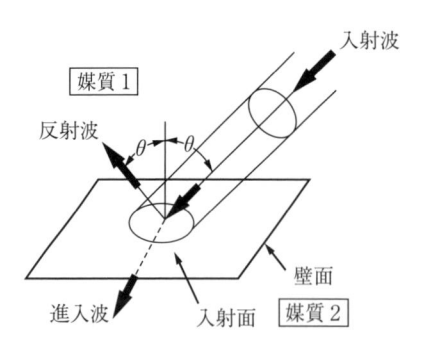

図6.10 境界面による平面波の吸収と反射

それぞれの媒質の比音響インピーダンスを z_1 および z_2 とおき，音波が垂直に（θ が $0°$ で）入射しているとすると，反射する波と進入していく波の粒子速度振幅の比として次式のような**反射係数** r_W が定義できる。

$$r_W = \frac{z_1 - z_2}{z_1 + z_2} \tag{6.43}$$

すなわち，音波は比音響インピーダンスに大きな違いのある境界面では強く反射し，違いが少ない境界面では透過する。例えば，空気中の音波が平らなコンクリート壁に入射すると，空気との比音響インピーダンスの違いが大きいのでほとんどの音響パワーが反射される。一方，同じ音波が柔らかいカーテンのような繊維質，多孔質の面に入射すると，繊維の間には空気があり比音響インピーダンスが急変しないので音波のパワーの多くが透過する。この場合，透過してカーテン内に進入した音のパワーは繊維との摩擦で熱となり吸収される。これを**吸音**（sound absorption）と呼ぶ。

ただし，反射および吸収の度合いは入射する角度 θ による。極端な場合，音波が境界面に平行に（θ が $90°$ で）伝搬しているときは反射も吸収も起こらない。これは音波が縦波なので空気の粒子が境界に平行に運動していることを思い出せば納得できよう。

通常の室内などの環境では完全反射，完全吸音は困難で，音波は壁，天井，家具などにより一部吸音されながら多重反射を繰り返す。したがって，スピーカ，楽器などから一定の音のパワーを放射すると，パワーの吸収と供給が平衡した定常状態が形成できる。このとき，ある時点で音の放射をやめると，その後は室内の音は次第に減衰していく。減衰の速さは部屋の吸音能力に対応する。

室内音響解析では，境界，例えば壁面で吸収される音のパワーと入射する音のパワーの比を用いる。これは**吸音率**（sound absorption coefficient）と呼ばれ，次の式で与えられる。

$$\alpha = 1 - r_W^2 \tag{6.44}$$

6.4.2 波動音響学的な解析と残響時間

壁,床,天井で囲まれた室内の音場を解析する方法としては音波を波動として解く波動音響学的な方法と,音波をパワーの流れとして解く幾何音響学的方法が知られている。ここではまず波動音響学的な方法を用いて考察する[2]。

室内音場は3次元空間での現象である。この内部の点を直交する x, y, z 直線軸を定義して表す。このとき x, y, z 各方向の平面波を定義しておけばその組合せであらゆる方向の平面波を表すことができる。また平面波以外の波も種々の平面波の重ね合わせで表すことができる。したがって式 (6.14) を拡張した,次のような角周波数 ω の正弦波に対する3次元の波動方程式を用いると一般的な解析ができることになる。

$$\frac{\partial^2 \Phi}{\partial x^2} + \frac{\partial^2 \Phi}{\partial y^2} + \frac{\partial^2 \Phi}{\partial z^2} + k^2 \Phi = 0 \tag{6.45}$$

ここで Φ は速度ポテンシャルで,粒子速度と音圧とは式 (6.6) と式 (6.7) とを用いて算出できる。境界条件は壁,床,天井の吸音率より定式化すればよい。

実際に,**図 6.11** のような平らな壁,天井,床をもつ理想的な直方体の室内に,考えている最高周波数の波長に比べて大きさが十分に小さく,かつ完全な全指向性,平坦な周波数特性のスピーカとマイクロホンを**図 6.12** のように設置したときを考えよう。部屋の縦,横,高さを l_x, l_y, l_z [m] とする。

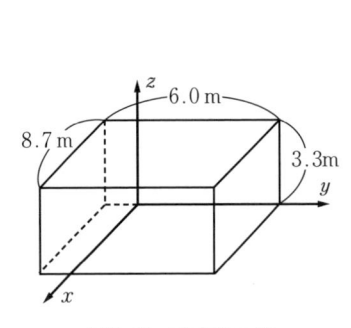

図 6.11 直方体の室

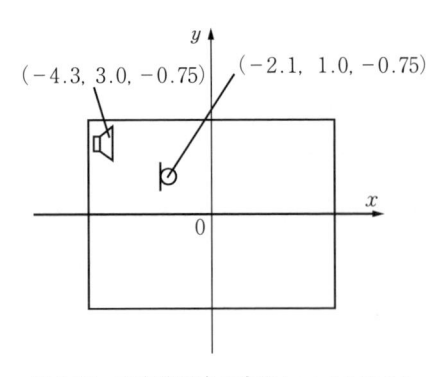

図 6.12 直方体室内の音源とマイクロホン

6.4 室内音場と拡散音場

スピーカから放射された音波は最初は球面波だが，反射を繰り返して伝播するうちにこの室内の範囲では平面波とみなされるようになり，スピーカから放射される音響パワーと壁，天井，床で吸収される音響パワーが釣り合って定常状態を形成する。特に音波が正弦波で，室内で共振が生じる周波数をもっていると**定在波**（standing wave）が発生する。この定在波による音場を与える関数は**固有関数**（characteristic function）または**基準関数**（normal function）と呼ばれ，可付番無限個存在する。任意の周波数の正弦波音波による室内の音場はこの関数の足し合わせで表現される。

直方体室モデルの境界条件での音響伝送周波数特性は，波動方程式を変数分離法で解いて求めることができる。角周波数 ω での速度ポテンシャルを与える解は次のようになる。

$$\Phi = \phi_k \sum_N \frac{\Phi_N(x_0, y_0, z_0) \Phi_N(x, y, z)}{\varepsilon_N [\omega^2 - (\omega_N + j\beta_N)^2]} \tag{6.46}$$

$$\Phi_N = \sin\left[\frac{x}{l_x}\pi n_x\right] \sin\left[\frac{y}{l_y}\pi n_y\right] \sin\left[\frac{z}{lz}\pi n_z\right] \tag{6.47}$$

ここで ϕ_k は係数，n_x，n_y，n_z は整数で，この組合せを N で表し，個々の N に対して固有（共振）角周波数 ω_N と固有関数 Φ_N が対応する。和（Σ）は 0, 0, 0 を除くすべての組合せについて行う。ε_N は係数で n_x，n_y，n_z のいずれか二つが 0 なら 1/2，一つが 0 なら 1/4，いずれも 0 でなければ 1/8 とする。l_x，l_y，l_z は直方体室の寸法，x_0，y_0，z_0 は，スピーカの，x，y，z はマイクロホンの座標である。固有角周波数の虚数部 β_N は壁，天井などの吸収による音のパワーの減衰を与える項であり，後述する**残響時間**（reverberation time）T_{60} を用いて次式で与えられる[5]。

$$\beta = \frac{6.91}{T_{60}} \tag{6.48}$$

式 (6.46) は，スピーカからの直接音をはじめとする室内のすべての音の成分を含んだ級数表示である。

図 6.11，図 6.12 に記入した寸法の条件に対する，0.2 Hz 間隔で 8 192 点の

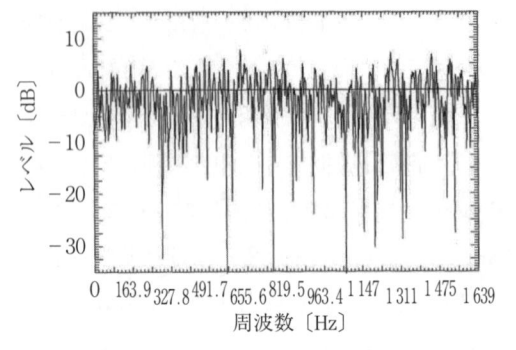

132　6. トランスデューサの音場と音響放射

（a）残響時間 0.5 秒（$lx=8.70$, $ly=6.00$, $lz=3.30$）

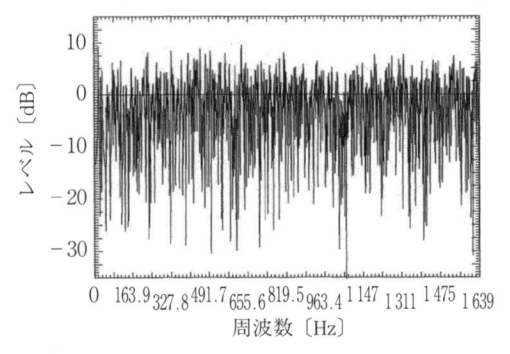

（b）残響時間 2 秒（$lx=8.70$, $ly=6.00$, $lz=3.30$）

図 6.13 直方体の室の周波数レスポンスの例

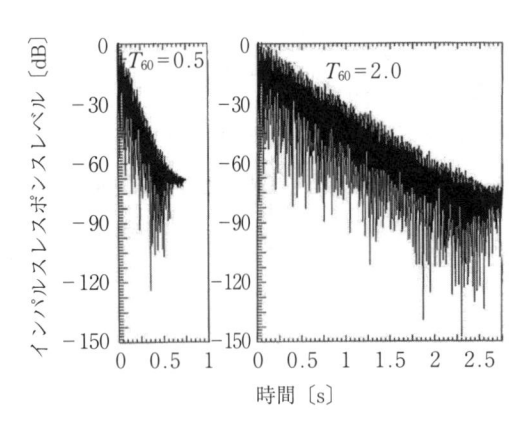

図 6.14 直方体の室のインパルスレスポンスの振幅特性の例

周波数でこの式を計算した結果は**図 6.13**のようになる。図（a）は残響時間 T_{60} が 0.5 秒，図（b）は 2 秒となるように β_N を与えている。これより，室内伝送周波数特性には非常な乱れが見られること，この乱れの山谷の密度は壁などの吸音率が低く残響時間が長いと増大すること，しかし山の高さ，谷の深さの分布には残響時間による相違が少ないことが読み取れる。これは室の形，寸法などによらない室内伝送周波数特性の一般的な性質である。

周波数特性を逆フーリエ変換すると時間特性が得られる。図 6.13 の結果よりそれぞれの室内でのインパルスレスポンスの振幅を対数表示すると**図 6.14**のようになる。このエンベロープは，それぞれ 0.5 秒または 2 秒経過した時点で最初の値より 60 dB 下降することがわかる。このように，**残響時間**（reverberation time）は音源の動作を停止したとき，音のパワーが 60 dB 下降する（$1/10^{-6}$ になる）時間として定義される。

6.4.3 幾何音響学的な解析

実際の室内では，部屋の形がさまざまなこと，中の家具や人の影響も大きいことなどのため音場が複雑であり，波動音響学的方法で解析するのは容易ではない。また一般に，設計において非常に厳密な解析は不要なことも多い。したがって，音波を単なるパワーの流れととらえて振幅のみに注目する幾何音響学的方法が，複雑な音響現象の大筋を知る手段として有用なものとなる。

前項で述べた残響時間を幾何音響学的方法で吟味してみよう[4]。

音の波長より十分に大きい室の中でスピーカからノイズ信号などの定常なパワーが放射され，これが，床，天井壁，家具などで吸収されるパワーと釣り合った定常状態では，室内の一点で観察すると平面波があらゆる方向に飛び交っているように見え，かつ，単位体積当りの音のエネルギーが室内のどの点でも同じであるようなモデルを適用することができる。これを**拡散音場**（defuse sound field）と呼ぶ。スピーカからの放射が止まって音が減衰していくときにも拡散音場状態は保たれると考えてよい。

壁，天井，床，家具などの吸音特性に大きな違いがなく，平均吸音率が α

で表される室を想定する。定常状態において室内の音響エネルギー密度（ある点であらゆる方向に伝搬しているエネルギーの合計）を ε 〔J/m³〕とおく。拡散音場状態では ε は室内の位置によらない。また，定常状態では時間にもよらないが，スピーカからの放射が止まって音が減衰していくときには時間の関数となり，次の式で与えられる。

$$\frac{d}{dt}(V\varepsilon) = -A \tag{6.49}$$

ここで V は室の容積〔m³〕，A は壁，天井，床，家具などで単位時間に吸収されるエネルギー〔W〕を表す。

また，図 6.10 のように室の吸音面，例えば壁面に音圧 P の平面波が垂線と角度 θ をなして入射し，パワーの一部は吸収され，一部は反射すると考える。面積 dS に入射するパワーは $(|P|^2/\rho_a c)dS\cos\theta$ で与えられるから，全方向からの入射パワーは

$$dS\int_0^{2\pi} d\varphi \int_0^{\pi/2} \cos\theta \frac{|P|^2}{\rho_a c} \sin\theta \, d\theta \tag{6.50}$$

となる。

一方，$(|P|^2/\rho_a c)$ が音速 c で与えられる長さ，単位断面積の筒状の範囲に存在する音響エネルギーであることに注意すると，ε と P との関係は

$$\varepsilon = 4\pi \frac{|P|^2}{\rho_a c^2} \tag{6.51}$$

で与えられる。これと式 (6.50) より，dS で吸収されるエネルギー $\alpha\varepsilon$ の値として

$$dA = dS\frac{\varepsilon c}{4\pi}\alpha \int_0^{2\pi} d\varphi \int_0^{\pi/2} \cos\theta \sin\theta \, d\theta = dS\frac{\varepsilon c}{4}\alpha \tag{6.52}$$

を得る。これを室のすべての吸音面にわたって積分すると，$A = S\varepsilon c\alpha/4$ となる。この結果を式 (6.49) に用いると

$$V\frac{d\varepsilon}{dt} + \frac{Sc\alpha}{4}\varepsilon = 0$$

$$\therefore \varepsilon = \varepsilon_0 \exp\left[-\frac{Sc}{4V}\alpha t\right] \tag{6.53}$$

という指数減衰特性が得られる。これより残響時間，すなわちエネルギーが 10^{-6} に減少する時間を算出すると

$$T_{60} = 0.16 \frac{V}{\alpha S} \tag{6.54}$$

となる。すなわち，室の残響時間は室の容積が大きいと長くなり，壁などの吸音率，面積が大きいと短くなる。

残響時間はこのように，厳密には単なるインパルスレスポンス関連の特性量ではなく，定常状態から音源を停止した後に音響エネルギーが 10^{-6}（-60 dB）に下降する時間と定義されている[6]。

式 (6.54) の値は Sabine の残響時間式と呼ばれる近似式で，吸音率が著しく高く α が1に近い場合には誤差が生じるが，通常の室内環境における α の値の範囲では実用上有用な式とされている。

6.4.4 定 常 状 態

6.4.3項で述べた定常状態とは，壁などで吸収される音響パワーとスピーカなどの音源から供給される音響パワーが等しい状態である。

ここで，スピーカなどの音源からマイクロホンなどの受音点に直接到達する音と1回以上反射して到達する音とを分離して考察する。前者を**直接音**(direct sound)，後者を**間接音**（indirect sound）と呼ぶ。後者は拡散音場を形成していると考えてよい。

間接音の音響エネルギー密度 ε_s をとする。単位時間に吸収される音響パワーは式 (6.53) で得られた音響エネルギー密度の時間変化の式の $t=1$ および $t=0$ の値の差に部屋の容積をかけて

$$\varepsilon_s V \frac{Sc}{4V} \alpha \tag{6.55}$$

で与えられ，また音源の放射パワーを W とすると，一回反射して残ったパワーは $W(1-\alpha)$ となる。これらが等しいことより，間接音の音響エネルギー密度は次のようになる。

$$\varepsilon_s = \frac{4(1-a)}{Sca}W \qquad (6.56)$$

ここで，室の吸音能力を表す値として用いられる**室定数**（room constant, 単位〔m²〕）と呼ばれる，室の吸音能力を表す定数

$$R = \frac{S\alpha}{1-\alpha} \qquad (6.57)$$

を導入すると

$$\varepsilon_s = \frac{4}{c}\frac{W}{R} \qquad (6.58)$$

となる．一方，音源が全指向性ならば直接音は式 (6.22) で表される球面波となるから，音源から距離 r の受音点における音響エネルギー密度は

$$\varepsilon_d = \frac{W}{4\pi r^2 c} \qquad (6.59)$$

である．したがって受音点での音響エネルギー密度は

$$\varepsilon = \left(\frac{1}{4\pi r^2} + \frac{4}{R}\right)\frac{W}{c} \qquad (6.60)$$

で与えられる．

なお，室定数と残響時間との関係は

$$T_{60} = \frac{0.16\,V}{R(1-\alpha)} \qquad (6.61)$$

で与えられる．

例として図 6.11 に示した直方体室モデルにおいて残響時間 0.5 秒の場合を考えよう．これはやや残響の多い会議室の条件とみなされる．このとき α は 0.274，室定数は 75.9 m² となるので，式 (6.60) の括弧内の二つの項が等しくなる距離は 1.23 m と与えられる．すなわち，直接音は式 (6.60) 第 1 項のように距離が遠くなると減衰するから，この条件の会議室では直接音が間接音より大きい範囲は，発言者からたかだか 1 m 強の範囲であり，多くの会議参加者は主として間接音を聞いていることになる．間接音が加わると音響パワーが増して聞き取りやすくなるが，間接音は多重反射の重ね合せで波形が乱れているので音声などの明瞭性を低下させる．一方，音楽を聴取するときは残響音はや

や大きいほうがよい。したがって,間接音には目的に応じて最適量が存在する。

　残響時間は,音源の位置（例えば会議室の発言者の位置）にスピーカを,目的とする受音点（聞き手の位置）にマイクロホンを設置し,その間の伝達関数から得られるインパルスレスポンスの絶対値または2乗（例えば図 6.14,dB 表示）のエンベロープの傾斜から,音響パワーが初期値に比べて 60 dB 減衰する時間を読み取ることにより測定される。実際には大きく減衰した信号は室内騒音や電気雑音の影響を受けるので,初期の減衰特性の傾斜から外挿してこの時間を求めることが行われる[7]。インパルスレスポンスの測定法は 11 章で述べる。

　一般に,室内のオーディオ装置で音楽を再生しているとき,聴取者はスピーカからの直接音のみならず間接音も聞いており,そのため聴取している音には室のレスポンスの乱れも含まれる。これに比べ,ヘッドホンで聴取しているときにはこうした音場の影響は付加されない。オーディオトランスデューサの設計に当たってはこうした聴取環境を念頭に置くべきであろう。

引用・参考文献

1) J. W. S. Rayleigh：The theory of sound, Vol. 1, Dover Pub., p. 118（1877, 1926）
2) P. M. Morce：Vibration and Sound, Acoust. Soc. Am.（NY, U. S. A., 1936, 1981）
3) 早坂寿雄,吉川昭吉郎：音響振動論,丸善（1974）
4) L. L. Beranek：Acoustics, Acoust. Soc. Am.（NY, U. S. A., 1954, 1993）
5) 安藤四一著,岡野利行訳：コンサートホール音響学,シュプリンガー・フェアラグ東京,p. 100（1987）
6) JIS Z 8106「音響用語」
7) 横山栄：残響時間の測定における注意点,音響会誌,**68**,8,pp. 403-408（2012）

7 音波の伝送

音波は管のような導波路を用いて導くことができる。ここでオーディオトランスデューサに関係の深いものをとりあげよう。音波は平面波を前提とする。

断面積の一様な管は，長さが音波の波長と同程度の場合は共振現象が顕著に発生する。これを効果的に用いた例が管楽器だが，スピーカなどの負荷としても古くから用いられる。

断面積が変化する管は共振，反共振周波数の分布を微妙に変化させることができるが，波長と同程度の範囲で大きな断面積変化を与えると内部の音響インピーダンスの変化が顕著となり，振動板から空間への音響放射に対するインピーダンス整合をとって放射効率を上げることが可能となる。これがホーンであり，拡声器などのための高放射効率のスピーカに広く用いられる。

7.1 一様断面の管の中の音場

音波を通す一様な断面の管は**音響管**（acoustic tube）と呼ばれる。音響管を用いる装置は種々の音響システムで用いられる。ここではその特性と内部の現象を考察する[1]。

7.1.1 振動板による駆動

横向きに置かれ，左端に変形せずに振動する平面ピストン振動板が設けられた断面積が一定の管を考えよう。管の内部の断面形状は問わないが断面の寸法は波長より十分小さいとする。一般にスピーカなどの振動板は機械インピーダ

7.1 一様断面の管の中の音場

ンスが空気より十分大きい（空気より十分堅く重い）ので，振動板は音響管の条件にかかわらずつねに角周波数 ω，速度の実効値 V_0 で正弦振動していると考えられる。このとき管内の内部を伝搬する音波は平面波と考えてよいから，もし管が無限に長ければ振動板から見た比音響インピーダンスは式 (6.16) で与えられる $\rho_d c$ となる。

しかし，実際の管は有限長なので，他端の影響が避けられない。そこで，管の長さを有限値 l としてその内部の物理現象を調べよう。

〔1〕 端 部 開 放

最初に図 7.1 のように右端が自由空間へ開放 (open) されている管 (open tube) を考える。

図 7.1　速度駆動される端部開放の音響管

内部を伝搬する平面波には自由空間での速度ポテンシャルの式 (6.12) をそのまま用いることができる。

$$\phi = \sqrt{2}\left[\Phi_1 e^{-jkx} + \Phi_2 e^{jkx}\right]e^{j\omega t} \tag{7.1}$$

ここで k は式 (6.13) で定義したように

$$k = \frac{\omega}{c} = \frac{2\pi}{\lambda} \tag{7.2}$$

で与えられる波長定数または**波定数** (circular wave number, wavelength constant) であり，c は音速，λ は音波の波長である。

右端では音波が突然自由空間に放出されるため音響インピーダンスが急減するので，6.4.1 項で述べたような反射による後退波が発生し，進行波との干渉により管の内部では特異な現象が起こる。ここでは図の左右に座標をとり，左端を $x=0$，右端を $x=l$ としてこれを解析しよう。

右端で音圧が0となると仮定すると $x=l$ で次の境界条件が成立する。

$$j\omega\rho_a\phi\big|_{x=l} = \sqrt{2}\,j\omega\rho_a\left(\Phi_1 e^{-jkl} + \Phi_2 e^{+jkl}\right)e^{j\omega t} = 0 \tag{7.3}$$

一方，振動板の設けられた左端での境界条件は次のように粒子速度が振動板の速度に等しいという条件より与えられる。

$$-\frac{\partial \phi}{\partial x}\bigg|_{x=0} = \sqrt{2}\,jk(\Phi_1 - \Phi_2)e^{j\omega t} = \sqrt{2}\,V_0 e^{j\omega t} \tag{7.4}$$

これらの連立方程式を解いて係数 Φ_1 および Φ_2 を求めると，管内の音圧と粒子速度は次の式で与えられる。

$$\left.\begin{aligned} P &= j\rho_a c \frac{\sin k(l-x)}{\cos kl} V_0 \\ V &= \frac{\cos k(l-x)}{\cos kl} V_0 \end{aligned}\right\} \tag{7.5}$$

したがって，振動板から見た比音響インピーダンス（駆動点のインピーダンス）は次式のようになる。

$$z_S = \frac{P}{V}\bigg|_{x=0} = j\rho_a c \tan kl \tag{7.6}$$

この大きさの計算値（$j\rho_a c$ との比）を**図7.2**に示す。振動板から見た管の内部は，駆動点のインピーダンスの値が正であれば質量に，負であればスチフネスに見えている。

比音響インピーダンスは図に●で示した $kl = (2n-1)\pi/2 (n=1,2\cdots)$，すなわち次の周波数で±無限大になっている。ただし c は音速である。

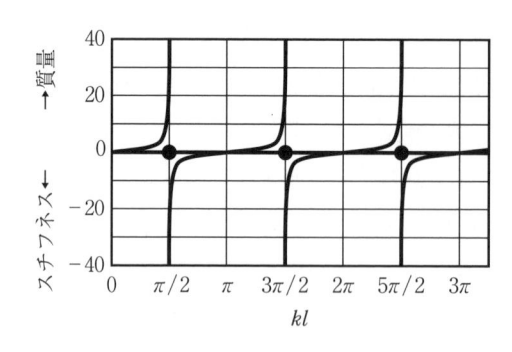

図7.2 速度駆動される端部開放の音響管の駆動点での音響インピーダンス

$$f_n = \frac{(2n-1)c}{4l} \tag{7.7}$$

これより，管の長さが波長の 1/4, 3/4, 5/4, …倍に相当する音波の周波数では，振動板がごくわずかな振動速度で動作しても管内に大きな音圧が発生することがわかる。これを**共振周波数**（resonance frequency）と呼び，$n=1$ に対応する**最低共振周波数**（lowest resonance frequency）の奇数倍の周波数で発生する。一方，kl が 0 に近い値で比音響インピーダンスが 0 になるのは，ピストン振動板が管内の空気を押し込んでも「のれんに腕押し」となって音圧が発生しないことに相当する。

実際には開放端をもつ管では端の先にも空気があり，その質量，スチフネスなどが無視できないので，3 章で述べたように管の長さ l が長く見える。円形断面の管の場合，この増加量は開口端のまわりに壁があるときはおおむね直径の 0.41 倍，壁がないときは 0.31 倍といわれている。

このモデルは一端にスピーカユニットを装着し，他端を開放した管に対応する。管楽器ではクラリネットがこれに近い性質をもっている。

〔2〕 端 部 密 閉

次に，**図 7.3** のように左端でピストン振動板により駆動され，右端が堅固な壁により密閉されている管（closed tube）を考える。長さは有限値 l とする。このとき，右端では 6.4.1 項で述べたような反射による後退波が発生し，やはり進行波との干渉が起こる。ここでは〔1〕のように左端を $x=0$，右端を $x=l$ としてこれを解析しよう。

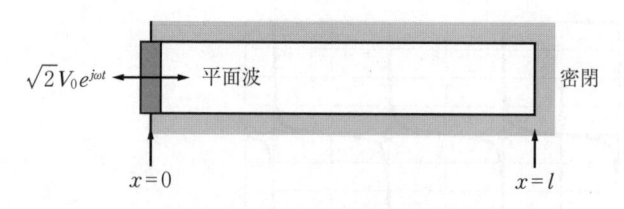

図 7.3 速度駆動される端部密閉の音響管

振動板の設けられた左端での境界条件は粒子速度に関する式 (7.3) で与えられる。一方，右端は壁で密閉されているので粒子速度は 0 となるから，境界条件は次のように与えられる。

$$-\frac{\partial \phi}{\partial x}\bigg|_{x=l} = \sqrt{2}\,jk(\Phi_1 e^{-jkl} - \Phi_2 e^{+jkl})e^{j\omega t} = 0 \tag{7.8}$$

この連立方程式を解いて Φ_1 と Φ_2 とを求めると，管内の音圧と粒子速度は次の式で与えられる。

$$\left.\begin{aligned} P &= -j\rho_a c \frac{\cos k(l-x)}{\sin kl} V_0 \\ V &= \frac{\sin k(l-x)}{\sin kl} V_0 \end{aligned}\right\} \tag{7.9}$$

ここで ρ_a は空気の密度，c は音速である。したがって，振動板から見た比音響インピーダンス（駆動点のインピーダンス）は次式のようになる。

$$z_S = \frac{P}{V}\bigg|_{x=0} = -j\rho_a c \cot kl \tag{7.10}$$

この大きさの計算値を図 7.4 に示す。比音響インピーダンスは図に●で示した $kl = n\pi$ $(n = 1, 2, \cdots)$，の点，すなわち次の周波数で±無限大になっている。ただし c は音速である。

$$f_n = \frac{nc}{2l} \tag{7.11}$$

これより，管の長さが波長の 1/2，1，3/2，… 倍に相当する音波の周波数では，振動板がごくわずかな振動速度で動作してもその近傍に大きな音圧が発

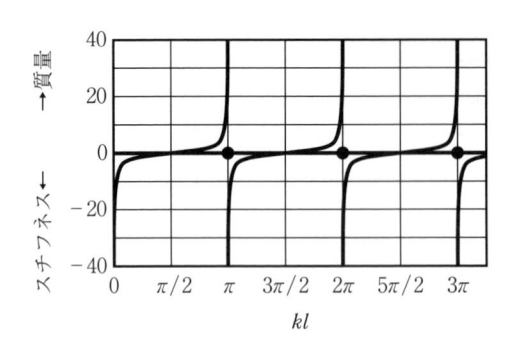

図 7.4 速度駆動される端部密閉の音響管の駆動点での音響インピーダンス

生することがわかる。これを共振周波数と呼び，$n=1$ に対応する最低共振周波数の整数倍の値となる。一方，比音響インピーダンスが 0 に近い値で速度 V_0 が一定のときはピストン振動板が管内の空気を押し込んでいくからやはり音圧が 0 ではないのも想像できよう。

7.1.2 空気中の音圧による駆動
〔1〕 端 部 開 放

次に，図 7.5 のように左端が空気中に開放されて音圧の入射により駆動されており，右端が開放されている管を考える。7.1.1 項のように図の左右に座標をとり，左端を $x=0$，右端を $x=l$ としてこれを解析する。

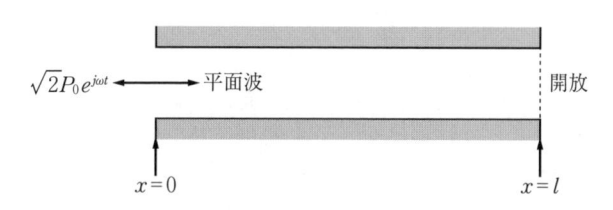

図 7.5 音圧駆動される端部開放の音響管

右端では音波が突然自由空間に放出されるため音圧が急減するので，式 (7.3) で与えられる境界条件が成立する。一方，左端での境界条件は入射する音圧より次のように与えられる。

$$j\omega\rho_a\phi|_{x=0} = \sqrt{2}\,j\omega\rho_a(\Phi_1+\Phi_2)e^{j\omega t} = \sqrt{2}\,P_0 e^{j\omega t} \tag{7.12}$$

これらの連立方程式を解いて係数 Φ_1 および Φ_2 を求めると，管内の音圧と粒子速度は次の式で与えられる。

$$\left.\begin{aligned} P &= \frac{\sin k(l-x)}{\sin kl} P_0 \\ V &= \frac{-j}{\rho_a c}\frac{\cos k(l-x)}{\sin kl} P_0 \end{aligned}\right\} \tag{7.13}$$

したがって，振動板から見た比音響インピーダンス（駆動点のインピーダンス）は次式のようになる。

$$z_S = \left.\frac{P}{V}\right|_{x=0} = j\rho_a c \tan kl \tag{7.14}$$

この大きさの計算値（$j\rho_a c$ との比）を図 7.6 に示す。駆動点から見た管の内部は，駆動点のインピーダンスの値が正であれば質量に，負であればスチフネスに見えている。

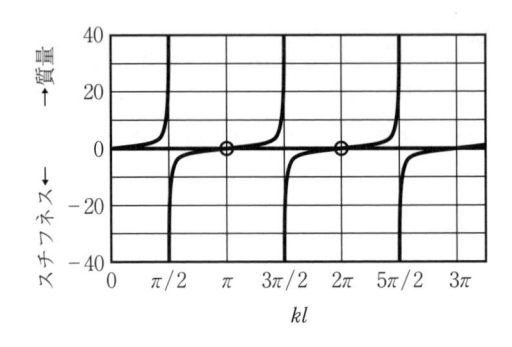

図 7.6 音圧駆動される端部開放の音響管の駆動点での音響インピーダンス

比音響インピーダンスは図に○で示した $kl = n\pi$（$n = 1, 2, \cdots$）の点，すなわち次の周波数でゼロになっている。ただし c は音速である。

$$f_n = \frac{nc}{2l} \tag{7.15}$$

これより，管の長さが波長の $1/2$, 1, $3/2$, $\cdots$ 倍に相当する音波の周波数では，ごくわずかな音圧が入射しても管端に大きな粒子速度が発生することがわかる。これが共振周波数であり，$n=1$ に対応する最低共振周波数の整数倍の値となる。

7.1.1 項で述べた例と同じように実際には開放端をもつ管では端の先にも空気があり，その質量，スチフネスなどが無視できないので，管の長さ l がやや長く見える。円形断面の管の場合，この増加量は開口端のまわりに壁があるときはおおむね直径の 0.41 倍，壁がないときは 0.31 倍といわれている。

この例のような開放端より音圧で駆動され，他端も開放されている管は多くの管楽器に用いられている。

〔2〕 端 部 密 閉

最後に，図 7.7 のように左端が空気中に開放されて音圧の入射により駆動されており，右端が密閉されている管を考える。やはり図の左右に座標をとり，

7.1 一様断面の管の中の音場

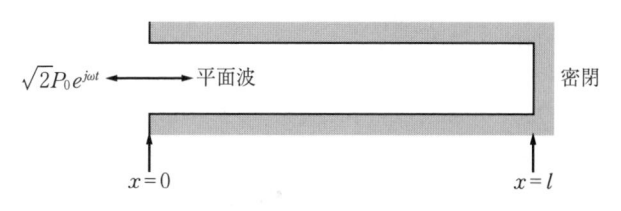

図7.7 音圧駆動される端部密閉の音響管

左端を $x=0$, 右端を $x=l$ としてこれを解析する。

右端は壁で密閉されているので粒子速度は0となるから, 式 (7.8) で与えられる境界条件が成立する。一方, 左端での境界条件は式 (7.12) で与えられる。これらの連立方程式を解いて係数 Φ_1 および Φ_2 を求めると, 管内の音圧と粒子速度は次の式のように求められる。

$$\left. \begin{array}{l} P = \dfrac{\cos k(l-x)}{\cos kl} P_0 \\[2ex] V = \dfrac{j}{\rho_a c} \dfrac{\sin k(l-x)}{\cos kl} P_0 \end{array} \right\} \quad (7.16)$$

したがって, 振動板から見た比音響インピーダンス（駆動点のインピーダンス）は次式のようになる。

$$z_S = \left. \frac{P}{V} \right|_{x=0} = -j\rho_a c \cot kl \quad (7.17)$$

この大きさの計算値（$j\rho_a c$ との比）を図7.8に示す。比音響インピーダンスは図に○で示した $kl = (2n-1)\pi/2 \, (n=1, 2, \cdots)$, すなわち次の周波数でゼロになっている。ただし c は音速である。

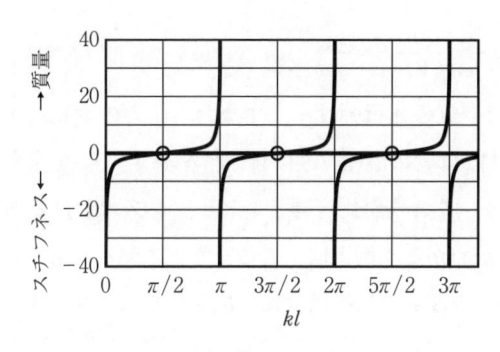

図7.8 音圧駆動される端部密閉の音響管の駆動点での音響インピーダンス

$$f_n = \frac{(2n-1)c}{4l} \tag{7.18}$$

これより，管の長さが波長の 1/4, 3/4, 5/4, …倍になる周波数では，ごくわずかな音圧が入射しても左端に大きな粒子速度が発生することがわかる。これが共振周波数であり，$n=1$ に対応する最低共振周波数の整数倍の値となる。

7.2 特別な条件の管

7.2.1 波長より短い音響管

〔1〕 振動板による駆動

7.1.2 項で論じた，ピストン振動板で駆動され，他端が開いた管が波長より十分に短い場合は，式 (7.6) を $x=0$ のまわりで級数展開し，x の高次項を省略することにより次の式を得る。

$$z_S = j\rho_a ckl = j\omega_a l \equiv j\omega m_{As} \tag{7.19}$$

m_{As} を定義している式 (3.25) と対比すると，この式が比音響インピーダンスにおける質量の項になっていることがわかる。例えば，スピーカシステムにおいて振動板の前にくぼみがあると，これが振動板に付加される質量として動作して周波数特性に影響を及ぼす。

一方，ピストン振動板で駆動され，他端が閉じられた管が波長より十分に短い場合は，式 (7.10) を $x=0$ のまわりで級数展開し，x の高次項を省略することにより次の式を得る。

$$z_S = \frac{-j\rho_a c}{kl} = \frac{1}{j\omega} \frac{\rho_a c^2}{l} \equiv \frac{1}{j\omega} \frac{\rho_a c^2}{V_c} S = \frac{s_{As}}{j\omega} \tag{7.20}$$

$\rho_a c^2$ は式 (3.30) で定義された空気の体積弾性率，すなわち圧力の変化に対する体積変化率を表す。また，V_c は管の容積，S は断面積を表す。s_{As} を定義している式 (3.26) と対比すると，この式が比音響インピーダンスにおけるスチフネスの項になっていることがわかる。例えば，スピーカシステムで用いられる密閉箱は低い（波長の長い）周波数では振動板に付加されるスチフネスと

なる。

〔2〕 空気中の音圧による駆動

7.1.1項で論じた，開口端より音圧で駆動され，他端が開いた管が波長より十分に短い場合は，式 (7.14) を $x=0$ のまわりで級数展開し，x の高次項を省略することにより次の式を得る。

$$z_S = j\rho_a ckl = j\omega\rho_a l \equiv j\omega m_{As} \tag{7.21}$$

m_{As} を定義している式 (3.25) と対比すると，この式が比音響インピーダンスにおける質量の項になっていることがわかる。例えば，バスレフ方式のスピーカシステムのポート内の空気は質量として動作する。

一方，ピストン振動板で駆動され，他端が閉じられた管が波長より十分に短い場合は，式 (7.17) を $x=0$ のまわりで級数展開し，x の高次項を省略することにより次の式を得る。

$$z_S = \frac{-j\rho_a c}{kl} = \frac{1}{j\omega} \frac{\rho_a c^2}{l} \equiv \frac{1}{j\omega} \frac{\rho_a c^2}{V_c} S = \frac{s_{As}}{j\omega} \tag{7.22}$$

$\rho_a c^2$ は式 (3.30) で定義された空気の体積弾性率，すなわち圧力の変化に対する体積変化率を表す。また，V_c は管の容積，S は断面積を表す。s_{As} を定義している式 (3.26) と対比すると，この式が比音響インピーダンスにおけるスチフネスの項になっていることがわかる。

7.2.2 波長に比べ太い管

次に，断面積が一定であっても周波数が高い場合，または管の断面が大きい場合を考えよう[2]。こうした間の内部では断面が波長より十分小さいという仮定がくずれ，音波が平面波ではなくなることがある。ここで内径 d の円形の管と仮定すると

$$f_{mn} = \alpha_{mn} \frac{c}{d} \tag{7.23}$$

で与えられる周波数で，横方向モード (non-axial mode) と呼ばれる断面内に特有の音圧分布をもつ共振が現れる。ただし c は音速，α_{mn} はベッセル関数の

表7.1　円管内の横方向モードの固有値 α_{mn} [2)]

m\n	0	1	2	3	4
0	0	1.219 7	2.233 1	3.238 3	4.241 1
1	0.586 1	1.697 0	2.714 0	3.726 1	4.731 2
2	0.977 2	2.134 6	3.173 4	4.192 3	5.203 6
3	1.337 3	2.551 3	3.611 5	4.642 8	5.662 4
4	1.692 6	2.954 7	4.036 8	5.081 5	6.110 3

微分値の零点より与えられる定数である。一部を**表7.1**に示す。

横方向モードの音圧分布には直径方向と円周方向の節（音圧が0となる線）が現れる。m は直径方向，n は円周方向の節の数を表す。

最も低い $\alpha_{10} = 0.586\,1$ に対応する共振周波数をもつ横方向モードは1,0モードと呼ばれ，**図7.9**（a）のような直径方向に節を1本もつ音圧分布の共振である。この共振周波数ではレスポンスに鋭い谷が生じる。また，$\alpha_{01} = 1.219\,7$ で与えられる周波数で現れる 0, 1 モードは図（b）のような円周方向に音圧分布の節をもつ共振である。この周波数ではレスポンスに山を生じる。

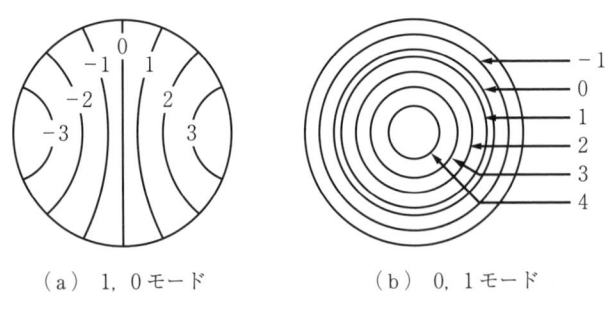

（a）1, 0モード　　　（b）0, 1モード

図7.9　円管内の横方向モード

したがって，管の内径が波長に近い値となる周波数より高い周波数範囲では横方向モードの影響が不可避となり周波数特性に影響を生じる。

表7.1の数値を小さい順に並べると，隣接する二つの比が式（7.7）や式（7.11）のような整数比ではなく不規則であり，また共振周波数の密度が高いことがわかる。したがって，上記の周波数以上では周波数レスポンスに横方向

モードによる山，谷が複雑に現われ，等間隔の山谷の配列がくずれてしまう。

一般に音響素子を用いる場合，寸法が音波の波長に比べて十分小さいか否かの吟味はつねに必要である。

7.3 ホ ー ン

中，高音用スピーカ（ツイータなど）や拡声器用スピーカには**ホーン**（horn）と呼ばれる，断面の大きさが徐々に変化する音響管が用いられる。ここでその基本特性を述べる[3]。

図7.10にホーンの断面の例を示す。左端の堅いピストン振動板と右端の開口の軟らかい空気とを滑らかに接続するのがホーンを用いる理由であるから，面積の変化が小さく一様なことが望ましい。ボール紙を丸めたメガホン（簡易な円錐ホーン）は面積が広がるに従って変化率が小さくなるのでこの点で不満がある。

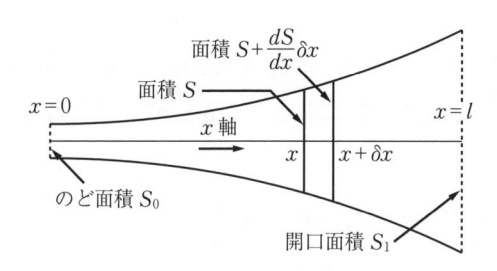

図7.10 ホーンとその内部の音場

振動板側（ホーンの咽喉（throat）と呼ばれる）の面積 S_0，ホーンの開口（mouth）の面積 S_1 および全長 l を与えたとき，面積の変化率の2乗を最小にするのは指数関数なので，本格的なホーンとしては図のように断面積を次のような指数関数に従って広げていく**エクスポネンシャルホーン**（指数ホーン，exponential horn）が用いられる。

$$S(x) = S_0 e^{2mx} \tag{7.24}$$

m は広がりの程度を表し，$m=0$ のときは断面変化のない音響管となる。断

面の寸法，例えば円形断面の場合の半径，方形断面の場合の辺長は e^{mx} に比例する．

7.2 節で述べた音響管と同じように内部を平面波が伝搬すると仮定し，図のように座標と変数を決めると，7.1 節と同様に解析解が求められる．式 (6.2) に相当する式は次のように，面積変化の項を含むものとなる．

$$p(x,t) = -K\frac{S(x+\delta x,t)u(x+\delta x,t) - S(x)u(x,t)}{S(x)\delta x}$$

$$= -K\left(\frac{\partial u}{\partial x} + \frac{1}{S}\frac{\partial S}{\partial x}u\right) \quad (7.25)$$

これより演算をすすめると，式 (6.14) に相当する角周波数 ω の正弦波に関する波動方程式が次のように得られる．

$$\frac{d^2\Phi}{dx^2} + \frac{d\log S}{dx}\frac{d\Phi}{dx} + k^2\Phi = 0 \quad (7.26)$$

エクスポネンシャルホーンの場合は式 (7.24) を用いて次式が得られる．

$$\frac{d^2\Phi}{dx^2} + 2m\frac{d\Phi}{dx} + k^2\Phi = 0 \quad (7.27)$$

この式の解としてホーンの内部を伝搬する音波が定式化される．x 座標が増加する向きに伝搬する進行波の式は，式 (6.15) の第 1 項に相当する次式となる．

$$\left.\begin{array}{l} P = j\omega\rho_a\Phi_1 e^{-mx}e^{-j\sqrt{k^2-m^2}x} \\ V_A = \Phi_1\left(m + j\sqrt{k^2-m^2}\right)e^{-mx}e^{-j\sqrt{k^2-m^2}x} \end{array}\right\} \quad (7.28)$$

これらの値の比はホーンの任意の断面での比音響インピーダンスであり，次式のように場所によらない値なのが興味深い．

$$z_S = \rho_a c \frac{jk}{m + j\sqrt{k^2 - m^2}} \quad (7.29)$$

この値は，$k=m$ を境界として異なる性質を示す．$k>m$ のときにはこのままでよいが，$k<m$ のときには平方根の内部が負になるので，次のような純虚数式に書き換えるべきである．

$$z_{Slow} = \rho_a c \frac{jk}{m + \sqrt{m^2 - k^2}} \quad (7.30)$$

7.3 ホーン

比音響インピーダンスの値を**図7.11**に示す。これよりわかるようにエクスポネンシャルホーンは $k=m$ となる周波数

$$f_c = \frac{mc}{2\pi} \quad [\text{Hz}] \tag{7.31}$$

を境界として性質が異なる。ただし c は音速である。この周波数をホーンの**遮断周波数**（cut off frequency）と呼ぶ。これより低い周波数では振動板から見てホーンが質量に見え，比音響インピーダンスは純虚数となり，有効音響パワーが伝送されないので，この周波数がホーンの動作可能な周波数の下限を与えることになる。一方，7.1節で述べた断面積の変化しない音響管では $m=0$ なので f_c が 0 となり，こうした現象は起こらない。

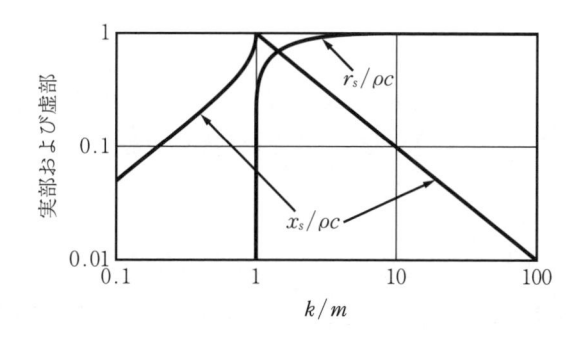

図7.11 ホーンの内部の比音響インピーダンス

ホーンの咽喉に置かれた振動板の振動速度の実効値を V_0 とすると，内部の音圧は式 (7.28) を用いて次式のように与えられる。

$$P = j\rho_a c \frac{k}{m + j\sqrt{k^2 - m^2}} V_0 e^{-mx} e^{-j\sqrt{k^2-m^2}\,x} \tag{7.32}$$

k が m より小さく，周波数が f_c より低い領域では

$$P_{low} = j\rho_a c \frac{k}{m + \sqrt{m^2 - k^2}} V_0 e^{-(m+\sqrt{m^2-k^2})x} \tag{7.33}$$

となり，振幅（この式の絶対値）は k すなわち周波数の関数となる。一方，k が m より大きく，周波数が f_c より高い領域では振幅は

$$|P| = \rho_a c V_0 e^{-mx} \tag{7.34}$$

となり，出力音圧は周波数によらず振動速度に比例する。

いま，遮断周波数 159 Hz，のどの直径 2 cm のホーンスピーカを考えると，長さは 1.05 m，開口直径 43 cm となる。この内部の音圧を式 (7.34) の値で基準化した値を図 7.12 に示す。遮断周波数以下では音圧が非常に小さいことがわかる。

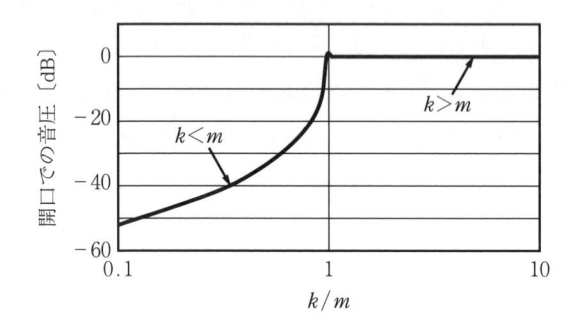

図 7.12 ホーンの開口での音圧周波数特性 ($m = 2.94$)

実際にはホーンは有限長なので開口部からの反射による後退波が生じる。円形断面で開口部が無限大バフル面にあると仮定してこの反射波を算出すると，開口部の半径が

$$a = \frac{2}{m\pi} \tag{7.35}$$

のときに最小という結果が得られる。このとき，ホーンの開口部での壁面の傾斜が 32°30′ となる。ホーンの長さは壁面が約 45° になる値までで十分という通説の根拠はこれに由来するであろう。

より一般的な概念として，断面積が次式のように双曲線関数で与えられる**ハイパボリックホーン**（双曲線ホーン，hyperbolic horn）がある。

$$S = S_0(\cosh 2mx + T \sinh 2mx) \tag{7.36}$$

T は断面形状を決めるパラメータで，例えば断面を次のように与える。

$$\left. \begin{array}{l} T=0 \text{のとき}: S = S_0(\cosh 2mx) = \left(e^{2mx} + e^{-2mx}\right)/2 \\ T=1 \text{のとき}: S = S_0 e^{2mx} \quad \text{エクスポネンシャルホーン} \\ T=\infty \text{のとき}: S = C(x_0 + x)^2 \quad \text{円錐ホーン} \end{array} \right\} \tag{7.37}$$

T を 0 と 1 の間の値とすると図 7.11 に示した $r_s/\rho c$ の遮断周波数付近の特

性が変化する。$1/\sqrt{2}$ 程度とすると遮断特性がエクスポネンシャルホーンより急峻になるのでよく用いられる。これより小さいとピークが現れる。

　しかし，じつは本節のような解析がホーンの設計に必要な情報のすべてを含んでいるわけではない。この解析ではホーン内部の音波の波面は平面という重要な仮定を設けているが，実際には音波の波面は堅固な壁とは直交するものであり，特に開口における高い周波数の信号では音響現象の実態は本節での平面波による解析から外れていると考えられる。実際，本節での計算の仮定にも限度があり，例えばホーン長が式 (7.35) から得られる値より長いと反射波が増えることになり，無限に長いホーンには反射波がないという物理的な予想と矛盾する。また，平面波による解析ではホーンを使用可能な上限周波数が明確にならないが，実際にはホーンが有効に動作する周波数の上限は意外に低いとされている。実用的な使用範囲については経験による知見が重要である。

引用・参考文献

1) P. M. Morce：Vibration and Sound, Acoust. Soc. Am. (NY, U. S. A., 1936, 1981)
2) 新木諒三，藤本功：音響管内における横方向モードの伝送特性に及ぼす影響，研究実用化報告（NTT 研究所），**14**，11，pp. 2475-2487（1965）
3) 早坂寿雄，吉川昭吉郎：音響振動論，丸善（1974）

8 音波の反射と回折

音波は壁のような物体があると反射したり遮蔽されたりする。無限大の壁による反射については6章で論じたが，実際のオーディオトランスデューサは有限の大きさのケースやエンクロージャに収容されている。こうした物体は音波を複雑に反射したり，伝わる方向を曲げたりするので音場への影響は千差万別である。このような効果を**回折**（diffraction）と呼ぶ。

ここでは，実際のトランスデューサの特性への影響を推測するため，代表的な形状の物体の音場への影響を調べることにする。まず例としてスピーカに注目し，モデルとなる単純な形状の剛体のバフルまたはエンクロージャの周波数レスポンスへの影響を述べる。これらの結果と**相反定理**（可逆側，reciprocity theorem）よりマイクロホンへの影響も知ることができる。例えば，点音源からの出力音を波長に比べ，十分遠い受音点で受けたときの周波数特性の相対値は，点音源を点マイクロホンに置き換えたときに入射する平面波の音に対する周波数レスポンスと同じになる。

8.1 球形のエンクロージャ

最も単純な形状のエンクロージャは球形の剛体であろう。例えば，**図8.1**のような剛体球の表面に音源がおかれているモデルは，無限大バフル上の点音源よりは実際のスピーカに近い形状に見える。

一般に，剛体のとがった角部は音場に大きな影響を及ぼすので，角部のない球形のエンクロージャの特性は他の形状のエンクロージャに比べ素直であり，

8.1 球形のエンクロージャ

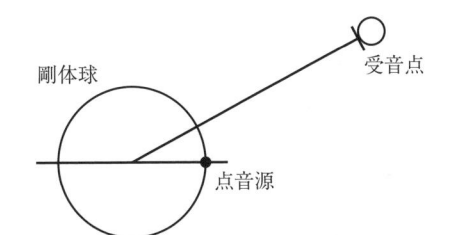

図8.1 表面に点音源をもつ球形エンクロージャ

剛体の音場効果を知るための基本として好適である。

〔1〕 **球座標による解析解**

実際のスピーカでは振動部は有限の大きさをもつから，**図8.2**のような剛体球の表面のうち開口角 θ_0 の円形の部分が一体で往復振動するモデルのほうが実際のスピーカに近いであろう。このモデルで球の半径を a，音圧測定点を距離 r，球の中心を通る直線の角度を θ とすると，同じ体積速度の点音源の発生する音圧を

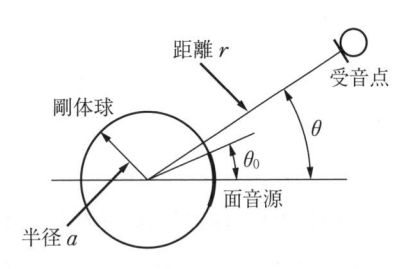

図8.2 表面の一部が振動する球形エンクロージャ

基準とした相対音圧は球座標での波動方程式の解として次の式で与えられる[1]。

$$\Phi = -\frac{2kre^{jkr}}{(ka)^2 \sin^2\theta_0} \sum_{m=0}^{\infty} \frac{2m+1}{h_m^{(2)\prime}(ka)} h_m^{(2)}(kr) P_m(\cos\theta) \int_{\cos\theta_0}^{1} \mu P_m(\mu) d\mu \tag{8.1}$$

ここで $k\,(=c/\omega)$ は波数，$h_m^{(2)}$ は m 次の第2種ハンケル関数，P_m は m 次のルジャンドル多項式である。

〔2〕 **周波数特性の性質**

点音源の場合を求めるには，式 (8.1) において体積速度を有限に保って開口角 θ_0 を0に近づけて極限をとればよい。測定距離 r が十分遠いときの計算結果を**図8.3**に示す。図中のパラメータは受音方向を表す角度である。

周波数が低く，エンクロージャが波長より十分小さい領域では球の音場効果は無視できるのでレスポンスは点音源の場合と同じであり，1（0 dB）となる。

8. 音波の反射と回折

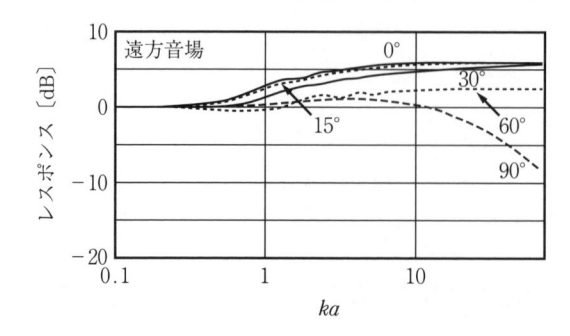

図 8.3 表面に点音源をもつ球形エンクロージャの音場効果[2)]

周波数の上昇とともに正面での音圧はエンクロージャの音場効果により上昇し，周波数が高く，エンクロージャが波長に比べ十分大きい領域では，平らな無限大剛壁の場合と同じ 2 倍（6 dB）となる。こうした傾向はエンクロージャの一般的な特性であるが，0 dB から 6 dB への遷移の様子が大きさ，形状により大きく異なるものである。

正面以外の方向では音圧の上昇は少なくなる。90°の場合に高い周波数で 0 dB より減少しているのは，この計算で便宜上球の中心を原点として測定方向を決めているため，球の影となった結果とみなされる。

一方，音源となる振動部分が有限の大きさをもっている場合は，波長に比べて振動部の大きさが無視できない高い周波数の領域では**図 8.4** の例のように特性が複雑になる。これは図 6.6，図 6.7 の無限大バフル上のピストン振動板の場合と同様に，振動部の異なる場所から放射された音が位相の違いのため干渉した結果である。

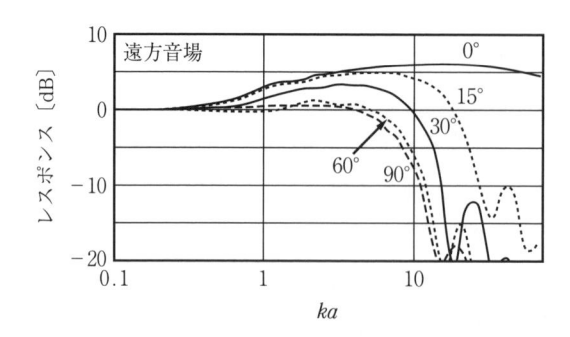

開口角 $\theta_0 = 15°$

図 8.4 表面の一部が振動する球形エンクロージャの音場効果[2)]

8.2 円筒の端面

　実際に音響機器を装着して用いるバフル板，箱形のエンクロージャなどは鋭い角（かど）などの影響が大きく，音場効果が球形エンクロージャに比べ複雑になりやすい。そこで，単純なモデルとしてまず円形平板バフルに振動板が装着されている場合と，その延長としての円筒の端面に装着されている場合に着目する[2]。

〔1〕 **キルヒホフ・ホイヘンスの積分式による解析解**

　図 8.5 に示すような点音源に剛体平板バフルを付加したときの任意の形状のバフルの音場効果を求める計算式として，**キルヒホフ・ホイヘンス積分式**（Kirchhoff-Huygens integration）と呼ばれる式がよく用いられる。点音源のみの球面波音場を基準としたときの式は次のような式になる。

$$\varPhi = \frac{\cos\theta}{2\pi} \int_0^{2\pi} \frac{1-\exp\left[-jka(\varphi)\{1-\cos(\alpha-\varphi)\sin\theta\}\right]}{1-\cos(\alpha-\varphi)\sin\theta} d\varphi \tag{8.2}$$

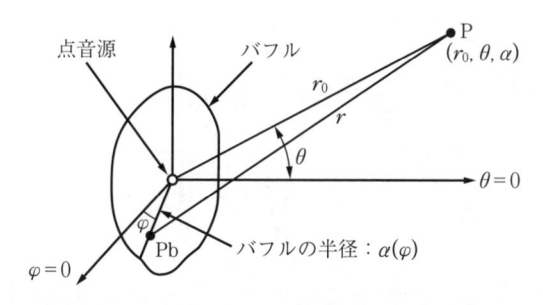

図 8.5 点音源をもつ任意形状の平板バフル[2]

　ここで k は波定数（$2\pi/$波長），$a(\varphi)$ は点音源からバフルの周辺までの距離，それ以外の定数は図に示すように角度を表す。正面（$\theta=0$）の場合は次式のようになる。

$$\varPhi = 1 - \frac{1}{2\pi} \int_0^{2\pi} \exp\left[-jka(\varphi)\right]d\varphi \tag{8.3}$$

この式はバフル表面での音圧は無限大バフルの場合の値（バフルがない場合

の2倍)，それ以外では自由音場での値と仮定して，バフル面上の積分をバフル周辺のみでの単純な積分に置き換えてしまう近似式だが，任意の形状のバフルの音場効果を1次積分で計算できる便利な式である。

ただし，この仮定はバフルの大きさに比べ波長が小さい場合にのみ成立するもので，両者が近い値となる $ka=1$ 付近では音場効果を実際の値より 2 dB 程度大きめに算定してしまう。したがって，この計算法を厚さの薄い平板バフルに適用するときには注意が必要となる。

ところが，厚さのあるバフル，すなわち端面の中心に点音源をもつ円筒形のエンクロージャの場合は，図 8.6 のようにキルヒホフ・ホイヘンス積分式から算出した値が図の○印に示す直径と同等程度の奥行をもつ堅固な円筒形エンクロージャによる実測結果に一致し，よい近似値が与えられることが知られている。これは側壁の反射効果による誤差の相殺の結果と考えられる。このため，キルヒホフ・ホイヘンス積分式は現実の音響機器の音場効果を知る手段として有用なものと認識されている。

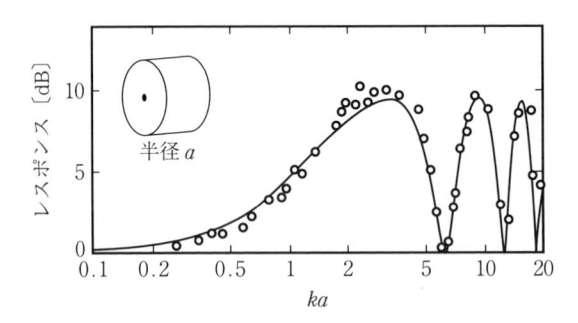

図 8.6 中心に点音源をもつ円筒形エンクロージャ[2]†

音響現象における相反則により，この式はまた音源のかわりにマイクロホンをもつエンクロージャに平面波が入射したときの音場効果の予測にも用いることができる。

このレスポンスは図 8.3 の球形エンクロージャの場合と同様に 0 dB から

---

† 図 8.6 の実験値は，堅固な実験用バフルにスピーカではなくマイクロホンを埋め込み，遠方から平面波を与えて測定したもので，上記の相反則を利用している。スピーカよりマイクロホンのほうが小形なので点音源を模擬するのに適している。

$$ka = \frac{\omega}{c}a = \frac{2\pi}{\lambda}a \tag{8.4}$$

の増加すなわち周波数の増加とともに 6 dB に収束していくはずだが，球形の場合に比べレスポンスの変化が大きい．これは円筒の周縁の角部で発生する回折波の影響である．

音源から円筒の端面上を放射状に進む波が周縁部に達すると，管の出口のように環境が突然軟らかくなるのでその点で逆位相の回折波が発生し，受音点ではこれが直接音に加わる．$ka = \pi$ の周波数では半径 a が波長の 1/2 なので周辺では位相が逆となるため回折波は点音源からの直接波と同相となり，レスポンスに山が生じることになる．直接波は剛壁の影響で 2 倍，回折波は元の大きさのままなので加算されたピークの高さは 3 倍（9.5 dB）となる．$ka = 2\pi$ の場合は回折波が逆相となるので 0 dB（1 倍）のディップとなり，周波数の増加とともにこれが繰り返されることになる．

実際のエンクロージャではこのように正確に重なることは少ないのでピーク，ディップの変化は緩やかであり，また周波数の増加とともに目立たなくなって 6 dB に収束していく．

〔2〕 周波数特性の性質

ここで，円筒形エンクロージャのレスポンスの性質を吟味しよう．

図 8.7 は中心に点音源をもつ半径 a の円筒形エンクロージャの正面軸上でのレスポンスの距離による変化である．遠方でのレスポンスは図 8.6 と同じになるが，距離が近づくと低い周波数でのレスポンスが上昇し，またピーク，

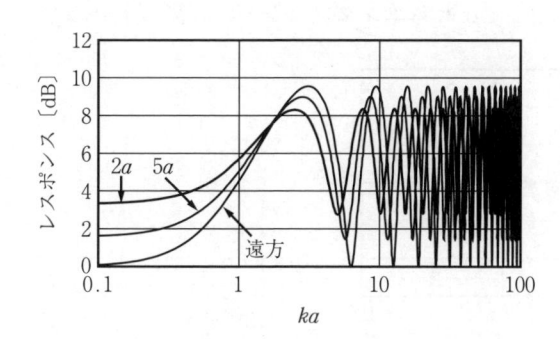

図 8.7 中心に点音源をもつ円筒形エンクロージャの距離特性

ディップの差が小さくなる。これは直接波と回折波がいずれも球面波のため，近距離では伝搬距離の相違による振幅の相違の影響が現れるためである。

図 8.8 は中心に点音源をもつ半径 a の円筒形エンクロージャの遠方での指向特性である。正面軸上から外れるとエンクロージャの周辺への距離が一定でなくなるので回折波の位相が一定でなくなり，ピーク，ディップが現れにくくなる。90°の方向では式の上では 0 dB で一定となる。

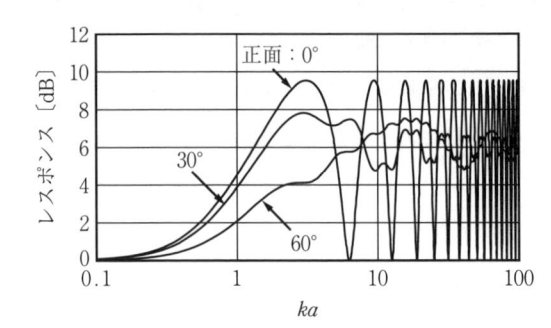

図8.8 中心に点音源をもつ円筒形エンクロージャの指向特性

図 8.9 は点音源ではなく，半径が $a/2$，すなわちエンクロージャの直径の半分の大きさの円形ピストン振動板を中央にもつ円筒形エンクロージャの正面軸上でのレスポンスの距離による変化である。低い周波数では図 8.6 のレスポンスと相似だが，高い周波数ではピーク，ディップが消えて 6 dB に近づいていく。これは振動板が有限の大きさのためその要素から周辺までの距離が種々の値となり，波長に比べて振動板の大きさが無視できなくなるとその影響が現れるためである。

図 8.10 はやはり半径が $a/2$，すなわちエンクロージャの直径の半分の大き

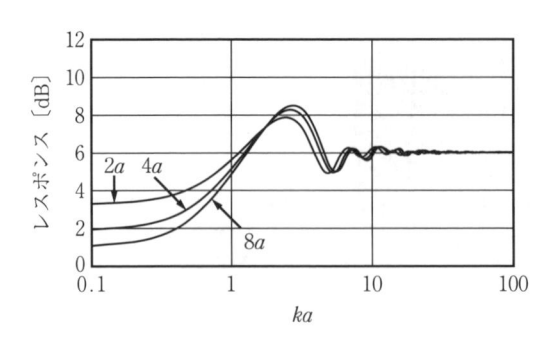

図8.9 中心にピストン音源をもつ円筒形エンクロージャの距離特性

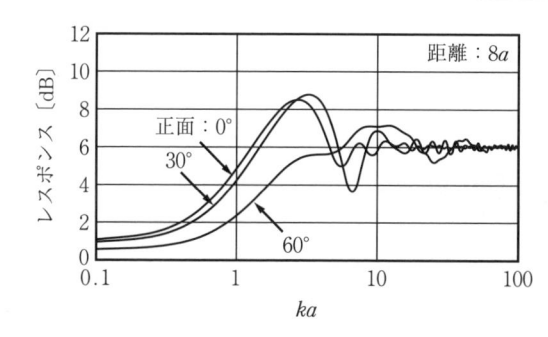

図 8.10 中心にピストン音源をもつ円筒形エンクロージャの指向特性

さの円形ピストン振動板を中央にもつ円筒形エンクロージャの距離 $8a$ での指向特性である．図 8.9 の例と同じように，波長に比べて振動板の大きさが無視できなくなるとピーク，ディップが消えて 6 dB に近づいていく．

実際のトランスデューサの音場効果の傾向はこれらに近いものである．

8.3 直方体の箱

スピーカユニットの振動部の表側，裏側はたがいに逆位相の音波を放射するから，その電気音響変換特性を測定するには箱または板状のバフルに装着して表裏を音響的に分離しなければならない．この目的で広く用いられる直方体の箱の場合でも，やはりキルヒホフ・ホイヘンス積分式は現実の音場効果を知る手段として有用なものである．

例として，11 章で述べる IEC 規格および JIS 規格で測定用標準として規定された**標準測定用密閉箱**のタイプ A に着目しよう．この箱は高さ 1 240 mm，幅 940 mm，奥行 640 mm の直方体の箱である．**図 8.11** はこの規格の箱のスピーカユニットの中心位置に点音源があるときの正面軸上でのレスポンスの距離による変化である．標準密閉箱では a は 470 mm なので，最も高いピークは 220 〜 230 Hz に現れると予想されるが，これは実際の箱での測定結果に一致している．**図 8.12** は同じ箱のレスポンスの遠方での指向特性である．

こうした測定用エンクロージャの詳細は 11 章で述べる．

エンクロージャの正面の角部の影響によるレスポンスのピーク，ディップ

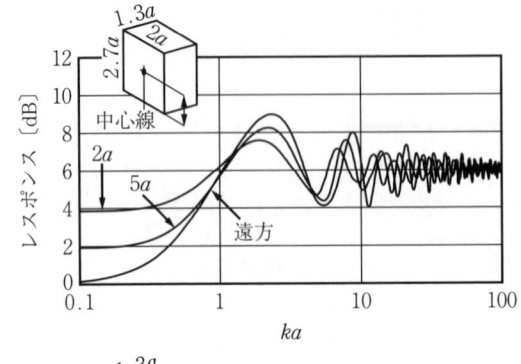

図 8.11 点音源をもつ直方体エンクロージャの距離特性

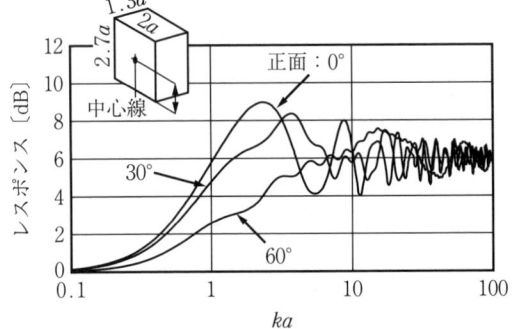

図 8.12 点音源をもつ直方体エンクロージャの指向特性

は，角部に丸みを与える，面トリをするなどの方法で軽減することができるとされ，IEC 規格でもその種のエンクロージャがタイプ B として規定されている。これは形状としては 8.1 節で述べた球形のエンクロージャに近づくから定性的には妥当であるが，音場効果の定量値を的確に予想する手段はまだ確立されておらず，その特性把握は試作検討または個別のコンピュータシミュレーションに頼ることとなる。

引用・参考文献

1) 吉川昭吉郎，村上正之，木村健：球殻音源の放射音場の計算と測定，信学誌，**49**，7，p.1309（1966）
2) 大賀寿郎，小高勇：バフルの音場効果計算への Kirchhoff-Huygens 積分式の適用における誤差とその補正，音響会誌，**30**，7，pp.378-385（1974）

9 多点送受音と指向性の制御

本章では，**指向性**（directivity）をもつ，すなわち方向により感度や変換能率の異なるトランスデューサを構成する技術を述べる。

最も簡単なスピーカのモデルとされる点音源は，すべての方向に同じ振幅の音波を放射するので指向性をもたない。こうした性質を**全指向性**（omnidirectional）または**無指向性**（nondirectional）と形容する。

圧力がスカラ量なので，音圧を入力とするマイクロホンの感度も原理的に音の入射方向によらず同じとなる。したがってマイクロホンも原理的には全指向性または無指向性である。

しかし，8章で述べたようにスピーカユニットをエンクロージャに収容したシステムでは指向性が見られた。これは回折波が発生して直接波と干渉した結果だった。複数の音波が干渉すると指向性が生じるのである。マイクロホンでも，複数の素子を使用すると音の入射方向により感度の異なる指向性マイクロホンを構成することができる。

ここではマイクロホンに着目し，最も簡単な空間に二つのマイクロホン素子を配置して指向性を与える方法を述べる。この方法は実用技術として広範に用いられているので，その実用例にも言及する。

9.1 二つのマイクロホンの出力電圧の加減算

図 9.1 のように，自由音場内で同じ感度をもつ二つのマイクロホン素子を距離 d〔m〕の間隔で設置して音波を受音し，出力電圧を加算または減算するよ

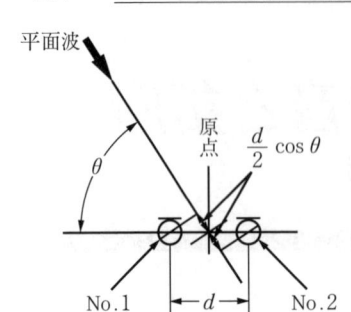

164　9. 多点送受音と指向性の制御

平面波

図9.1 二つの全指向性マイクロホンによる受音

うな構成を考える。入射する音波は平面波と仮定し，その伝搬方向と二つのマイクロホン素子を結ぶ直線とのなす角を θ〔rad〕とする。

距離座標 r の点での音圧の実効値 P〔Pa〕は

$$\sqrt{2}\,Pe^{j\omega(t-r/c)} = \sqrt{2}\,Pe^{j(\omega t - kr)} \tag{9.1}$$

で表されるから，マイクロホン素子の感度を K_M〔V/Pa〕とすれば，その出力電圧は次式のようになる。

$$\phi_0 = \sqrt{2}\,PK_M e^{j(\omega t - kr)} \tag{9.2}$$

ここで k（$=\omega/c$〔rad/s〕）は波定数である。実際には二つのマイクロホンで受音しており，マイクロホン No.1 は点 r_0 より $(d/2)\cos\theta$ の距離だけ音源に近く，マイクロホン No.2 は同じ距離だけ音源から遠い。したがって二つのマイクロホンの出力電圧はそれぞれ次のようになる。

$$\phi = \sqrt{2}\,PK_M e^{j\left(\omega t - k\frac{d}{2}\cos\theta\right)}, \quad \phi = \sqrt{2}\,PK_M e^{j\left(\omega t + k\frac{d}{2}\cos\theta\right)} \tag{9.3}$$

〔1〕 加算する場合

まず二つのマイクロホン素子の出力電圧を同位相で加算する場合を考えよう。出力電圧は式 (9.3) の値の和で与えられ

$$\phi = \sqrt{2}\,PK_M \left(e^{j\left(\omega t - k\frac{d}{2}\cos\theta\right)} + e^{j\left(\omega t + k\frac{d}{2}\cos\theta\right)}\right) \tag{9.4}$$

となる。二つのマイクロホンが原点にある場合の出力電圧

$$\phi_0 = \sqrt{2}\,PK_M e^{j\omega t} \tag{9.5}$$

を基準値として比をとると次式が得られる。

$$D = \left|\frac{\phi}{2\phi_0}\right| = \left|\frac{e^{j\frac{kd}{2}\cos\theta} + e^{-j\frac{kd}{2}\cos\theta}}{2}\right| = \left|\cos\left(\frac{kd}{2}\cos\theta\right)\right| \tag{9.6}$$

この値はマイクロホンの指向特性を表し，その値は平面波の入射角度 θ による。

入射角度 θ が 0°，90° の場合の D の値の概略を**図9.2**に示す。0° の方向か

9.1 二つのマイクロホンの出力電圧の加減算　　165

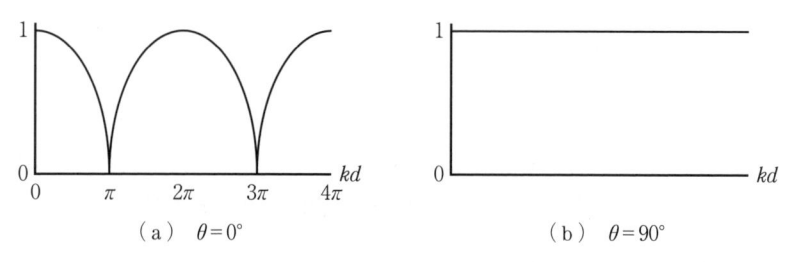

(a) $\theta = 0°$

(b) $\theta = 90°$

図9.2　2点同位相受音

らの音に対してはDの値は

$$D = \left| \cos\left(\frac{kd}{2}\right) \right| \tag{9.7}$$

となるので図（a）のように周波数により変化し，kdがπ（dが波長の$1/2$倍），3π（dが波長の$3/2$倍），$\cdots$では0になる。一方，90°の方向から入射する音に対しては図（b）のようにDはkdすなわち周波数によらず1で一定である。したがってこの構成により，特定の周波数範囲では**指向性マイクロホン**（directional microphone）が実現できることがわかる。

　この構成ではマイクロホン素子の数を増やすと，指向性の生じる周波数帯域が広くなり，また受音できる範囲の角度が狭くなる。そのため，1個のマイクロホン素子の前に種々の長さの管を束ねて付加し，受音点の等価的な数を増やした棒状のマイクロホンシステム（通称ガンマイクロホン）が構成されて用いられている[1]。しかし，こうした加算による指向性マイクロホンは低い周波数では原理的に指向性の付与が困難となるので，広い周波数帯域で使用できるシステムは大形となるのが避けられない。

〔2〕　**減算する場合**

　次に，二つのマイクロホン素子の出力電圧を逆位相で加算，すなわち減算する場合を考えよう。出力電圧は式（9.3）の値の差で与えられ

$$\psi = \sqrt{2}\, PK_M \left(e^{j\left(\omega t - k\frac{d}{2}\cos\theta\right)} - e^{j\left(\omega t + k\frac{d}{2}\cos\theta\right)} \right) \tag{9.8}$$

となる。式（9.5）の値との比をとると次式が得られる。

166　9. 多点送受音と指向性の制御

$$D = \left| \frac{\phi}{2\phi_0} \right| = \left| \frac{e^{j\frac{kd}{2}\cos\theta} - e^{-j\frac{kd}{2}\cos\theta}}{2} \right| = \left| \sin\left(\frac{kd}{2}\cos\theta\right) \right| \qquad (9.9)$$

こうした関数で表される角度特性をもつ指向性マイクロホンは 2 点の音圧の差に比例する出力電圧を得るので**差動マイクロホン**（differential microphone）と呼ばれる．また，2 点の音圧の差をとるので**音圧傾度マイクロホン**（pressure gradient microphone）とも呼ばれる．

入射角度 θ が 0°，90° の場合の D の値の概略を**図 9.3** に示す．0° の方向からの音に対しては D の値は

$$D = \left| \sin\left(\frac{kd}{2}\right) \right| \qquad (9.10)$$

となるので図（a）のように周波数が 0 のときは 0，また kd が 2π（d が波長の長さ），4π（d が波長の 2 倍），…でも 0 になるがそれ以外の値のときには出力電圧が得られる．一方，90° の方向から入射する音に対しては図（b）のように D は周波数によらず 0 である．したがってこの構成により，低い周波数範囲でも有効な指向性マイクロホンが実現できることがわかる．

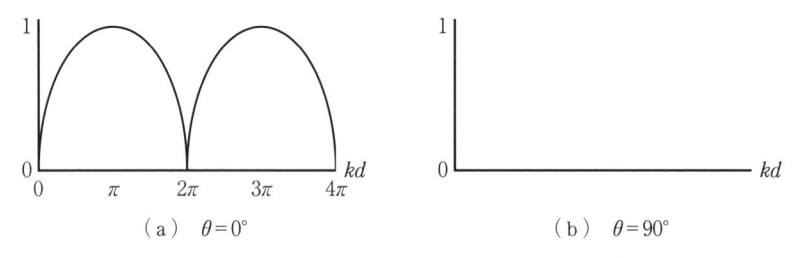

　　　　（a）$\theta = 0°$　　　　　　　　　　（b）$\theta = 90°$

図 9.3　2 点逆位相受音

現在用いられている指向性マイクロホンの大部分はこうした 2 点受音形の音圧傾度マイクロホンである．

9.2　音圧傾度マイクロホン

〔1〕双 指 向 性

指向性の様子を直感的に知るために，D の値を長さとして θ の各方向への

9.2 音圧傾度マイクロホン

ベクトルで表したときの先端の軌跡をパターンで表すことが行われる。これを**指向性パターン**（directional pattern）と呼ぶ。式 (9.9) は

$$kd < \pi \tag{9.11}$$

の範囲では D は

$$D \approx \left| \frac{kd}{2} \cos\theta \right| \tag{9.12}$$

と近似されるので，指向性パターンは図 9.4 のように二つの球を並べた形状となり，左右から入射する音を受音し，上下または紙面に垂直な方向からの音を受音しない。このような特性を**双指向性**（bidirectional）と呼ぶ。また，受音しない方向を**死角**（dead angle）と呼ぶ。

しかし，周波数が高く式 (9.11) の条件が満たされない領域では指向性パターンの形状が崩れる。周波数による指向性パターンの変化の概要を表 9.1 に示す。

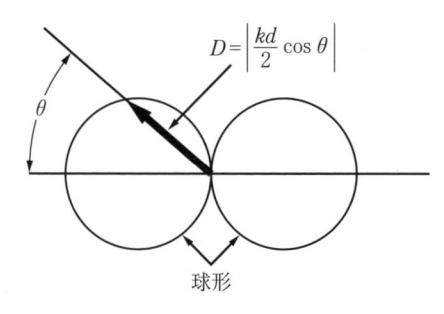

図 9.4 差動マイクロホンの双指向性パターン

表 9.1 2 点差動受音特性の概要

条件	$kd \approx 0$ $(d \ll \lambda)$	$kd < \pi$	$kd = \pi$ $(d = \lambda/2)$	$\pi < kd < 2\pi$	$kd = 2\pi$ $(d = \lambda)$
指向係数 $|D|$	+ −				

式 (9.11) の条件を満たすため，実際の指向性マイクロホンは二つの素子の間隔を近づけ，kd が小さな値の範囲となるように設計される。例えば kd の上限を π と決め，使用する周波数帯域の上限を f_c とすると

$$f_c = \frac{c}{2d} \tag{9.13}$$

となるので，間隔を2cmとすれば8500Hzまでは良好な双指向性が期待できることになる。

一方，式(9.10)より知られるようにdを小さくするとマイクロホンの感度が低下するので，設計に当たっては最適値を吟味する必要がある。

〔2〕 **単一指向性と指向性の制御**

指向性を積極的に制御する方法を**図9.5**を用いて説明しよう。

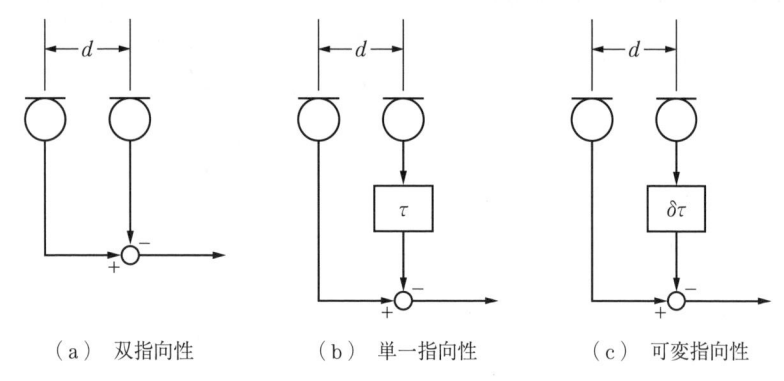

（a） 双指向性　　　　（b） 単一指向性　　　　（c） 可変指向性

図9.5 双指向性と単一指向性，可変指向性の構成

図(a)は上記の双指向性をもつ差動マイクロホンである。これに図(b)のように遅延時間τ秒の信号遅延素子を挿入する場合を考える。このとき，式(9.9)に相当する値は次のようになる。

$$D = \left| \sin\left(\frac{kd}{2}\cos\theta + \frac{kc\tau}{2} \right) \right| \tag{9.14}$$

遅延時間τを音波がマイクロホン間隔dだけ伝搬するのに要する時間とすると，式(9.11)の条件が満たされる範囲での指向性係数Dの近似式は

$$D \approx \frac{kd}{2}(1+\cos\theta) \tag{9.15}$$

となり，死角の方向が$\theta=180°$，すなわち図の右側方向に移動し，左側からの音のみを受音するマイクロホンが実現できる。これを**単一指向性**(unidirectional)と呼ぶ。

さらに，図(c)のようにτに係数δをかけると指向性係数Dの近似式が

$$D \approx \frac{kd}{2}(\delta + \cos\theta) \qquad (9.16)$$

となり，δ の値を 0 と 1 との間で変化させると指向性パターンは**図 9.6** のように変化して死角の方向を自由に制御することができる。例えば δ を 1/2 にすると死角は 120°の方向になる。

ここで単一指向性を表すハート型は指向性マイクロホンの代表的な指向性パターンであり，**カージオイド**（cardioid）と呼ばれる。

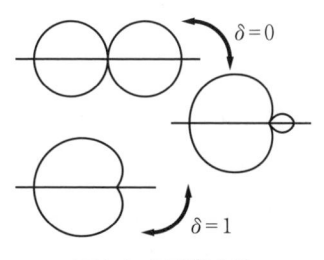

図 9.6 可変指向性

式（9.16）を正面方向（$\theta = 0$）の値で基準化した下記の関数

$$\Delta_d = \frac{\delta + \cos\theta}{\delta + 1} \qquad (9.17)$$

は**指向特性**（directional response）と呼ばれ，マイクロホンの指向性を定量的に知るのに有用な量である。

〔3〕 **指向性と拡散音場**

マイクロホンは 6 章で述べた拡散音場ではどのような特性を示すだろうか。

あらゆる方向から入射する音波に対して，同じ感度となる全指向性マイクロホンでは拡散音場での感度は平面波が入射する場合の感度と同じになる。しかし，指向性をもつマイクロホンではこれらは違う値となる。

拡散音場での感度は下記のように，全方向から入射する音に対する感度のパワーを算出して平均した値より与えられる。

$$\Delta_f = \frac{1}{4\pi}\int_0^{2\pi} d\varphi \int_0^{\pi} \Delta_d^{\,2} \sin\theta d\theta \qquad (9.18)$$

ここで θ, φ は 3 次元極座標の天頂角および方位角である。この値は双指向性（$\delta = 0$，死角の方向は $\theta = 90°$）および単一指向性（$\delta = 1$，死角の方向は $\theta = 180°$）では 1/3 となる。したがって拡散音場での感度は自由音場での正面入射感度の $1/\sqrt{3}$（$-4.7\,\mathrm{dB}$）となる。δ が 0 と 1 の間の値のときは Δ_f の値はさらに小さくなり，$\delta = 1/3$ のときに最小値 1/4 となる。これは死角を

100.5°の方向とした場合で，拡散音場での感度は自由音場での正面入射感度の1/2（−6 dB）である。このときの指向性パターンは**ハイパーカージオイド**（hypercardioid）と呼ばれる。

自由音場での正面入射感度と拡散音場での感度との比（Δ_f の逆数）を**指向係数**（directivity factor），その dB 表示を**指向指数**（directivity index）と呼ぶ。実際の指向性マイクロホンでは回折効果による指向性が加わるので，これらの値は式（9.18）による計算値より大きい。

一般に音声用マイクロホンでは音声信号は正面から入射し，騒音は種々の方向から拡散音場に近い性質をもって入射するので，指向性マイクロホンを用いると騒音抑圧効果が期待できる。

9.3 指向性マイクロホンの構成

〔1〕 **音響回路による構成とその実例**

一般に，信号の減算や遅延には電気回路が用いられるが，このような2点差動受音系は電気回路より簡単な音響回路を用いて減算や遅延を実現することができる[2), 3)]。

図 9.7 に音響的な実現方法を示す。1章で述べたようにマイクロホンは原理的に図（a）のように振動部の後部を密閉し，振動部の前後の圧力の差による振動部の運動を電圧に変換して検出するものである。したがって，図（b）の

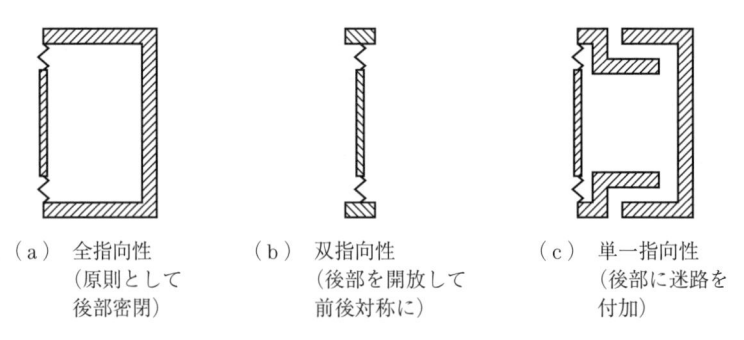

（a） 全指向性　　　（b） 双指向性　　　（c） 単一指向性
　　（原則として　　　　　（後部を開放して　　　（後部に迷路を
　　後部密閉）　　　　　　前後対称に）　　　　　付加）

図 9.7 音響的構造による2点差動受音の実現

ように単純に振動部の前後を開放して,振動部が表裏の音圧の差で動作するようにすれば2点差動受音による双指向性が実現される。また,図(c)のように後部に開口を設け,音響的な迷路を設けて遅延 τ を与えて単一指向性を実現することもできる。こうした方法は二つのマイクロホン素子と電気回路の組合せより安価であり,実際の指向性マイクロホンに広く用いられている。

〔2〕 感度周波数特性の性質

しかし,電気的方法,音響的方法を問わず,こうした差動マイクロホンは周波数特性が本来のマイクロホン素子と異なるのに注意する必要がある。

式 (9.12) および (9.15) は θ が 0 の場合は

双指向性の場合　$D = \dfrac{kd}{2}$ (9.19)

単一指向性の場合　$D = kd$ (9.20)

となる。これらを対数スケールで描いた図 9.8 より知られるように,式 (9.11) の条件が満たされる低周波数の範囲ではマイクロホン素子に周波数特性の平坦なものを用いても差動マイクロホンの正面から入射する音に対する特性は周波数に比例してしまうことがわかる。実際,図 9.9 に例示したように受音間隔 d より波長が長い範囲では,音圧振幅が一定で周波数が異なる正弦波を d を隔てた2点で検出して差を取ると,周波数が低く波長が長い場合(図の l)に比べ周波数が高く波長が短い場合(図の h)のほうが値が大きくなるのは想像できるであろう。

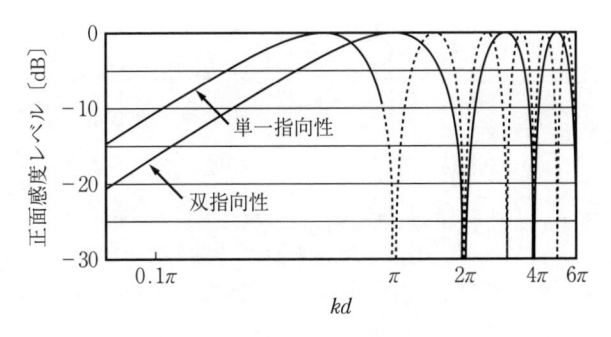

図 9.8 差動受音系の正面感度特性

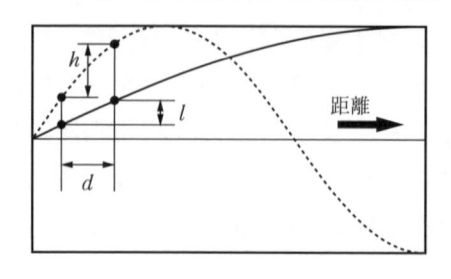

図 9.9 2点差動受音での出力振幅の周波数による相違

したがって，同じ変換器を用いても全指向性マイクロホンと指向性マイクロホンとでは素子に要求される周波数特性が異なる．これに対する対処の方法は10章で述べる．

9.4 騒音抑圧マイクロホン

上記までの所論では入射する音波を，はるか遠方の音源から放射されている平面波と仮定してきた．一方，電話機のマイクロホンのように音源である人の口に近接しておかれるマイクロホンの場合，音圧傾度マイクロホンはどのように動作するだろうか．

図 9.10 のように，球面波を放射している点音源が二つのマイクロホン素子の間隔 d と大差ない距離 r にある場合を考える．点音源から距離 r の点での出力音圧は式 (6.30) で与えられるから，二つのマイクロホン素子の出力電圧の差は次式のようになる．

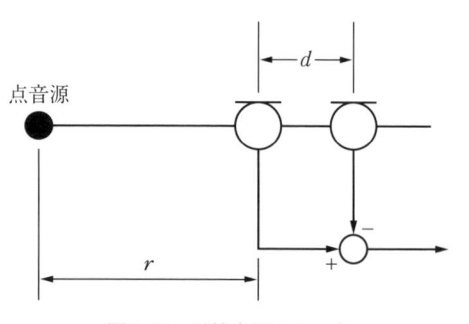

図 9.10 近接音源からの音の2点差動受音

$$\psi = \sqrt{2}\, PK_M \left(j\omega\rho \frac{Q}{4\pi r} e^{-jkr} - j\omega\rho \frac{Q}{4\pi(r+d)} e^{-jk(r+d)} \right) \quad (9.21)$$

ここで，$R_d \equiv r/d$ と定義して整理すると，指向性を表す関数は次式となる．

$$D = 1 - \frac{R_d}{1+R_d} \cos kd + j \frac{R_d}{1+R_d} \sin kd \quad (9.22)$$

この式は距離比 R_d を無限大と仮定すると平面波入射時の式 (9.8) に一致するが，小さな R_d に対しては特徴ある性質を示す．数種の R_d 値についてこの絶対値を求めると図 9.11 のようになる．$R_d = 100$ での特性は二つの素子への入力振幅に大差がないので図 9.8 の双指向性の場合にほぼ一致するが，点音源が近づいて R_d が 1 に近くなると，点音源からの音波の球面波としての性質が顕著となり，二つの素子への入力音圧振幅の相違の影響により低い周波数のレスポンスが上昇する．

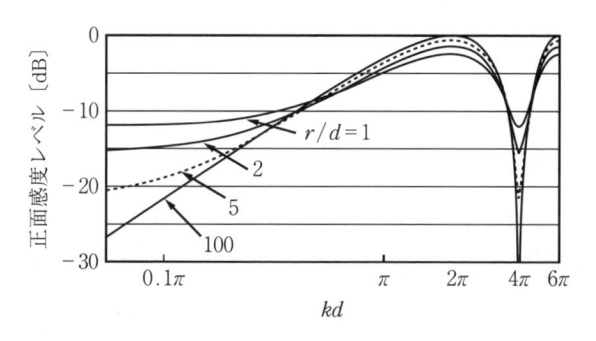

図 9.11　2 点差動受音による騒音抑圧

したがって，例えば電話機のマイクロホンに差動マイクロホンを用いると，低周波数領域では通話者の声に対しては感度が高く，遠方から入射する騒音に対しては感度が低いマイクロホンが実現でき，指向性マイクロホン本来の騒音抑圧効果にこの効果を加えた高性能の騒音抑圧マイクロホンが実現できる[4]．電話システムでは伝送すべき周波数の上限が 3.4 kHz と低いので，なるべく高い周波数まで騒音抑圧効果を保つため，素子間の距離 d は 5 〜 10 cm と長目に設計される．

駅や空港の公衆電話機にはこのような形式の騒音抑圧マイクロホンが広く用いられている．日本電信電話公社の電話機に 1969 年より導入された騒音抑圧マイクロホンの断面を図 9.12 に示す．コイルと磁石を用いたダイナミックマイクロホンであり，ハンドセットのマイクロホン部に振動板の後方へ音を導入する窓が設けられている．前後の受音点の音響的な距離は約 5 cm である（こ

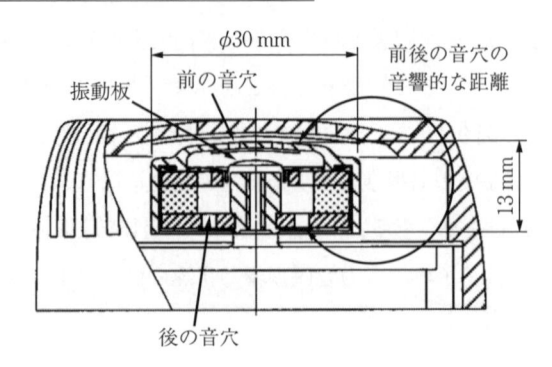

図 9.12 日本電信電話公社の電話機に用いられた騒音抑圧マイクロホン（岩崎通信機の設計による[4]）

のダイナミックマイクロホンは 1989 年より類似の受音機能をもつエレクトレットコンデンサマイクロホンに交代した）．

　現在の携帯電話機には二つの点から音を入射させて差動マイクロホンとして動作させ，騒音抑圧をねらう製品が見られる．指向性による騒音低減効果は期待できるが，2 点間の距離が小さいと上記のような振幅差の効果は大きくない．

引用・参考文献

1) 城戸健一：音響工学，コロナ社（1982）
2) 中村仁一郎：放送技術者のためのマイクロホン講座，1〜19，放送技術，昭 56.6〜昭 57.12（1981〜1982）
3) John Eargle：The microphone handbook, Second ed., Elsevier（London et., al., 2004）
4) 鴨頭義正：岩崎通信機における歴史に残すべき技術―電話用送話器，受話器―，信学誌，**82**, 11, pp.1187-1190（1999）

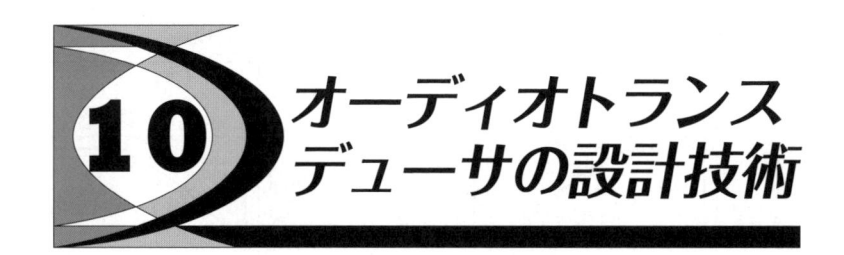

# 10 オーディオトランスデューサの設計技術

これまでに述べた知識を用いて，ここではオーディオトランスデューサの設計法の基本思想とその応用例とを述べる。

トランスデューサの設計において基盤となるのが振動系の基本共振周波数の選択であることはすでに5章で述べ，その条件を表5.3にまとめた。ここではこの結果を拡張し，実用的なトランスデューサを包含する設計条件を明らかにしよう。

まずマイクロホンについて，全指向性のものと指向性を与えられたものとの対比を述べる。また，多種多様な形式が用いられているヘッドホンの構成を概観する。こうした準備のもとに，現在用いられているオーディオトランスデューサを網羅し，それらの設計の基礎となる共振周波数の選択条件を整理する。この部分が本書の所論の節目となるものである。

さらに，こうした知見をもとにしてエンクロージャを用いた汎用のスピーカシステムと，半導体ICを用いた電話機のためのマイクロホン，イヤホン，サウンダとの電気音響変換原理の選択と設計の実例を論評する。

10.1 指向性マイクロホンの周波数特性の制御

3章で1自由度の振動系の振舞いを述べた。概念を**表10.1**に再掲する。共振周波数との関係で振動変位，速度，加速度がそれぞれ一定の周波数領域があり，弾性制御の領域，抵抗制御の領域，質量制御の領域と呼ばれる。

5章で，電気音響変換の基本方程式を用いて種々のマイクロホンの電圧感度"

176   10. オーディオトランスデューサの設計技術

表10.1　1自由度モデルの変位，速度，加速度周波数特性の概念

状態の名称	弾性制御	抵抗制御	質量制御
レスポンスの概要	変位	速度	加速度
使用すべき帯域	$\omega \leq \omega_0$ 変位が一定	$\omega \approx \omega_0$ 速度が一定	$\omega \geq \omega_0$ 加速度が一定
機械インピーダンス	$Z_m \approx \kappa/j\omega$	$Z_m \approx R_m$	$Z_m \approx i\omega m$

を算出し，表10.1の3種いずれの領域を用いれば平坦な周波数特性が得られるかを考察して，磁界を用いるトランスデューサに属するマイクロホンでは抵抗制御の領域を，電界を用いるトランスデューサに属するマイクロホンでは弾性制御の領域を用いるのが適当という結論を得た。

　これらはいずれも全指向性（無指向性）マイクロホンを前提にした所論だった。一方，9章で2点差動受音による指向性マイクロホンを論じ，同じ電気音響変換形式を用いても全指向性の場合とは周波数特性が異なることを知った。概念を図10.1に示す。実際に用いられるのは図のように kd が $\pi/2$ より小さい領域だが，この範囲では感度の周波数特性が原理的に周波数に比例する。

　これを救済して特性を平坦化するには，マイクロホンの振動系の制御方式を変えるのが最も簡単で効果的である。すなわち，全指向性マイクロホンにおい

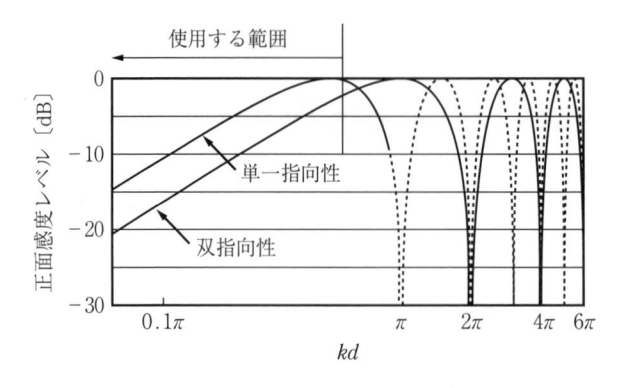

図10.1　差動受音系の正面感度特性

て感度が周波数に反比例するような周波数領域を用いれば感度の周波数依存性が相殺されるので，平坦な周波数特性をもつ指向性マイクロホンが実現できる．

したがって，指向性（差動，音圧傾度）マイクロホンでは，磁界を用いるトランスデューサでは振動速度が周波数に反比例する質量制御領域を，電界を用いるトランスデューサでは振動変位が周波数に反比例する抵抗制御領域を用いるのが妥当となる．

10.2 音楽用ヘッドホンのバラエティ

5章で，電気音響変換の基本方程式を用いて種々のイヤホンの電圧に対する感度を算出した．対象としたのはいずれも密閉形，すなわち，振動系を使用者の耳に密着させ，音が漏れない状態で使用するイヤホンだった．IEC規格60268-7ではこの形式をacoustically closed（minimum leakage）と呼んでいる[1]．電話機のイヤホンや小形の挿耳形イヤホンは，外部の騒音の影響を軽減するためこうした形式のものが広く用いられてきた．

音楽再生に用いるヘッドホンでも，録音の現場でモニタとして用いるものはやはり外部の音を遮蔽する必要があるので，耳を覆う大形のものが用いられる．

しかし，一般のユーザが録音された音楽を鑑賞するためのヘッドホンでは密閉しない形式のものが広く用いられている[2]．このためイヤホン，ヘッドホンは多種多様となっており，それぞれの基本動作について吟味が必要である．

〔1〕 **イヤスピーカと開放型ヘッドホン**

音響的に開放された状態で用いるヘッドホンとして歴史が古いのは，耳との間に空間を保って音を放射する，「耳元で動作するスピーカ」という形式で，**イヤスピーカ**（ear loudspeaker）と呼ばれている．特にコンデンサヘッドホンでは振動系が耳孔に比べ大きく，また軽く軟らかいので耳孔を密閉するような構成が難しいため，この形式が一般的だった．この形式では振動系の制御方式はスピーカと同じ形式とするのが妥当である．

1970年代にゼンハイザ社により実用化された**開放形**（acoustically open）

178   10. オーディオトランスデューサの設計技術

ヘッドホンと呼ばれる音楽鑑賞用ヘッドホンは，トランスデューサユニットは動電形であり，外形は従来のヘッドホン，イヤホンに似ていたが，トランスデューサの振動系と耳孔との間に多孔質のパッドを挟んで外部への音響的な漏洩（えい）を積極的に与えたのが特徴であり，従来の密閉形イヤホン，ヘッドホンと上記のイヤスピーカとの間に位置づけられるものだった[3]。

　構成の概念を**図10.2**に示す。トランスデューサと耳との間に音が漏れる程度に軟らかい多孔質のイヤパッドを挟む構造となっている。また，トランスデューサの背面も外部に音響的に開放され，外部の音が耳にある程度侵入する。このため閉塞感，圧迫感が少なく，好評を博して普及した。この形式は開放形と呼ばれるが，イヤスピーカ形式とは異なり漏洩が無制限ではなく，一定の制御が必要とされている。IEC規格ではControlled leakageと呼んでいる[1]。

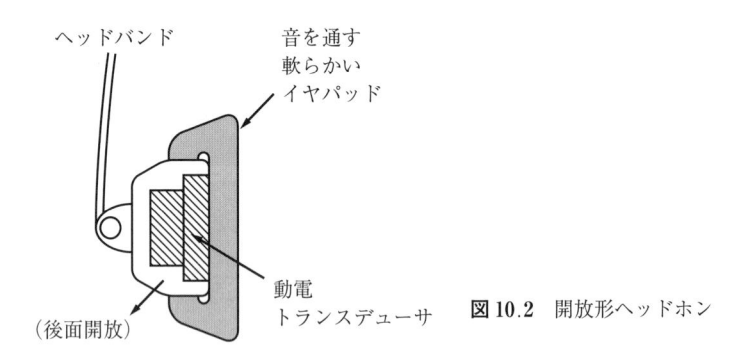

図10.2　開放形ヘッドホン

〔2〕　**イントラコンカ形ヘッドホン**

　1980年前後にソニーより，ヘッドホンによる再生専用の携帯カセットテープレコーダが「ウォークマン」の商品名で発売されてヒット作となり，オーディオセットの1形態として定着した。これに用いるため，**図10.3**のように耳孔の前のくぼみ（**コンカ**（concha））に挿入する，ヘッドバンドをもたない小形のヘッドホンが実用化された。内蔵の小形トランスデューサは動電形である。当初はインナーイヤー形と呼ばれたが，inner earが解剖学では内耳を表し混乱が生じるという理由で，IEC規格，JIS規格では**イントラコンカ**（intraconcha）**形**と呼ぶこととなった[1]。

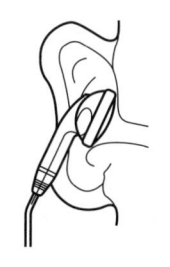

図10.3 イントラコンカ形ヘッドホン

さらに，携帯電話機やスマートホンでは小形化，薄形化のためイヤホンと耳との密着性が希薄になる傾向があり，電話機の世界でも音響的に解放の状態で用いられることを考慮して設計するようになった。

〔3〕 イヤホン，ヘッドホンなどの分類

このように多種多様化したイヤホン，ヘッドホンについて，IEC 規格および ITU-T 勧告では分類を規定している。両者の規定はほぼ一致しているので，ここで IEC 規格の分類を**表 10.2** を用いて列挙する[1]。

- **耳覆い形**（circumaural type）　耳を覆い込むのに十分の大きさの空洞を持つもの。
- **耳載せ形**（supra-aural type）　耳の外側に置かれ耳たぶの上に載せて使用されるもの。従来の電話機など。
- **スープラコンカ形**（supra-concha type）　耳甲介腔周辺の隆起に載せて使用されるもの。耳載せ形より小形で，ITU-T 勧告では耳載せ形との境界を直径 45 mm としている。
- **イントラコンカ形**（intra-concha type）　耳甲介腔にはめ合わせて使用され，その音響出力孔が外耳道入口の近くに設けられた小形のもの。
- **挿入形**（insert type）　外耳道に挿入して用いる構造の小形のもの。
- **管を用いる挿入形**（insert type with sound tube）　管により音を外耳道に導く挿入形。補聴器などに見られる。

それぞれの形に，トランスデューサユニットの前部（外耳道側）または後部を音響的に密閉するもの，開放するものがある。**表 10.3** に概念を示す。

一つの分類はトランスデューサユニットと外耳道との間の状態による。

10. オーディオトランスデューサの設計技術

表 10.2 ヘッドホン，イヤホンの分類 [1), 4)]

	密閉形	開放形	イヤスピーカ
耳覆い形	ハウジング／プロテクタ／イヤパッド／トランスデューサユニット（後頭部側・後側・前側・頬側）	ハウジング／プロテクタ／イヤパッド／トランスデューサユニット	ハウジング／プロテクタ／トランスデューサユニット
耳載せ形	イヤパッド／ハウジング／トランスデューサユニット	イヤパッド／ハウジング／トランスデューサユニット	
スープラコンカ形	プロテクタ／イヤパッド／ハウジング／トランスデューサユニット	プロテクタ／イヤパッド／ハウジング／トランスデューサユニット	
イントラコンカ形	イヤパッド／プロテクタ／ハウジング／トランスデューサユニット	イヤパッド／プロテクタ／ハウジング／トランスデューサユニット	
挿入形	イヤパッド／プロテクタ／ハウジング／トランスデューサユニット	イヤパッド／プロテクタ／ハウジング／トランスデューサユニット	
管を用いる挿入形	イヤピース／導音管／プロテクタ／ハウジング／トランスデューサユニット	イヤピース／導音管／プロテクタ／ハウジング／トランスデューサユニット	▨ 漏洩が最小のイヤパッド ▩ 漏洩が制御されたイヤパッド

10.2 音楽用ヘッドホンのバラエティ

表10.3 ヘッドホン，イヤホンの音響的漏洩[1), 4)]

	背面密閉形	背面開放形
密閉形	ハウジング プロテクタ／イヤパッド／トランスデューサユニット	ハウジング プロテクタ／イヤパッド／トランスデューサユニット
開放形	ハウジング／トランスデューサユニット／プロテクタ／イヤパッド（音の漏洩）	ハウジング／トランスデューサユニット／プロテクタ／イヤパッド（音の漏洩）

- **密閉形**（acoustically closed type, minimum leakage type）　外耳道と外部周辺との間の音響的透過を妨げるようにしたもの。
- **開放形**（acoustically open type, controlled leakage type）　外耳道と外部周辺との間に意識的に音響通路を設けたもの。漏洩の量は無制限ではなく，適当な値となるよう制御される。

この他，耳覆い形で完全な開放形としてイヤスピーカ形がある。

いま一つの分類はトランスデューサユニットの後部の状態による。

- **背面密閉形**（closed-back type）　背面から外部への音響放射を妨げるようにしたもの。
- **背面開放形**（open back type）　背面が外部へ音響的に開放されたもの。

一方，耳に装着して用いるトランスデューサにはヘッドホン（headphone），イヤホン（earphone），ヘッドセット（headset），イヤセット（earset）が用いられるが，これらの区別はあいまいな場合がある。オーディオトランスデューサ関係の用語はIEC規格で決められ，JISなどはこれを踏襲しているが，特段の弊害がない限り世の中の慣用を重んじるべきであろう。

ヘッドバンドをもたないイントラコンカ形ステレオ（バイノーラル）イヤホ

ンが実用化されたとき，一般に「ヘッドホン」と呼ばれたので，IEC規格ではこれをヘッドホンと呼ぶこととした[4]。しかし21世紀になってから商品が見られるようになったバイノーラル挿入形はイヤホンと呼ばれることが多く，これに伴いイントラコンカ形の呼称もあいまいになったので，JEITA RC-8140では**表10.4**のようにイヤホンをトランスデューサの名称とし，そのうち一つ以上のイヤホンとヘッドバンドまたはチンバンドとを組み合わせたものをヘッドホンと定義し，二つ以上のイヤホンを用いてバイノーラル信号を聴取するものはヘッドバンドがなくてもヘッドホンと呼んでよいこととしている[5]。

表10.4 イヤホン，ヘッドホン，イヤセット，ヘッドセットの区別[4]

	イヤホンユニットの数	ヘッドバンドまたはチンバンドの有無	マイクロホンの有無
イヤホン	1	なし	なし
ヘッドホン	1	あり	なし
イヤホンまたはヘッドホン	2	なし	なし
ヘッドホン	2	あり	なし
イヤセット	1	なし	あり
ヘッドセット	1	あり	あり
イヤセットまたはヘッドセット	2	なし	あり
ヘッドセット	2	あり	あり

なお，イヤホンにマイクロホンを備えたものをイヤセット（earset），ヘッドホンにマイクロホンを加えたものをヘッドセット（headset）と呼ぶ。これは電話機で用いられるマイクロホン，イヤホンを組み合わせた部材をハンドセット（handset，送受器）と呼ぶことから派生したものと思われる。

〔4〕 **開放形イヤホン，ヘッドホンの動作**

5章で，各種のトランスデューサで周波数特性を平坦とするために用いるべき振動系制御方式を検討した。密閉形イヤホンでは振動系の共振周波数を使用周波数帯域の上限付近として弾性制御の領域を用いるのが妥当であり，直接放射スピーカでは共振周波数を使用周波数帯域の下限付近として，質量制御の領

域を用いるのが妥当であった．開放形ヘッドホンは両者のいずれとも相違するので，その動作を解析し，振動系の共振周波数の選択法を吟味する必要がある．

図 10.4 に，正常な聴力をもつ 20 歳台の男女学生 10 名を被験者として外耳道に直径 3.5 mm×長さ 3 mm の小型エレクトレットコンデンサマイクロホンを挿入し，標準的な耳載せ形ヘッドホンを装着して音圧を測定した結果を示す．10 dB 以上の偏差が見られ，また周波数特性の形状が雑多である．同一被験者での偏差はたかだか 4 dB に収まっていたので，この偏差は装着状態の個人差と考えられる．

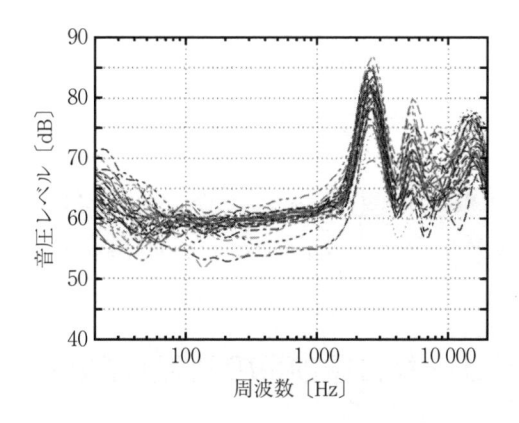

マイクロホンは耳鼻科医師の助言を得て被験者自身の手で外耳道入り口より 1.5 ～ 2 cm の位置に挿入されるようにした．IEC 60318-1 に規定された人工耳での測定ではマイクロホンの有無による差は見られなかった．

図 10.4 耳載せ形ヘッドホンの実耳負荷特性

同じヘッドホンを市販の HATS（ヘッドアンドトルソシミュレータ，米国 ANSI 規格に規定された HATS とほぼ同一）に装着し，右耳側の特性を測定した[6]．結果を**図 10.5** に示す．これより，2 kHz 以下でのレスポンスは押し圧力に依存し，実耳の個人差に似ていること，高い周波数領域ではレスポンスが押し圧力の影響を受けないことがわかる．一方，100 Hz 以下の領域では実耳のほうが漏洩が少ない例が多いようである．

なお，この実験に用いたヘッドホンの電気インピーダンス測定より，振動系の共振周波数は約 100 Hz で，押し圧力により変化しないことが知られた．これより，開放形ヘッドホンは質量制御状態で動作していることがわかる．

なお，一般に開放形ヘッドホンではおおむね 3 kHz 付近に高い共振峰が生じるように設計される．これは頭部伝達関数に見られるピークを模擬するためと

図 10.5 耳載せ形ヘッドホンの人工耳負荷特性

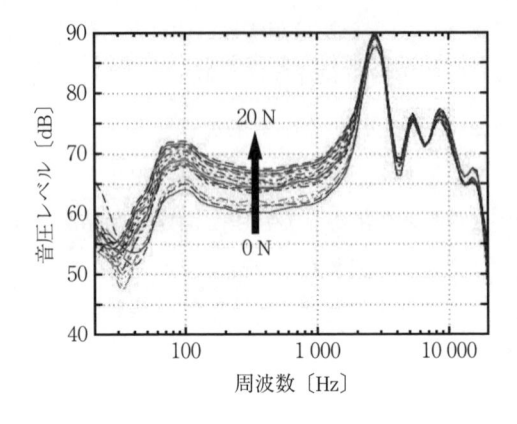

ヘッドホンに糸をかけてばね秤で引っ張り、ヘッドバンドによる押し圧力のほか余分の押し圧力を 20 N まで加えて変化を観察した。

思われる。共振周波数の解析によると、この共振は振動系のドームの周囲のたわみ振動（付録 A.5）またはドームそのもののたわみ振動（付録 A.6）を利用しているものと考えられる。

イントラコンカ形ヘッドホンも類似の性質をもっているが、動作条件はイヤスピーカにより近い。トランスデューサユニットが小さいので共振周波数は 200～300 Hz のものが多い。

10.3 トランスデューサの振動系の制御方式と共振周波数 ― その 2

10.3.1 選択すべき制御方式のまとめ

オーディオトランスデューサの設計の基本は振動系の共振周波数の選択である。これを使用周波数帯域の上限、中央、上限に選んだときの使用周波数帯域内での振動系制御方式が弾性制御、抵抗制御、質量制御の状態と呼ばれることは表 10.1 に示した。

ここで、5 章で検討した各種のトランスデューサで周波数特性を平坦とするために用いるべき振動系制御方式に、本章で検討した指向性マイクロホンおよび開放形イヤホン、ヘッドホンなどを加えて集大成し、用途に応じて選択すべき制御状態を比較しよう。表 5.3 を拡大したものを**表 10.5** に示す。

10.1 節で述べたように指向性マイクロホンは、使用周波数帯域内で振動速

10.3 トランスデューサの振動系の制御方式と共振周波数 — その2

表10.5 各種のトランスデューサで周波数特性を平坦とするために用いるべき振動系制御方式

	マイクロホン		イヤホン・ヘッドホン		スピーカ	
	音圧形 (全指向性)	音圧傾度形 (指向性)	密閉形	開放形, 半開放形*	直接 放射形	ホーン形
電磁形 動電形	抵抗	質量	弾性	質量	質量	抵抗
静電形 圧電形	弾性	抵抗	弾性	質量	質量	抵抗
電気抵抗 変化形	弾性	抵抗				

* 半開放形イヤホン,ヘッドホンでは音響的漏洩を制御し,抵抗制御に近い特性を得ている例もある。

度または変位が周波数に反比例するように設計しなければならないので,必要な共振周波数の値が全指向性マイクロホンより低くなる。

開放形ヘッドホンは10.2節で述べたように直接放射形スピーカと類似の動作をするので質量制御状態を用いるのが適当となる。

ここではホーンスピーカは詳述しなかったが,7章で述べたようにホーンが有効に動作しているときは駆動点から見た機械,音響インピーダンスは実数となるので,振動系は抵抗制御状態とするのが適当となる。

10.3.2 使いやすい制御方式は何か

実際にオーディオトランスデューサを設計,製造する場合,弾性制御,抵抗制御,質量制御の使いやすさには明らかに差があり,大量に生産されている製品,またはロングセラーとなっている製品は使いやすい制御方式を用いたものが多い。

振動系の質量をm [kg],スチフネスをs [N/m]とすると,共振周波数f_0 [Hz]は次の式で与えられる。

$$f_0 = \frac{1}{2\pi}\sqrt{\frac{s}{m}} \tag{10.1}$$

弾性制御の状態を実現するにはf_0は使用周波数帯域の上限付近またはそれ

以上に選ぶ。振動系の大きさ，剛性を確保するため質量 m の減少には限度があるので，スチフネス s は大きめの値に設定される。大きなスチフネス（硬いばね）で支えられた振動系は動きにくく安定で，外部からのショックなどの影響が少ないので製造過程，実使用での信頼性に富む。また，電磁形，コンデンサ形のような静吸引力の作用する変換原理のものが実現しやすい。したがって弾性制御のトランスデューサは最も種類が多く，製造数も多い。

一方，質量制御の状態を実現するには質量 m を大きくするかスチフネス s を小さくする必要がある。質量の増大は感度の減少を招くので，通常はスチフネスを小さく設計し，軟らかく支持された振動系を用いることになる。上手に設計すれば機械的に安定で外部からのショックにも丈夫なものが実現できるが，静吸引力の作用する変換原理を安定して用いるのは不可能ではないが難しい。このため，質量制御領域を用いる実用的なトランスデューサのほとんどが動電形（ムービングコイル形）である。動電形はもちろん弾性制御領域でも抵抗制御領域でも使用可能であり，変換形式としては万能といえる。

ここでいくつかの実例を観察しよう。

全指向性マイクロホンでは電磁，動電形では抵抗制御が，静電，圧電形では弾性制御が適当である。現在の全指向性マイクロホンのほとんどが静電形に属するエレクトレットコンデンサマイクロホンであり，その対抗機種とされている MEMS マイクロホンもコンデンサマイクロホンであるのは，いずれも弾性制御状態を用いることができるためといえよう。両者の振動系の共振周波数は 30 kHz 程度以上で，可聴周波数領域では良好な平坦特性が実現されている。コンデンサ形はパワーの変換効率が他のものに比べ低いが，電気インピーダンスが高いのでマイクロホンとしての出力電圧が大きく，半導体のアンプと組み合わせて良好な特性が実現されている。

一方，指向性マイクロホンでは抵抗制御を用いる必要のあるコンデンサマイクロホンは振動膜のスチフネスを下げて平坦な周波数特性を実現するのがやや難しく，低い周波数での感度の不足を補うため工夫を要することが多い。そのため，音声収録用などには質量制御を用いる動電形（ダイナミック）マイクロ

ホンが普及している。

　密閉形イヤホン，ヘッドホンは弾性制御を用いるので変換原理を問わず設計，製造が容易であり，電磁形，動電形，圧電形など多種多様な構成のものが製造販売されている。コンデンサ形が少ないのは変換能率が低く，また振動膜のスチフネスを負荷（耳孔）のスチフネスに適合できるように大きくするのが難しいためである。

　開放形イヤホン，ヘッドホンは使用周波数帯域の下限に共振周波数を設定して質量制御領域を用いる必要があるので，ほとんどの製品が動電（ダイナミック）形である。

　同じように質量制御領域を用いる直接放射形スピーカも，わずかの例外を除いて動電（ダイナミック）形である。一般に動電形スピーカの変換能率は磁石の強さで決められるが，近年の磁石の進歩によりきわめて小形のものも実用的な特性をもつようになった[7]。

　ホーンスピーカは7章で述べたように振動系の共振周波数を使用帯域内に設定する必要があり，またホーンの音響伝送路としての周波数特性がやや特殊なので，比較的狭帯域の「山なり」の周波数特性を示すものが多い。高い変換能率を要求される拡声器用スピーカでは，ホーン形を用いて周波数特性の山を音声の子音の周波数成分の豊富な数 kHz の領域に設定し，音声を高い明瞭度で再生するようにしている。

10.4　実例1：コーンスピーカとそのエンクロージャ

　オーディオトランスデューサの定量的設計の実例の一つとして，コーンスピーカユニットを用いたスピーカシステムに着目しよう。既製品を購入してそのまま用いることの多いマイクロホン，イヤホン，ヘッドホンに比べ，スピーカシステムは用途に応じて多種多様なものが要求され，また一般に大形で手作り製作が容易なので実験，設計のための試作の機会が多く，ここで述べる所論も身近なものと考えられる。

10. オーディオトランスデューサの設計技術

一般のスピーカシステムには図2.1に示したようなスピーカユニットと呼ばれる動電形トランスデューサが用いられる。音はコーンにより放射されるが，逆位相となるコーン前後の音の干渉を避けるため，3章で述べたようにユニットを箱形などのエンクロージャに装着してスピーカシステムを構成する。したがってエンクロージャの構造，寸法の選択が設計の要点となる。

〔1〕 コーンスピーカユニットの性質

汎用のテレビ，ラジオセットのための中形（直径12〜16 cm程度）のコーンスピーカユニット（cone loudspeaker unit）を適当な大きさのエンクロージャ（enclosure）に装着したときの周波数レスポンスには，図10.6のように特徴的な領域が見られる[8]。

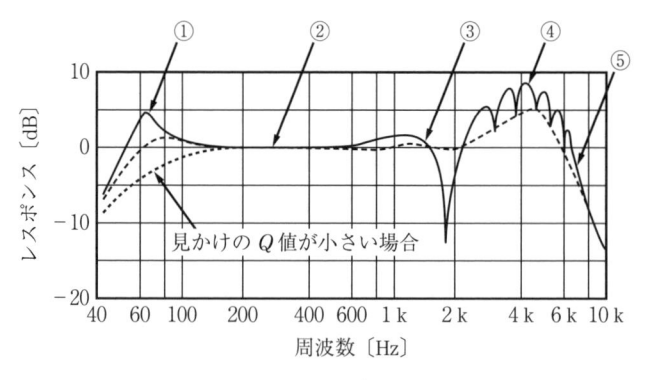

図10.6 中形コーンスピーカユニットの
周波数レスポンスの特徴的な領域[7]

①の領域：スピーカユニットの振動系の最低共振周波数付近の領域。スピーカは質量制御の状態で用いられるので，この領域はスピーカとして再生可能な最低周波数を与えることになる。最近のユニットでは磁石とオーディオアンプの進歩で電磁制動が効果的に作用するようになり，共振の見かけのQ値が低い例が多い。

②の領域：スピーカユニットにおいて音を放射するコーンは通常紙製だが，長い丈夫な繊維からなり，また円錐（コーン）形に成形されているので屈曲振動しにくい。特に低い周波数領域において変形せずにピストン振動す

る広い周波数領域をもつように設計される。この領域では周波数レスポンスは平坦となる。

　③の領域：周波数が高くなると部分的な共振のために周波数レスポンスが乱れる。使用帯域の中央付近でよく見られるのがコーン周辺のエッジの屈曲振動の共振で，周波数レスポンスに凸凹をもたらす。これを避けるためにエッジ部の厚さを薄めにする，オイルなどの制振剤を塗布する，エッジをコーンとは別の共振しにくい材料とする（フリーエッジと呼ばれる）などの対策がとられる。

　④の領域：高い周波数の領域ではコーンそのものが屈曲変形して生じる共振が生じる。ここでは周波数の異なる多くの振動モードが現れるので多重共振特性となる。共振のピークでは局部的に抵抗制御となるので出力音圧は周波数とともに緩やかに上昇することが多い。

　⑤の領域：さらに周波数が高くなるとコーンの中央部の局部変形が顕著になり，コイルからの駆動力がコーンに伝わりにくくなるので出力音圧が低下する。この現象がコーンスピーカユニットの再生可能な上限の周波数を与えることになる。

　携帯情報端末やポケットラジオに用いられる小形で薄形のスピーカではコーンが平坦なので変形振動しやすい。そのため②の領域が狭く，⑤の領域が比較的低い周波数に現れるので再生周波数帯域が狭い。これは雑音の多い簡易なアンプと組み合わせるのに望ましい特性とされている。

　この五つの領域のうち，動作する周波数帯域の下限の特性を決める①の領域の特性はエンクロージャの構造，寸法に大きく依存し，この特性の最適化がエンクロージャの設計の重要な観点となっている。

〔2〕　**密閉形エンクロージャ**

　最も簡単なエンクロージャはすでに図3.8に示した密閉箱（closed box）である。これを機械インピーダンス，すなわち力と振動速度との比を用いて機械回路で表現すると図3.9のようになる。ここでこれらの設計を考えよう。

　エンクロージャの内部の空洞のスチフネスは式 (3.29) で与えたように

$$s_b = \frac{\gamma P_0}{V_b} S^2 \tag{10.2}$$

である。ここで S [m²] はコーン振動体の面積, V_b [m³] はエンクロージャの容積, P_0 [Pa] は大気圧, γ は圧力一定のときと容積一定の予期との比熱の比で, 空気では約 1.40 である。γP_0 は空気の圧力変化量とそれに伴う体積変化量の比の絶対値で体積弾性率と呼ばれ

$$K \equiv \gamma P_0 = \rho_a c^2 \tag{10.3}$$

で与えられる。単位は Pa/m³ である。ここで c [m/s] は音速である。

　この機械回路の共振にはコーンを支えているエッジなどのスチフネスの他に箱の内部の空気のスチフネスが寄与する。前者のスチフネスを s, 後者のスチフネスを s_b とすると共振周波数は

$$\omega_0 = \sqrt{\frac{s + s_b}{m}} \tag{10.4}$$

となる。また選択率（Q 値）は

$$Q = \frac{s + s_b}{r \omega_0} \tag{10.5}$$

で与えられる。式 (10.2) より知られるように箱の空気のスチフネス s_b は容積に反比例するので箱が小さいと大きく（空気のばねが硬く）なり, 共振周波数と Q 値は上昇する。

　こうした振動系の共振周波数と Q 値とはスピーカの電気端からの電気測定により知ることができる。4 章で述べたように動電形スピーカの電気端子から見える電気回路は図 4.8 のようになり, 角周波数 ω [rad/s] の入力信号に対するスピーカシステムの電気インピーダンスは次式のようになっていると考えてよい。その絶対値は信号の周波数に対して図 4.7 のような周波数特性を示す。

$$\frac{E}{I} = R + j\omega L + \frac{(Bl)^2}{j\omega m + r + \frac{s + s_b}{j\omega}} \tag{10.6}$$

　この共振によるピークは, 出力音圧の周波数特性からも図 10.6 の領域①の実線のように知ることができるはずである。しかし, 4 章で言及したように最

10.4 実例1：コーンスピーカとそのエンクロージャ

近スピーカを最近のオーディオアンプと組み合わせた測定では図の点線のように Q 値が非常に低く見え，共振現象を読み取ることができない．その理由を考察しよう．

動電形スピーカシステムの基本方程式 (10.6) および (10.7) より，次の式が導かれる．

$$\left(\frac{BlE}{Z+Z_0}\right)\bigg/V = z + z_b + z_0 + \frac{(Bl)^2}{Z+Z_0} \tag{10.7}$$

左辺は印加された電圧による駆動力と振動速度との比なので，右辺は振動系の見かけの機械インピーダンスにほかならない．上記のような考察より，実際のスピーカシステムではこの値は次のようになる．

$$j\omega m + r + \frac{s+s_b}{j\omega} + \frac{(Bl)^2}{R+j\omega L} \tag{10.8}$$

ここでアンプの出力インピーダンス Z_0 は小さいとして無視した．

この値は最低共振周波数 ω_0 付近では次のように近似される．

$$r + \frac{(Bl)^2}{R} \tag{10.9}$$

すなわち，力係数の存在により電磁的な制動力が働いて機械抵抗が r より大きく見えている．これが共振における Q 値の減少の理由である．出力インピーダンスの小さいオーディオアンプを用いると中形～大形のスピーカユニットでは見かけの Q 値は $0.2 \sim 0.5$ に低下する．これは過渡現象の影響が少なくなりダンピングが改善されるので望ましいと考えられている．

しかし，Q 値が過小になると周波数レスポンスが低下するので，Q 値は実用上は 0.7 程度が望ましいとされている．式 (10.5) より知られるように容積の小さいエンクロージャを用いると s_b が増えて Q 値が増加するので，エンクロージャの容積は使用するスピーカユニットに合わせて最適設計される．箱の形状は直方体のみならず種々の形状が提案されている．

エンクロージャの内部は壁で囲われた部屋なので，6章で述べたように共振が発生して周波数レスポンスに悪影響を及ぼすことがある．これを防止するた

め，内部に繊維質または軟らかい多孔質の吸音材を入れる。

通常用いられる吸音材はグラスウールである。これはガラスを溶かして細孔から噴出させ，直径 3 ～ 5 μm の繊維としたものである。石綿（アスベスト）の繊維に比べ数 10 倍の繊維径なので呼吸器への影響は少ないとされるが，作業中に大量に吸い込まないよう注意すべきである。岩石を溶かして製造したロックウールも用いられる。これはグラスウールより高温に耐えるが，スピーカ用途では高温耐性は不要なので外観のよいグラスウールが主流である。

吸音材が音響特性に影響を及ぼすことがある。大量に詰めると音響抵抗が過大となり，またエンクロージャの有効な容積を減少させる。一方，内部の繊維などが音圧により振動し，これが付加質量を形成して見かけの共振周波数を下げ，容積が大きめに見えることもある。

〔3〕 位相反転形エンクロージャ

携帯情報端末，ポケットラジオのような超小形システム以外では，スピーカは専用のエンクロージャに収容される。3 章で述べたように，現在用いられるエンクロージャの多くは密閉箱ではなく，ポートと呼ばれる外部への開口部をもつ図 3.10 のような位相反転形エンクロージャ（bass reflex enclosure，バスレフと略称されることもある）である。大形システムでは板を組み合わせた長方形断面のポートが見られたが，最近はプラスチック管または紙管を用いた円筒が主流である。ここでこれらの設計を考えよう。

ポートの中の空気は図 3.5 の管と同じく質量および音響抵抗として動作する。管の断面積を S_p〔m²〕，長さを l_p〔m〕とするとポート内の空気の質量 m_p〔kg〕は式 (3.28) のように

$$m_p = \rho_a S_p l_p \tag{10.10}$$

で与えられる。ただし実際には管の出入り口の外の空気も一緒に動くので，見かけの管の長さは l より長くなる。増加量は片側につき穴の半径の 0.6 倍程度といわれるが形状により変化する。ρ_a〔kg/m³〕は空気の密度で，常温常圧では 1.21 kg/m³ である。またポート内の空気の粘性による機械抵抗を r_p とし，さらに〔1〕と同様にスピーカユニットの振動系の定数とエンクロージャの内

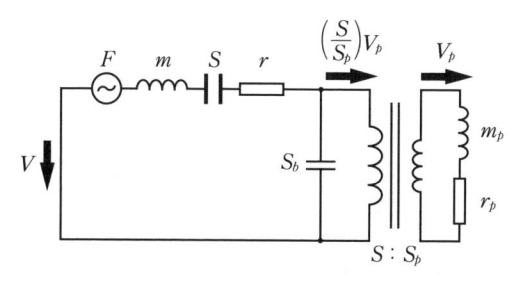

10.4 実例1：コーンスピーカとそのエンクロージャ

(a) 機械インピーダンス表示

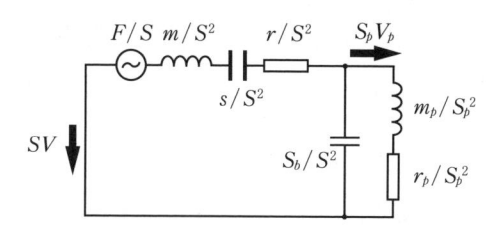

(b) 音響インピーダンス表示

図 10.7 位相反転形エンクロージャを用いた
スピーカシステムの回路

部の空洞のスチフネスを定義して力と振動速度との比を用いてこの構造の機械回路で表現すると**図 10.7**（a）のようになる。

　この回路には密閉形エンクロージャの場合に比べポート内の空気の質量と機械抵抗とが加えられたため回路のループが二つ，すなわち2自由度振動系 (two degree-of-freedom vibrating system) と呼ばれる回路となっており，二つの共振周波数をもつ。音の出口も2か所あり，コーンからの出力音圧はコーンの振動速度 V より，ポートからの出力音圧はポートの空気の振動速度 V_p より与えられる。この場合，コーンの放射面積 S とポートの断面積 S_p とが異なるため機械インピーダンスを式 (3.36) のような係数を用いて変換する必要があるので，機械回路には巻線比 $S:S_p$ のトランスが挿入される。

　3章で述べたように，音圧と体積速度との比（音響インピーダンス）を用いてこのシステムを音響回路で表すと，図（b）のようにこのトランスを省略した見通しのよい回路で表すことができる。これは図 3.11 と同じ構成だが，音

響インピーダンスを機械インピーダンスを対応する面積の2乗で除した値で表現している。

この回路のレスポンスを表す数式は複雑なものとなるが，概要は4章で述べたような理解でよい。箱の空気のスチフネス s_b とポートの空気の質量 m_p とは並列となっているので反共振特性を示し，それらの合成インピーダンスは反共振の周波数より低い周波数では m_p に，高い周波数では s_b に近い値となる。このとき，ポートの面積と長さとを調節して反共振周波数をスピーカユニットの共振周波数の付近に設定すると出力音圧の周波数特性はその周波数で谷（ディップ）となり，また上記の二つの共振周波数はその両側の

$$\omega_{0h} = \sqrt{\frac{s+s_b}{m}}, \qquad \omega_{0l} = \sqrt{\frac{s}{m+m_p}} \tag{10.11}$$

に近い値となって，周波数特性にはディップの両側に二つのピークが現れるので，電気インピーダンスの絶対値は信号の周波数に対して図4.10のような双峰特性を示す。低いほうの共振周波数 ω_{0l} はスピーカユニットの共振周波数より低くなるから，この形式のスピーカシステムは小型の箱で低い周波数まで放射できるスピーカシステムを実現するのに有効な方法とされているわけである。共振による周波数特性の凸凹が電磁制動の効果で抑制されるのは密閉形エンクロージャの場合と同様である。

位相反転形エンクロージャは自由度が多いので理論どおりの設計が難しく，試作による定数の調整が必要といわれる。佐伯の設計例ではスピーカユニットの Q 値が $0.48((1/\sqrt{3}))$ のとき，エンクロージャの空洞のスチフネス s_b とユニットのスチフネス s との関係が

$$s_b = 0.5s \tag{10.12}$$

となるように容積を決め，またポートの空気の質量 m_p とユニットの質量 m との関係が

$$m_p = 0.7\left(\frac{s_p}{s}\right)^2 m \tag{10.13}$$

となるようにポートの寸法を決めると二つのピークの周波数の比が0.7とな

り，良好な特性が得られている[7]。

位相反転形エンクロージャでは箱の内部の空気のスチフネスとしての動作が肝要なので吸音材を入れすぎると具合が悪い。その量の決定はやはり実験によるところが大きい。

10.5　実例2：電電公社の電子化電話機用トランスデューサ

やや複雑な音響回路の応用例として，1980年代前半に当時の電電公社で商品化された「ハウディ」と呼ばれる800P形電子化電話機のために電気通信研究所の一ノ瀬，飛田の手で実用化されたマイクロホン，イヤホンおよびサウンダの設計について述べよう[9]。

2章で言及したように，電話機の発明以来，100年にわたり用いられてきたマイクロホンはカーボン粉粒マイクロホンだった。このマイクロホンは信号を増幅する機能をもち，トランジスタはおろか真空管もない時代には音声信号を長距離にわたり伝送できる唯一のマイクロホンだった。また，イヤホンは一部を除き電磁形だった。磁石の性能の低い時代にはこれが最も軽量で高感度のイヤホンだったのである。

わが国の電話機，電話システムを独占して提供してきた電電公社では電気通信研究所において，こうしたトランスデューサの定量的設計法を開拓してきた。1960年代には，聴覚心理学的解析により提示されたわが国の電話機への要求特性を条件とし，音響回路解析を駆使してマイクロホン，イヤホンを設計する技術が確立されていた[10]。要求特性を図10.8[†]に示す。送話特性が平坦でなく高い周波数領域が上昇しているのは子音を協調して明瞭度を確保するためと，低周波より高周波のほうが減衰しやすい電話線路の性質に対処するためである。

半導体集積回路（IC）の進歩によって低い電源電圧でも動作し，また雷サー

[†]　このグラフの縦軸は正調通話特性（OTR）と呼ばれる通話者の正面1mでの音声の音圧を基準にした尺度を用いているので，通常の感度とは数値が異なる。また横軸のkcはkHzと同じである。

10. オーディオトランスデューサの設計技術

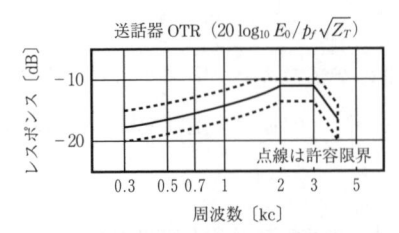

送話器 OTR $(20\log_{10} E_0/p_f\sqrt{Z_T})$

受話器 OTR $(20\log_{10} p_f/I\sqrt{Z_R})$

E_0：送信器出力端の開放誘起電圧
p_f：音源から1mの位置の自由音場音圧
Z_T：送信器の内部インピーダンス

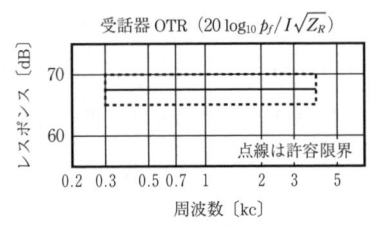

p_f：受話者の鼓膜上と等価な自由音場音圧
I：受話器に流れ込む交流電流
Z_R：受信器の内部インピーダンス

（a）送話特性　　　　　　　　　（b）受話特性

図 10.8 聴覚心理研究による電話機への要求特性[10]

ジへの耐性をもつ IC が実現可能となり，1970年代より IC を取り入れた軽量高性能の電話機の検討が開始された。**電子化電話機**（All-electronic telephone set）と呼ばれる。

　これに伴い電話機用トランスデューサの設計環境も激変した。IC は増幅器を内蔵するので小形低感度のトランスデューサが使用可能となり，マイクロホン，イヤホンの設計条件の根本的な見直しが必要となる。また，呼出しに用いられてきた磁石電鈴は発振回路とサウンダによるリンガに交代することとなった。

　関係者が最初に狙ったのは特性が不安定で経時変化も大きいカーボン粉粒マイクロホンの置換えだったが，小形軽量のイヤホンも熱心に検討された。

〔1〕 **マイクロホンとイヤホンに同じ圧電形トランスデューサを用いる**

　電気通信研究所の技術陣が狙ったのは，トランスデューサが可逆であることを利用して同じトランスデューサをマイクロホン，イヤホンの両者に用いることだった。当時のわが国の電話機の国内需要は年間およそ 300 万台以下だった（21世紀前半における年間生産数の 1/10 以下だが，当時の電話機は 10 年にわたり用いられた）。これはトランスデューサの生産数としては多くない。マイクロホン，イヤホンに同じデバイスを用いることができれば生産数が2倍になり，量産効果の上昇が期待できる。

　まず検討されたのは，当時完成していた電磁形イヤホンの設計技術を駆使して小型軽量のトランスデューサを実用化し，これをマイクロホンにも流用する

ことであり，実際に商品化された。

しかし，この思想は問題を抱えていた．表10.5に見られるように，電磁形による全指向性マイクロホンと密閉形イヤホンとでは使用すべき振動系の制御条件が異なるので，イヤホンに適した弾性制御の振動系をマイクロホンに用いると表10.1より知られるように感度が周波数に比例して変化する微分特性となってしまう．これを救済するためマイクロホンアンプに積分特性をもたせたが，低周波数領域で必要な高いゲインを低い電源電圧で実現するのが困難だった．

電子化電話機ハウディのためのトランスデューサとして選定されたのはセラミック圧電ユニモルフ振動板を用いた圧電形トランスデューサだった．表10.5に見られるように，圧電形トランスデューサは全指向性マイクロホン，密閉形イヤホンいずれも弾性制御の振動系を用いることができるので共用設計が容易である．

電気通信研究所における圧電形イヤホンの研究は当時すでに20年の歴史を積んでいたが，セラミック圧電材料が高価なため導入に踏み切れなかった．ところが，この時期に警報音放射用の圧電サウンダ，圧電ブザーが年間数億個の規模で製造されるようになり，これに伴って圧電セラミック板を安価に製造する技術が確立された．さらに，電気通信研究所内での基礎検討によりセラミック圧電振動板を用いたトランスデューサの変換効率が動電形，電磁形に比肩されるまで高くなっていることが知られた[11]．このため，新型電話機に用いる3種のトランスデューサ，マイクロホン，イヤホンおよびサウンダのすべてに同じ圧電振動板を用いる方針が決められた．

〔2〕 4自由度系の設計

トランスデューサの設計思想は次のようなものとなった．

① サウンダは振動板の共振を用いて出力音量を確保するので，振動板の共振周波数をサウンダに適当な値とする．電話機の呼出し音は老人性難聴者を考慮すると1000Hz程度が適当なので，共振周波数は1200Hzに選ばれた．

② マイクロホン，イヤホンの上限周波数は3.4kHzなのでこの振動板単体

では高い周波数領域をカバーできない．そのため，空気室と孔とからなる音響共振系を振動板に付加して共振させ，周波数帯域を広げる．この方法は振動板を多少軟らかく設計できるので感度の上昇も期待できる．

③ イヤホンユニットは後部を開放した簡易な構造とする．ハンドセット内に放出される音によるハウリングを防止するためマイクロホンの後部はカバーで密閉する．圧電振動板の電気インピーダンスがやや高く，また周波数により変化するのでエレクトレットコンデンサマイクロホンと同様のアンプICをカバーの中に内蔵する．

音響共振系を振動板に付加して周波数帯域を広げるのは，スピーカシステムにおける位相反転形キャビネットと同様の手法で，電話用トランスデューサの設計における重要な技術となっていた．1940年代後半に実用化された4号電話機では2自由度回路を用いたが，その後の電話機用トランスデューサではさらに複雑な音響回路を駆使する技術が確立され，1960年代の600形電話機以降は3自由度回路となり，ハウディでは4自由度回路を用いることとなった．個々の回路素子の定数を実現可能な範囲で変化して周波数特性を目標特性に合わせ込むので自由度が増えると手間が増加するが，1980年代にはすでにコンピュータによるCADが使えたのが追い風となった．

ハンドセットのイヤホン部の構造の概念を図10.9に示す．圧電振動板は機械抵抗が小さく，Q値の大きい鋭い共振特性を示すので，背気室の穴に絹膜を張って音響抵抗としている．

イヤホン部の音響回路表示を図10.10に示す．入力は振動板による音圧（力と面積との比）F_eで出力は負荷音響インピーダンスz_{AE}の両端の音圧である．電流に相当するのは体積速度になる．電話用イヤホンの場合，負荷インピーダンスは耳孔を模擬する2 cm²程度の空気室とされるが，この実用化ではIEC 60318-1に規定された人工耳（3自由度）の特性をも用いて吟味された．

回路素子の数値は振動板の音響質量と音響スチフネスとを基準とした相対値を用いている．したがって設計時の周波数も振動板の共振周波数を基準とした相対値となる．図の数値は目標の周波数特性の得られた最終値である．コンデ

10.5 実例2：電電公社の電子化電話機用トランスデューサ

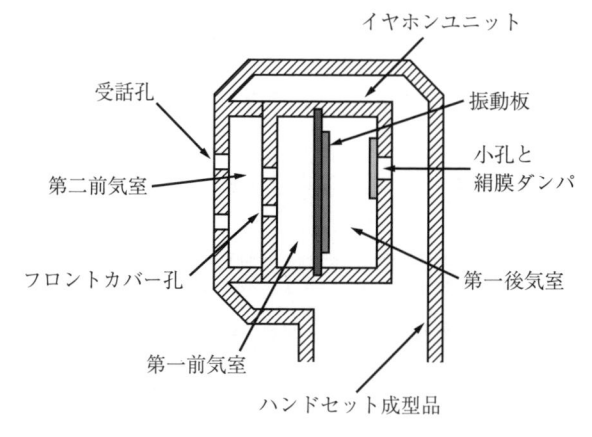

図10.9 ハンドセットのイヤホン部の構成

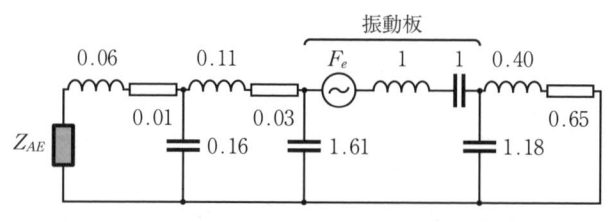

図10.10 イヤホンの音響回路（回路素子の数値は振動板の値を1とした相対値）

ンサに相当するのはスチフネスなので，これを電気回路のCADに適用するときには逆数にしなければならない。

ハンドセットのマイクロホン部の音響回路表示を図10.11に示す。後部が密閉されているので図の右端に空気室が付加される。また，入力は外部からの音圧 F_a となる。図は校正に用いられる容積 $20\,\mathrm{cm}^3$ のカプラを含んでいるが，実使用では音波は自由空間から入射するのでここは短絡となる。

本体のサウンダ部の音響回路表示を図10.12に示す。ユニットの後部は完全に開放されているが，前部に音孔をもつ空気室が付加されているので，音響システムとしては位相反転形スピーカのような2自由度系となり，二つの共振周波数をもつ。

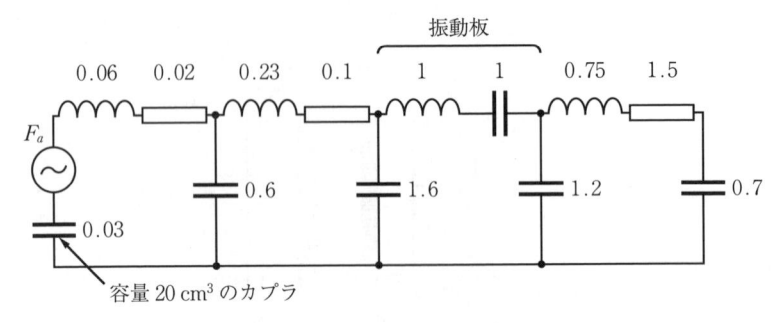

図10.11　マイクロホンの音響回路

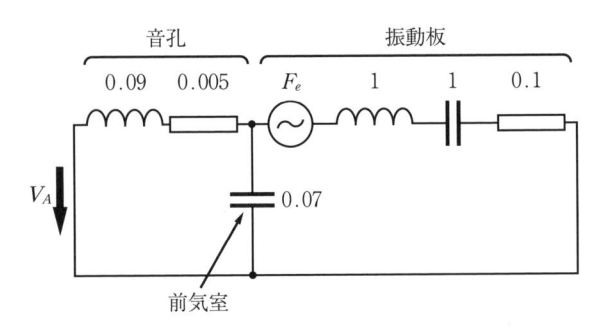

図10.12　サウンダの音響回路

〔3〕実用化されたトランスデューサユニット

実用化されたイヤホンユニットの断面図とイヤホン部の感度周波数特性とを図10.13に示す．イヤホン，マイクロホン，サウンダいずれも振動板は帽子状

（a）イヤホンユニット　　　（b）感度周波数特性

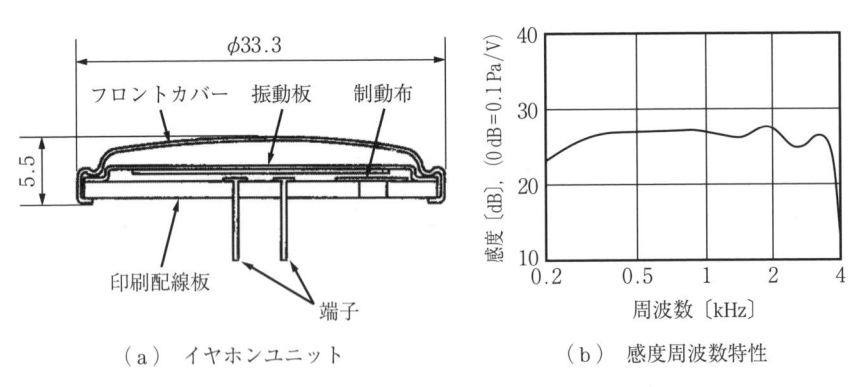

図10.13　801形電話機「ハウディ」のイヤホン[8]

10.5 実例2：電電公社の電子化電話機用トランスデューサ

に成形された黄銅板の内側に圧電セラミック板を接着したもので，電気容量は55 nF である。ユニットの音孔はカバーの中央に設けられている。

実用化されたマイクロホンユニットの断面図とマイクロホン部の感度周波数特性とを図10.14 に示す。ユニットの音孔はやはりカバーの中央に設けられている。感度周波数特性は2種類が表示されているが，図10.8 の目標特性に適合すべきなのは音場特性である。

実用化されたサウンダユニットの断面図とサウンダ部の感度周波数特性とを図10.15 に示す。ユニットの後部には二つの大きな孔が設けられている。振動

(a) マイクロホンユニット　　　　(b) 感度周波数特性

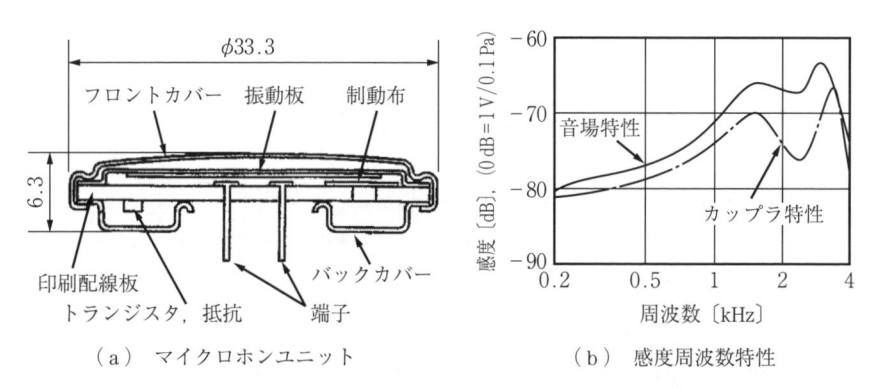

図 10.14　801 形電話機「ハウディ」のマイクロホン[8]

(a) サウンダユニット　　　　(b) 感度周波数特性

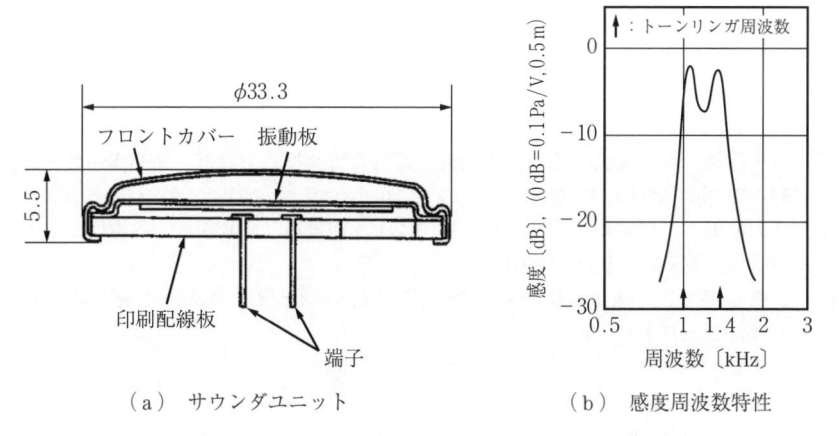

図 10.15　801 形電話機「ハウディ」のサウンダ[8]

板の共振周波数の両側に二つのピークが設定されている。

電子化電話機「ハウディ」の発売は1984年だった。直後の1985年に断行された電電公社の民営化とともに，わが国の電話端末が開放され，多くのメーカが独自設計の電話機を製造，販売することが可能になった。「本電話機開放」と呼ばれる。

各社の製品はすべて電子化電話機であり，多くが電電公社と同じ思想による圧電セラミック音響部品を装備していた。電話機用の圧電音響機器はその後約10年にわたり量産される。「ハウディ」のトランスデューサはその後の電話音響技術の源流となったわけである。

引用・参考文献

1) IEC 60268-7 "Headphones and earphones"（2010）
2) 大平郁夫：最近のヘッドホンの動向，JAS Journal（日本オーディオ協会誌）"ヘッドホン特集"，pp.12-19（1993）
3) F. Warning "The OPEN-AIR principle in high fidelity headphones", Audio-Our 25th year, p.52, 54, 56（1972）
4) IEC 61842 "Microphones and earphones for speech communications"
5) JEITA RC-8140A「ヘッドホン及びイヤホン」（2010）
6) IEC/TR 60318-7 "Electroacoustics-Simulators of human head and ear-Part 7 : Head and torso simulator for acoustic measurement of hearing aids"
7) 佐伯多門監修：新版 スピーカー＆エンクロージャー百科，誠文堂新光社（1999）
8) 中小企業庁編：スピーカー 工業生産技術診断要領並びに指導基準，オーム社（1954）
9) 一ノ瀬裕，飛田瑞広：電子化電話機用電気音響変換器の設計，研究実用化報告，**33**, 6, pp.1285-1290（1984）
10) 増沢健郎，山口善司，三浦宏康，武田尚正，田島清，山崎新一，古沢明：600形電話機，電気通信協会（1964）
11) 大賀寿郎：動作減衰量に着目した各種電気音響変換器の比較，音響会誌，**39**, 3, pp.156-164（1983）

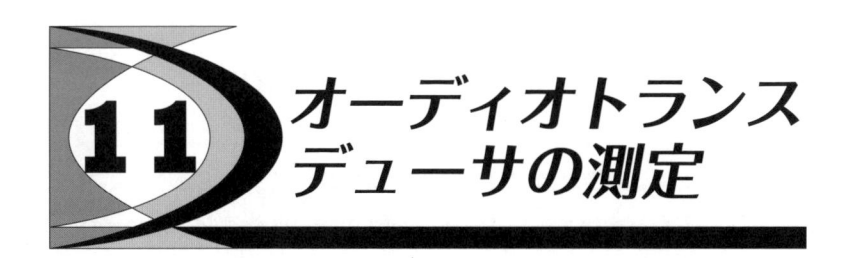

11 オーディオトランスデューサの測定

　オーディオトランスデューサは工業製品なので，その物理的な特性を客観的に測定し，評価する技術は必須である．

　オーディオトランスデューサの測定技術の特徴は，電気測定，機械測定，音響測定といった種々の技術分野の測定を包含していることである．場合によっては材料物性に関する化学的な測定や，計量心理学に基盤をおく心理測定まで必要となる．

　特に音響測定の技術には他の電気，物理測定とは異なる独特の要素がある．ここでは，広く用いられているトランスデューサの物理測定の原理と方法を述べよう．

　音響測定の分野は機械測定，建築測定などに比べ電気技術の導入が早く，発振器，アンプ，アナログフィルタなどを用いたアナログ測定技術が1950年代には確立されていた．これが他の技術分野と同様に1980年頃よりディジタルコンピュータを駆使した測定システムに交代し，それに伴って測定の原理も変化した．しかし，測定の基本的な考え方は連続しており，測定の規格では従来のデータとの連続性への留意が見られる．

　アナログ測定の時代からオーディオトランスデューサの測定システムは設計者が構築するものではなく，信用ある既製の装置の組合せが用いられてきた．しかし，これを使いこなすには測定原理の知識が必要だった．ディジタル測定の時代になって測定システムはさらにブラックボックス化しているが，ユーザはやはり測定原理の大筋を知っておくべきである．ここではこうした観点から種々の測定法を概観する．

11.1 測定のための音響環境

6章で，基本となる音場として自由音場，拡散音場について述べた。マイクロホン，スピーカなど音場で動作するトランスデューサの測定のためには，こうした音場を広い周波数領域にわたって騒音，電気雑音が少ない状態で実現しなければならない。ここではこうした音響環境を形成する手段を述べる。

11.1.1 自由音場を得るための無響室

自由音場は無限に広く，騒音がなく，また音を反射するものがまったくない空間である。これを実現するため，堅固な構築物により外部からの騒音を遮断し，内部の壁，床，天井の表面を吸音処理して音波の反射が無視できるようにした**無響室**（anechoic room）と呼ばれる測定室が用いられる。概念を図11.1に示す。

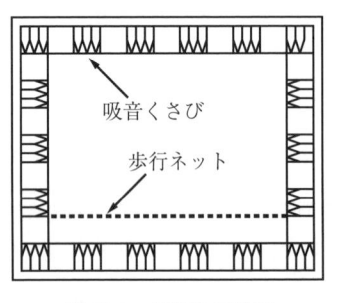

図11.1 無響室の断面

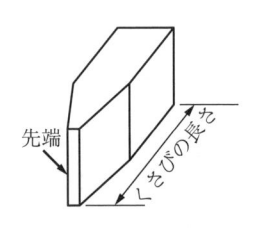

図11.2 吸音くさび

壁，床，天井には**吸音くさび**（sound absorbing wedge）と呼ばれる図11.2のような形状の吸音材のブロックが並べられる。床も吸音する必要があるので，歩行や測定機材の設置のため，吸音くさびの上に音の反射が少ないよう工夫されたネットまたはすのこが設けられる。

出入り口は閉めたときに十分な遮音特性が期待できる堅固なドアが用いられる。ドアの内側にはもちろん吸音材のブロックを装着しなければならない。

11.1 測定のための音響環境

吸音材としては 24〜48 kg/m³ のやや高密度のグラスウールが用いられる。吸音特性が期待できる最低限の周波数は，吸音材の長さの 4 倍程度の波長に対応する周波数で，それ以下では吸音特性は不良となる。例えば，長さ 60 cm の吸音くさびを用いた場合は 140 Hz 程度が下限となる。

吸音くさびの先端は図のように平面とし，人が触っても破損しにくくするが，高い周波数でこの平面の反射が問題になることがあるので注意が必要である。

吸音のためにくさび形状を用いるのは音響インピーダンスに勾配を与えるためである。音の反射の原因は剛壁の表面での音響インピーダンスの急変であり，音響インピーダンスが徐々に変化するようにすれば反射は少なくなる。

勾配を与える手段はくさび形状以外にも考えられる。**図 11.3** のような，空気側に密度の低いグラスウール，壁側に密度の高いグラスウールのマットを用いてカバーした簡易無響室も工業的な測定に使用できる吸音特性をもつことが報告されている[1]。

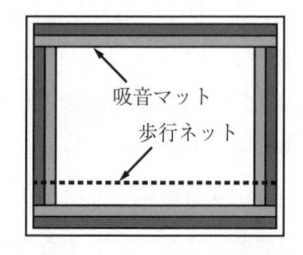

図 11.3 簡易無響室の断面   **図 11.4** 半無響室の断面

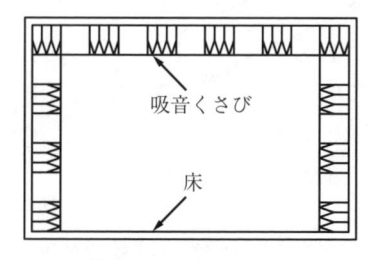

無響室に類似の施設として，**図 11.4** のような硬い床面をもつ半無響室 (semi-anechoic room) があり，機械類，自動車などの発生する騒音の測定に用いられる。床の反射が顕著なのでオーディオトランスデューサの測定には不向きだが，通常の実験室よりは遮音特性がよいので，床に吸音材のマットを敷けば簡易測定には有用といえる。

式 (6.22) 第 1 式のように，自由音場では球面波の振幅は音源からの距離に反比例する。無響室が自由音場を実現しているか否かの判定はこれを前提として，波長より小さい音源からの出力音圧の距離による変化を測定し，反比例に

なっていることを検証する．音圧が距離に反比例するときには音響インテンシティ（音のパワー）は距離の2乗に反比例するので，これを**逆自乗特性**と呼ぶことがある．

例として，縦7.1m×横5.6m×高さ4.1mの内部寸法（吸音壁の内法）をもつ無響室内の距離特性の測定結果を図11.5に示す．吸音材の厚さが20cmなので吸音できる周波数の下限は420Hz程度と推定されるが，音圧の距離に対する反比例特性が500Hz以上では偏差1dB以内，250Hzでも2dB程度の偏差で成立していること，しかし壁面から2m以内ではこれが乱れることが知られる．

この例は，じつは12kg/m^3，24kg/m^3，各10cm厚のグラスウールマットを用いた図11.3のような簡易無響室でのデータである．吸音くさびを用いた無響室ではこれと同等以上の吸音特性が期待できる．

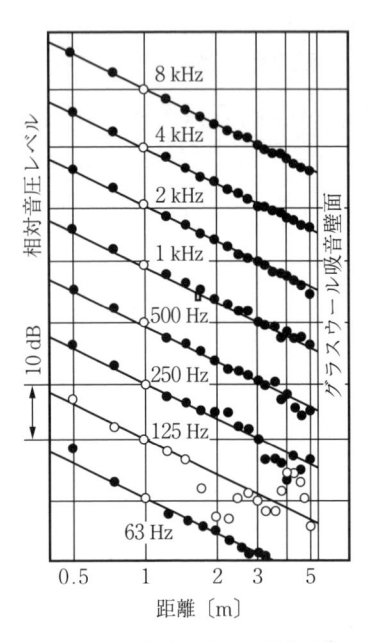

図11.5 無響室の音圧距離特性[1]

無響室の照明には蛍光灯は雑音が多いので用いるべきでない．また空調は騒音の少ない独立の装置を用いるのが望ましい．さらに，出入り口が1か所しかない密室となるので，非常用の電池ランプやインタホンを設置するなど作業の安全性には十分に配慮すべきである．

11.1.2　拡散音場を得る方法

拡散音場を用いてトランスデューサを測定する機会は自由音場より少ないが，スピーカの全放射パワー，マイクロホンの拡散音場感度，またヘッドホン，イヤホンの外部騒音の遮断性能などの測定には拡散音場環境が必要となる．

〔1〕 残 響 室

拡散音場を用いた本格的な実験には残響室が用いられる。

スピーカの放射パワーを測定するための残響室の例を図11.6に示す[2]。床，壁，天井いずれも堅固な鉄筋コンクリート構造で，その内側の表面は音波が反射しやすいように平坦に仕上げられている。また，平行な壁面がない不整形の室となるように壁，天井が斜めに構成されている。測定対象のスピーカは音波が効率良く放射されるよう部屋のコーナに置かれる。加えられる信号はピンクノイズ（pink noise）が一般だがホワイトノイズ（white noise）を用いることもある。

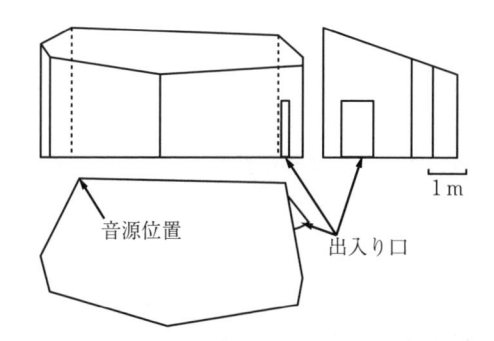

天井，床，壁面の面積：58.9 m^2
容積：96.7 m^3

図11.6 不整形残響室の例[2]

測定は残響室内の複数の点で行い，空間，時間平均を求めるべきである。一方，マイクロホンの感度やヘッドホンの外部騒音に対する遮音特性を測定する場合は複数のスピーカを用い，それぞれに別のノイズ発生器を用いて相互に相関のないノイズ信号を放射させるべきである。

この例では残響時間は125〜1000 Hzの範囲で約6秒となっている。

音波をさらに良好に反射させるために，表面を磨き上げられた花崗岩（かこう）で仕上げる例もあるが，継ぎ目の凹凸が残響特性を乱すことがあるので注意が必要である。

〔2〕 擬似拡散音場

残響室は設置に費用がかかるため，音響処理材料の吸音率の測定やサウンドレベルメータの校正の用途のものが多く，オーディオトランスデューサの測定

のために新設される例は少ない。簡易な測定には長めの残響時間をもつ実験室やビルディングの階段室などを流用することも多い。こうした音場の使用可能性をチェックする目安として，騒音に対する耳のプロテクタの試験環境を次のように規定したISO規格が参考になる[3]。測定は125，250，500，1 000，2 000，4 000，8 000 Hzの中心周波数をもつオクターブ帯域フィルタを用いて行う。なお，63 Hzでの測定を加えてもよいこととなっている。

- 測定点から左右，前後，上下に150 mm離れた点に全指向性マイクロホンをおいて測定したときの音圧の偏差は±2.5 dB以下であること。
- 500 Hz以上の周波数では，測定点に置いた指向性マイクロホン（指向指数5 dB以上のもの）を種々の向きに向けて測定したときの音圧の偏差は5 dB以下であること。

また，測定環境の残響時間は1.6秒以内と規定している。一般の室内ではこれより長い残響時間の場合は室内の共振によるフラッタエコー（いわゆる「鳴き竜」）などの異常現象が危惧されるためであろう。実際，こうした現象の生じる室内では特に63 Hzでは上記の1つ目の条件を満たさないことがある。

11.2 測定のためのデバイス

次に，オーディオトランスデューサの測定のために用いられるデバイスを列挙する。多くは国際，国内規格で特性などが規定されているが，簡易測定用の製品には必ずしも規格に完全に適合していない例もあるので，選択する場合は留意が必要である。

11.2.1 マイクロホンと人工耳

可聴周波数での音響現象を物理的に把握するにあたり，最も重要となるのは空気中の音圧の測定であり，したがって測定用マイクロホンの精度，安定性には留意が必要である。2章で述べたようにマイクロホンには多種多様なものがあるが，測定専用のマイクロホンが規格で決められ，製品化されている。また

マイクロホンを内蔵するデバイスとして，耳に装着して用いられるヘッドホン，イヤホンの測定のための人工耳がある。

〔1〕 **計測用マイクロホン**

音圧を正確に測定する原器となる**研究室標準マイクロホン**（Laboratory standard microphone）がIEC規格61094-1およびJIS規格C 5515で規定されている[4), 5)]。変換原理はコンデンサマイクロホンと指定されて外部構造なども記述され，感度の校正の基本は11.7節で述べる相互校正法とされている。

研究室標準コンデンサマイクロホンの基本構造は図2.11に示すものであり，それを図2.12のような回路で直流バイアス電圧（一般に200 V）を与えて用いる。

実際の製品の構成の例として電電公社電気通信研究所で実用化されたものの例を**図11.7**に示す。絶縁物はガラス，それ以外の部分はチタン合金を用いているが，市販品ではステンレス合金の例も多い。振動膜の前のくぼみは音場特性への影響を少なくするため，なるべく浅く設計される。

IEC規格では直径の大きなLS1形（23.77 mm径，通称1インチ形，JISではI形）および小さなLS2形（12.70 mm径，通称1/2インチ形，JISではII形）の2種が規定されている。

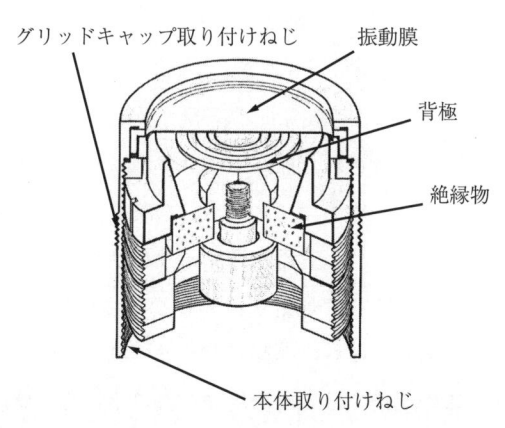

図11.7 MR-112コンデンサマイクロホンの構造

この種のマイクロホンの特性は波長より小さなカプラを通して音圧を振動膜に印加して測定した音圧感度，および自由空間で測定される自由音場感度で評価される。音圧感度がほぼ平坦になるよう設計された標準マイクロホン（規格ではP形と呼ばれる）の周波数特性と，そのマイクロホンの自由音場感度の

周波数特性の例を**図 11.8** に示す[6]。自由音場では 8 章で述べた円筒形エンクロージャと同様の回折効果が生じることがわかる。したがって実測では次のどちらかの対策が必要となる。

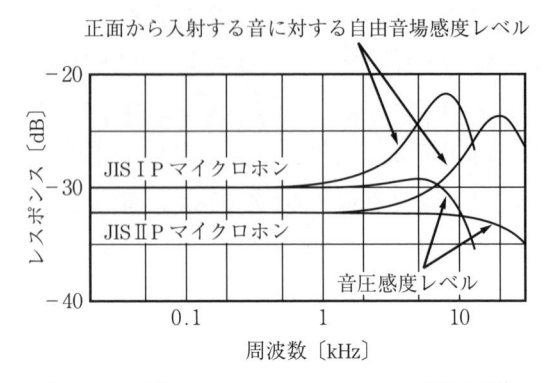

図 11.8 標準コンデンサマイクロホンの音場効果[5]

- 回折効果の影響の少ない方向（例えば 90°方向）から音波を入射させて用いる。
- 音圧感度を高域で低下する特性として自由音場感度が平坦に近くなるよう設計された標準マイクロホン（F 形と呼ばれる）を用いる。

一方，一般のマイクロホンを製造，使用の現場で校正するための 2 次標準などに用いられる**実用標準マイクロホン**（working standard microphone）が IEC 規格 61094-4 で規定されている[6]。研究室標準マイクロホンに比べ緩やかな規定であり，これに準拠した一般の測定に使用できる製品が供給されている。

この規格では，計測用マイクロホンを「感度の校正されたマイクロホン」と定義し，形状，寸法などを規定する一方，変換原理，内部構成などは自由としている。感度の校正法としては

- 研究室標準マイクロホンと同様の相互校正法
- 校正された研究室標準マイクロホンとの比較
- 正弦波音を発生する音圧校正器（IEC 60942 に規定[7]，以前は機械式でピストンホンと呼ばれた）での校正

のいずれかを用いることとしている。

大きさ，形状は研究室標準マイクロホンより多種で，WS1形（23.77 mm径，通称1インチ形），WS2形（12.70 mm径，通称1/2インチ形）およびWS3形（7 mm径，1/4インチ形と呼ばれるがやや大きい）の3種が規定されている。また周波数レスポンスの形状は音圧感度が平坦なP形，自由音場感度が平坦なF形のほか拡散音場感度の平坦なD形も規定されている。

市販の実用標準マイクロホンのほとんどはコンデンサマイクロホンだが，直流バイアス電圧の印加が不要なエレクトレットコンデンサマイクロホンも多い。

〔2〕 人　工　耳

ヘッドホン，イヤホンの測定には，マイクロホンを内蔵した，人の耳を模擬する**人工耳**（artifical ear）と呼ばれるアダプタが用いられる。

中でもIEC規格60318-1に規定された耳覆い形，耳載せ形ヘッドホン用の人工耳は電話機用ハンドセットの測定など種々の用途に使われる[8]。構成を**図11.9**に示す。円筒形で内部に三つの空間をもち，音響負荷となる容積が低周波数域，中周波数域，高周波数域で異なるように設計されている。ヘッドホンは上から下向きに装着する。内蔵のマイクロホンは先程述べたLS1P形またはWS1P形である。

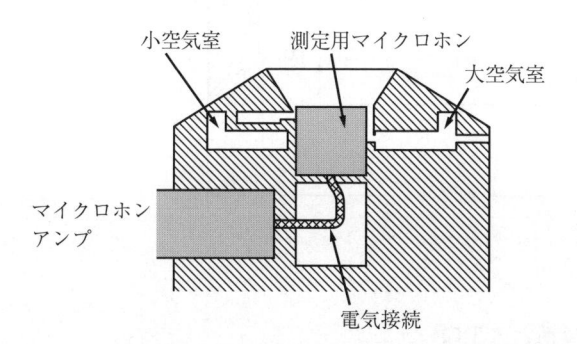

図11.9 IEC耳覆い形，耳載せ形ヘッドホン用人工耳[8]

この人工耳のために，IEC規格60318-2に大形のヘッドホン，イヤホンや電話機用ハンドセットなどの測定のためのアダプタが規定されている[9]。

このIEC規格60318-1に規定された人工耳は，実耳とはかけ離れた構造を

とっているので音響インピーダンスは実耳とは異なるが，測定データの再現性に優れているのが特徴とされている。

実耳にやや近い構成の人工耳として，IEC 規格 60318-4 に規定されたものがある。以前の規格番号を用いて 711（セブンイレブン）人工耳と呼ばれることもある[10]。

一方，音響的漏洩（音もれ）の大きな状態で用いられる携帯電話機などのイヤホン部の評価には一定の音響的漏洩を与えるアダプタが必要となる。管理された漏洩のある人工耳として，現在は ITU-T 勧告 P.57 で規定されている Type3.2 を用いる例が多いと思われる。IEC 規格 60318-4 に規定された人工耳に付加するもので，漏洩の大きなもの，小さなものの 2 種が規定されている。

現在知られているもう一つのアダプタは**図 11.10** のようなステンレス鋼製の穴空きリングで，リーケージカプラ，ジャーマンカプラなどと呼ばれる。IEC 60318-1 に規定された人工耳（図 11.9）の上部にはめこんで使用される。

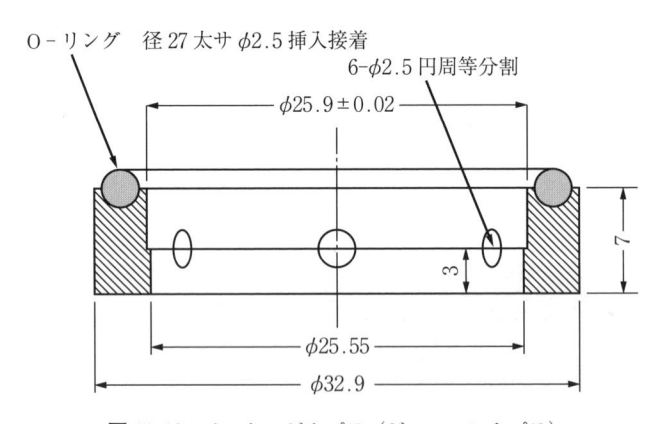

図 11.10　リーケージカプラ（ジャーマンカプラ）

11.2.2　スピーカの音響負荷と人工口

音源のためのデバイスとしてはスピーカユニットの測定のためのエンクロージャやバフルが重要であり，測定の再現性を確保するため規格で詳細に規定されている。また，人の口の近くで動作する電話機用などのマイクロホンの校正

のためのスピーカとして，口とその周辺を模擬する人工口も用いられる．

〔1〕 スピーカ測定用密閉箱とバフル

　産業界ではスピーカユニット単体で取引される機会が多いので，ユニット単体での特性の評価法の規定が必要である．2章や，8章などで述べたようにスピーカユニット単体では振動板の前後の音の干渉により実用的な放射特性が得られないので，ユニットはエンクロージャなどに装着したスピーカシステムとして用いられる．したがって，専用のエンクロージャが決められていないスピーカユニットを測定するために標準となるエンクロージャを規定しておく必要がある．

　エンクロージャは箱形が扱いやすいが，8章で予測したように角の鋭い直方体の箱は回折効果による周波数特性の乱れが避けられない．そのため一般の音楽鑑賞用の製品には角に丸みをつけた箱が用いられるが，こうした箱の回折効果は定量的な予測が難しい．そこで IEC 規格 60268-5 および JIS 規格 C5532 では，回折効果が顕著だがその値を予測できる直方体の**標準測定用密閉箱**（standard measuring enclosure）タイプA[†]と，回折効果のマイルドな標準測定用密閉箱タイプBの2種を測定用として規定している[12),13)]．前者は物理測定に，後者はリスニングテストに適当とされている．タイプAを**図11.11**に，タイプBを**図11.12**に示す．

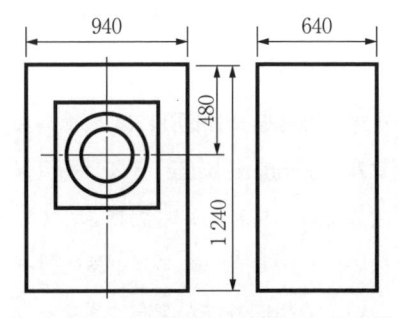

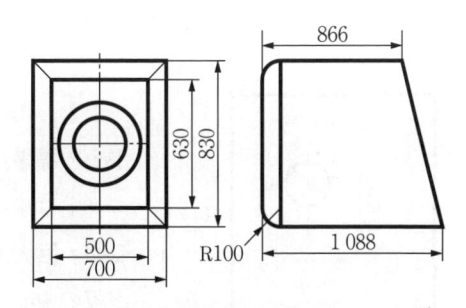

図11.11 IEC 標準測定用密閉箱タイプA[12)]　　**図11.12** IEC 標準測定用密閉箱タイプB[12)]

---

† タイプAは我が国でJIS規格の標準エンクロージャとして規定されて使われており，これが国際規格に取り入れられたものである．タイプBはフランスから提案された．

11. オーディオトランスデューサの測定

タイプAの正面1mの点に測定用マイクロホンをおいたときの回折効果の補正値がIEC規格に記載されている[11]。これを図11.13に示す。実測値から得られた値だが，図8.11のキルヒホフ・ホイヘンス積分式より算出した近距離での計算値に相似である。ただし図11.13は補正値なので正負が逆となっている。

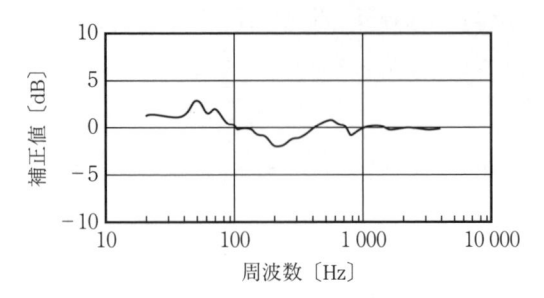

（a）直径30, 38, 46 cmのユニットに適用

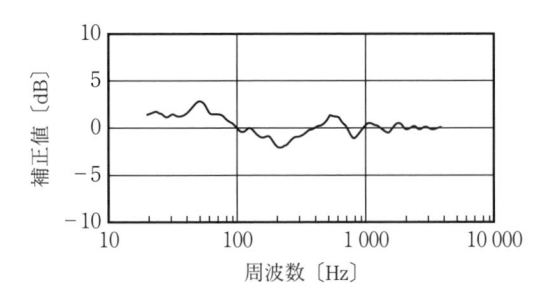

（b）直径6, 10, 20 cmのユニットに適用

図11.13　IECタイプAエンクロージャのレスポンスの補正曲線[12]

なお，IEC規格60268-5には図11.14のような平板の**標準バフル**（standard baffle）（スピーカユニットは後面開放で取り付ける）も記載されているが，巨大で扱いにくいこと，ユニット取付け孔が板の中心でないため指向特性が左右で異なるなどの欠点が指摘され，あまり使われていない。

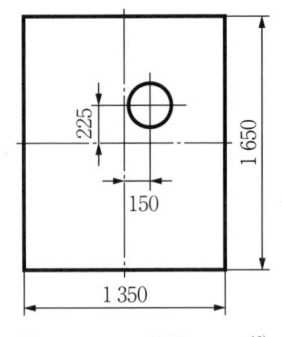

図11.14　IEC標準バフル[12]

[2] 人工口

人の口の近くで動作する電話機用などのマイクロホンの校正のために人の口とその周辺を模擬する**人工口**（artificial mouth）がITU-T勧告のP.51に規定されている。周波数特性の規定が主で構造の規定はないが，円筒形の端面に円錐形の部分をもち，その頂部の孔から音を放射する構成のものを想定している[14]。構造の例を**図11.15**に示す。円筒部の直径は104 mmであり，動電スピーカユニットを内蔵し，出力音の出口にWS3形マイクロホンを置いて音圧を制御する構造となっている。音孔の前にリップリングと呼ばれる金属製の環が装着され，これが唇位置を模擬する。出力音圧の校正はリップリングの前方25 mmに置いたマイクロホンで行う[15), 16)]。

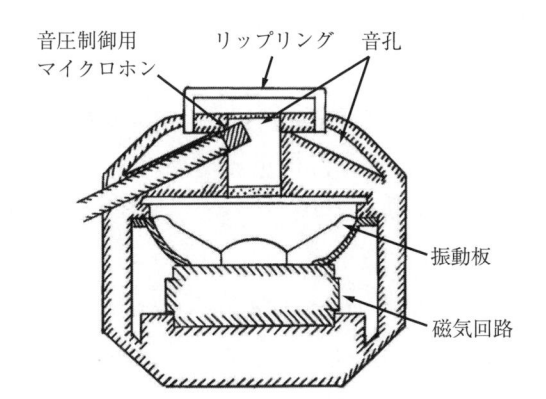

図11.15 人工口の構造の例

この人工口は形状，寸法いずれも実際の人の頭部とはかけ離れているが，軽便で扱いやすいので電話機の測定に広く用いられてきた。以前のITU-T勧告には製品の例としてB&K社製品4227人工口を記述していたが，その後の改正で商品名は削除された。

11.2.3 ヘッドアンドトルソシミュレータ

人の実使用に近い状態でオーディオトランスデューサを測定するため，人の頭部と胸部を模擬する**ヘッドアンドトルソシミュレータ**（head and torso simulator, HATS）が開発され，規格化されている。これと異なる名称もあり，

米国ではマネキン（manikin）とも呼ばれるほか，放送，録音の分野で用いられる同様のデバイスはダミーヘッドと呼ばれている。

HATSを規定した規格類は複数あり，内容が相互に異なる箇所も見られる。

一つの基準はIEC技術報告60318-7（旧60959）であり，形状，寸法，回折効果の影響などを記載している。米国ANSI規格S.36でも同様の内容を規定している。外観を図11.16に示す。補聴器の測定を念頭においた技術なので耳の機能に特化し，口から発音する機能はない[17),18)]。

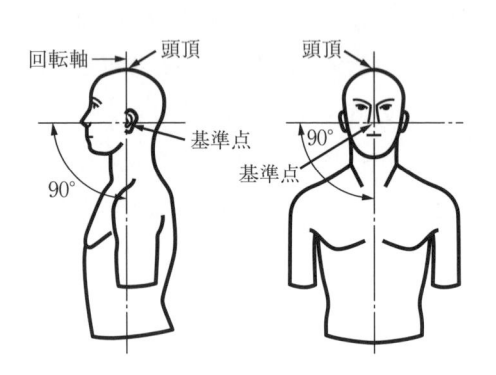

図11.16 IEC 60318-7 ヘッドアンドトルソシミュレータ（HATS）[17)]

後述するように，その後これを踏まえたヘッドホン，イヤホン測定用のHATSがIEC規格60268-7に規定された。耳殻の部分がヘッドホン，イヤホンを再現性よく測定できるよう改良されている[19)]。

一方，電話機を測定するためのHATSがITU-T勧告のP.58に規定されている。IEC，ANSIの規定のものとは形状が異なり，また耳の機能のほか口から音を出す機能も規定されている[20)]。

なお，こうしたHATSの本体は硬質プラスチック製で，構造や機械的な特性が人体とは異なるため，振動伝達によるトランスデューサ（いわゆる骨導形）の測定に用いることはできない。

11.3 感度と周波数レスポンスの古典的な測定

オーディオトランスデューサの評価では，他の信号伝送系と同様に次のような項目をとりあげることになる。

① 信号の大きさがどのように変化するか（感度）

11.3 感度と周波数レスポンスの古典的な測定　　217

② 信号の波形がどのように変化するか（波形伝送）
③ それらの変化の様子が信号の大きさによらず相似か（線形性）

このうち，①および②については周波数領域で定義される**伝達関数**（transfer function，振幅および位相の周波数特性）で評価するのが一般的である．これによる評価結果の一般性は，これを逆フーリエ変換して時間領域で定義される**インパルスレスポンス**（impulse response，インパルス応答）の一般性より検証される．

インパルス信号は**図 11.17**（a）のような，振幅が十分大きく時間幅が十分に小さく，時間積分して求められるパワーが有限値であり，信号の大小はこのパワーより決められるものと定義される．この信号をトランスデューサに加えると図（b）の概念図のように変形する．これがインパルスレスポンスであり，トランスデューサの信号伝達特性のすべての情報を含んでいる．任意の波形の信号は**図 11.18**のようにインパルス信号の列に分解できるので，その信号によるトランスデューサのレスポンスはそれぞれのインパルスの遅れ時間 τ を考慮

（a）インパルス信号　　　　　（b）トランスデューサの
　　　　　　　　　　　　　　　　　　　レスポンス

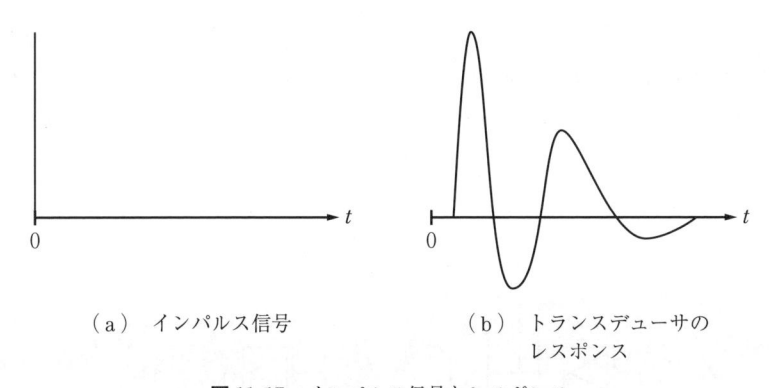

図 11.17　インパルス信号とレスポンス

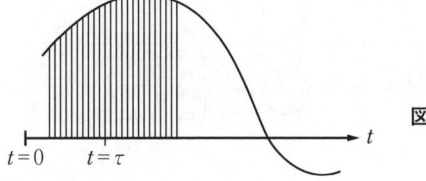

図 11.18　任意の信号のインパルスによる分解

したインパルスレスポンスの重ね合せで求められる。したがってインパルスレスポンス，またはそれをフーリエ変換した伝達関数を知ればトランスデューサが評価できることになる。ただし，トランデューサの伝達特性は線形なことが前提となる。

旧来のアナログ測定システムでは位相周波数特性の測定が煩雑になるため，トランスデューサの伝達関数の振幅周波数特性のみを取り出し，**周波数レスポンス**（frequency response，感度の周波数特性）と呼んで測定してきた。コンピュータの導入によりこうした制約は解消されたが，旧来の測定と同様の測定結果を得られるようにした新形システムは簡易測定の用途に依然として用いられている。

こうした測定システムには定型があり，標準的な特性測定条件が規格で決められている。はじめにこれらの構成を述べる。

11.3.1 スピーカの測定システム

スピーカの特性を表すため，規格では種々の量が規定されているが，最も一般的なのはやはり周波数レスポンスである[21]。これを測定するシステムの構成を図 11.19 に示す。SP は測定すべきスピーカシステムであり，スピーカユニットが適当なエンクロージャに装着される。MIC は測定用マイクロホンで，ス

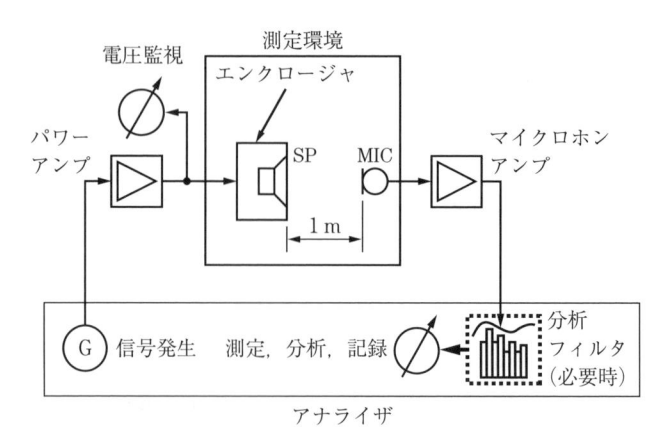

図 11.19 スピーカの感度の測定システム

11.3 感度と周波数レスポンスの古典的な測定

ピーカシステムの正面1mの点が標準測定位置とされている。マイクロホンの出力電圧はスピーカの特性とマイクロホンの特性との積となるが，市販の研究室標準マイクロホンまたは実用標準マイクロホンは十分に平坦な周波数レスポンスをもっているので，測定された周波数レスポンスの形状はスピーカのそれとみなしてよい。

測定環境は無響室が推奨されるが，後述するようなインパルスレスポンスをディジタルメモリに蓄積するシステムを用いる場合は，測定室が広くて壁などの反射音の到来がスピーカシステムのインパルスレスポンスの長さに比べ十分に遅ければ，蓄積された測定結果から反射の影響を計算で取り除くことができるので，無響室を用いなくても測定できる。

アナライザは正弦波，ノイズ信号などの測定信号を生成して出力し，また測定用マイクロホンの出力を測定，分析，記録する装置で，この測定システムの中枢をなす。旧来の正弦波信号をゆっくり掃引するシステムでは周波数可変の発振器，アナログフィルタ，紙にペン書きするレコーダが組み合わされ，紙の進行に応じて発振器とフィルタの周波数が変化する機構をもっていた。多くの規格で音響測定の偏差として1dB（約10%）程度を許容しているのはこうした旧来の測定系の機構の動作の偏差，例えばペンの駆動系のバックラッシュが不可避なためであった。現在はFFTアナライザのような全電子システムの使用が主流となり，データはメモリにディジタル記録され，後述のように測定信号の種類も多様化した。汎用パソコンのディジタルインタフェース部に入出力装置を接続し，プログラム制御で測定するシステムも広く用いられている。

スピーカユニットの電気インピーダンスは通常数Ωなのでアナライザに用いられる信号発生器（出力インピーダンス数10Ω以上）では駆動できない。このため図のようなパワーアンプによる信号の増幅が必須である。

このシステムにより測定されるのは入力電力1W当りの正面1mでの音圧レベル（20μPaを基準値とするdB値）であり，**出力音圧レベル**（output sound pressure level）と呼ばれる[21]。電力感度レベルに相当する値だが，スピーカの電気インピーダンスを周波数に依らずスピーカシステムの定格イン

ピーダンス(製造者が指定する。直接放射形動電スピーカでは最低共振周波数より高い周波数領域での電気インピーダンスの最小値とされる)と仮定し,一定電圧で測定されるので,実際は電圧感度レベルである。なお,IEC 規格ではこの名称は用いていない。

携帯機器用スピーカなど,1 W の入力電力が過大であり,また入力正面 1 m の位置では出力音圧が小さすぎるスピーカの場合は,小さな入力電力を加えて近距離で測定する。データの記述には出力音圧データに測定入力電力と測定距離とを明記する方法と,出力音圧が入力電圧に比例し,距離に反比例すると仮定して 1 W 入力,1 m 位置に換算した値をデータとする方法の両者が用いられるので,データを参照するときには表記方法に留意する必要がある。

実際のスピーカの伝達特性は線形とは限らないので,その特性を知るには信号のひずみ率も重要な情報となる。このため図のようにバンドパスフィルタを用いて 2 次,3 次,…の調波成分のレベルを取り出して測定し,全信号レベルと比較することが行われる。フィルタは 1/3 オクターブフィルタバンクのような固定バンドパスフィルタ,または信号周波数に応じてフィルタの中心周波数を変化できるトラッキングフィルタが用いられる。

被測定スピーカを基準軸の周りで回転させるとスピーカの指向特性が測定できる。そのための騒音の少ない電動式回転台が市販されている。

10.4 節で言及したように,スピーカでは電気インピーダンスの周波数特性も重要な情報を与える。これを測定するシステムの構成を**図 11.20**(a)に示す。SP は測定すべきスピーカユニットで,まずユニット単体で測定し,さらにエンクロージャに装着したときの値を測定して比較するのが一般的である。電気インピーダンス Z は印加される電圧 E_i とユニットに流れる電流との比から求められるが,電流は直列抵抗の両端の電圧 E_o から計算されるので,電気インピーダンスは次式より求められる。

$$Z = \frac{E_i}{(E_o/R)} = \frac{E_i}{E_o} R \tag{11.1}$$

この測定系の問題点は,電圧測定入力端子の片方が接地されたアナライザで

11.3 感度と周波数レスポンスの古典的な測定　　221

（a）　原理としての測定システム

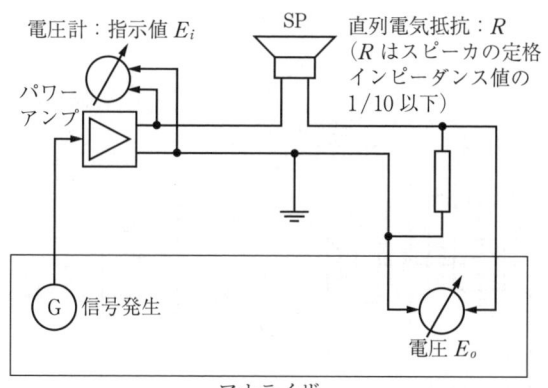

（b）　入力の片方が接地されたアナライザによる測定システム

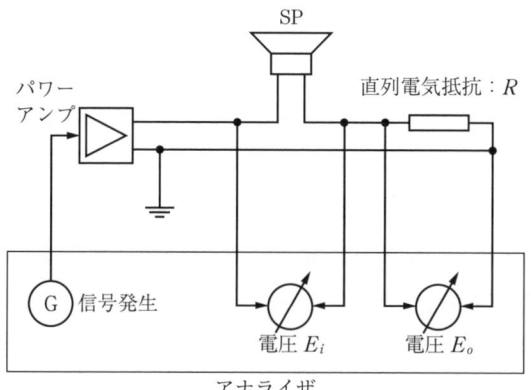

図 11.20　スピーカの電気インピーダンスの測定システム

は構築できないことである．このため，図（b）に示す簡易測定系が用いられてきた．この測定系では印加される電圧の測定値が直列抵抗の両端の電圧を含むので，測定の精度を確保するため直列抵抗の値をスピーカの定格インピーダンスの 1/10 以下としている．

　近年のアナライザには電圧測定入力端子が接地と絶縁されている機種が多いので，図（a）の回路の構築は容易になった．

11.3.2 マイクロホンの測定システム

マイクロホンの感度の厳密な測定法としては 11.7 節で述べる相互校正法があるが，手間がかかるので実用的な測定では感度の校正された標準マイクロホンとの比較測定が行われる[22]。

測定システムの構成を図 11.21 に示す。被測定マイクロホン MIC を標準マイクロホン RM と並べてスピーカシステム SP の軸に対称に置き，両者に同じ音圧を加えて出力電圧を比較する。スピーカシステムとしては IEC の標準密閉箱タイプ A 程度の大きさのものが想定され，測定位置はその正面 50 cm が推奨されている。二つのマイクロホンの間隔は近すぎると反射による干渉を生じ，遠すぎると同じ音圧が印加されない恐れが生じる。通常の大きさのマイクロホンでは 30 cm 程度とする例が多いが，単独の場合と並べた場合とでレスポンスに相違がないことを確認しておくべきである。

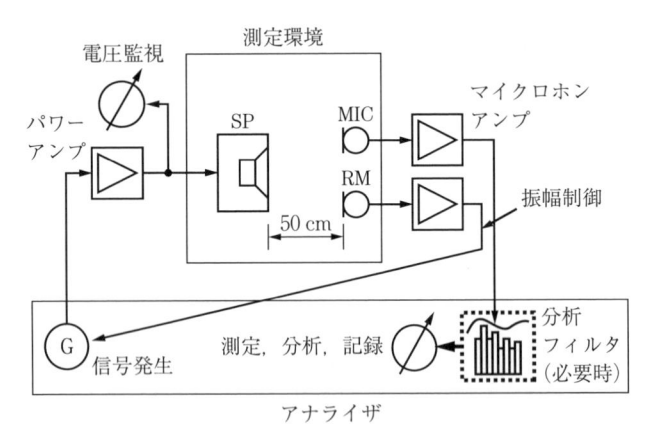

図 11.21 マイクロホンの測定システム

音源となるスピーカシステムの周波数レスポンスの乱れを補正するため，図のように信号発生器の出力電圧を外部入力電圧で制御可能とし，標準マイクロホンの出力電圧が周波数によらず一定となるように制御することが行われる。

11.3.3 ヘッドホン，イヤホンの測定システム

ヘッドホン，イヤホンの測定には前項で述べたように規格で規定された人工耳を用いる。測定システムを**図 11.22** に示す。EP は被測定ヘッドホン，イヤホンであり，MIC は人工口に内蔵された標準マイクロホンである。通常の動電ヘッドホン，イヤホンの電気インピーダンスは 30 Ω 程度なのでスピーカと同様にパワーアンプ（いわゆるヘッドホンアンプ）による駆動が必要となる。

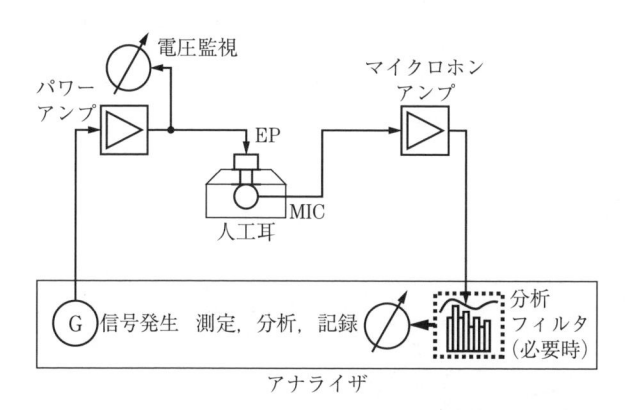

図 11.22 ヘッドホン，イヤホンの測定システム

ヘッドホンの特性は入力電力 1 mW 当りの音圧レベル（20 μPa を基準値とする dB 値）で評価され，スピーカと同様に**出力音圧レベル**（output sound pressure level）と呼ばれることが多い。

この測定システムでは音響的漏洩の管理の適否がデータの精度を左右する。このため次のような配慮が必要となる[23]。

- **適当なアダプタの選択**　規格に記載されている種々のアダプタの選択のほか，被測定ヘッドホン，イヤホンに最適のアダプタの設計製作が必要となることもある。
- **押圧力の管理**　ヘッドホン，イヤホンを人工耳に当てる場合の押圧力を一定に管理する必要がある。ヘッドバンドをもつヘッドホンではヘッドバンドの開き具合で管理することが行われる。
- **人工耳への当て方の管理**　例えば電話機用イヤホンのような密閉型で

11. オーディオトランスデューサの測定

は，低周波数領域でのレスポンスがなるべく大きくなるように管理している例がある。

21世紀初頭に行われたIEC規格60268-7の改正において，ヘッドホンの出力音圧の測定精度を改善することが検討され，ヘッドアンドトルソシミュレータ（HATS）を用いた測定システムが規定された。概要を**図11.23**に示す[19]。改正の要点は耳殻，外耳道入り口の形状の最適化で，旧来のIEC規格60318-7から脱却し，ヘッドホンの測定に適当な耳殻模型などが詳細に規定された。また，測定用信号としては後述の広帯域ランダムノイズ信号を主流とすることとなった。なお，図の自由音場補正フィルタはHATSの音場特性（HRTFと呼ばれる）の逆特性をもつフィルタで，ヘッドホン装着前の音場内でのHATSの出力からHATSを置く前の自由音場音圧を推定するためのものである。

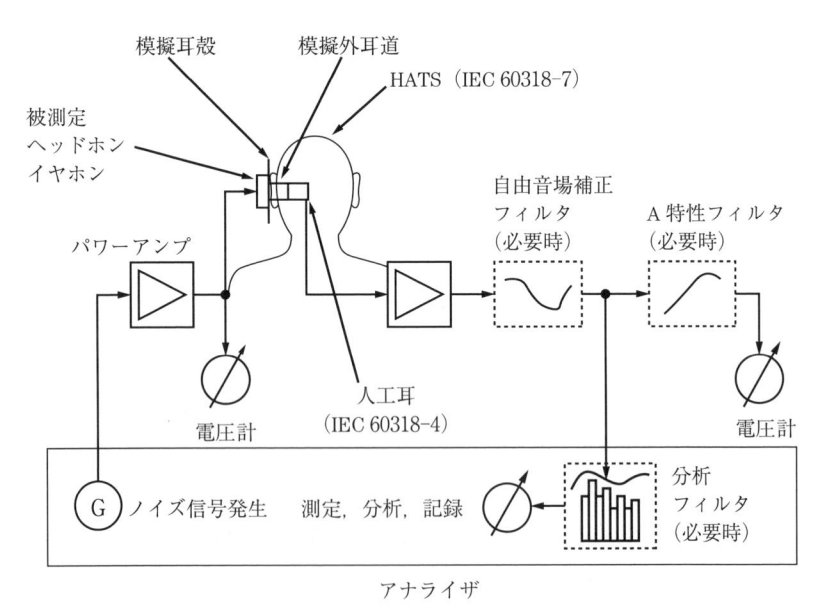

図11.23 HATSを用いたヘッドホン，イヤホンの測定システム[19]

11.4 周波数レスポンス測定のための信号

11.4.1 正弦波の周波数掃引

黎明期には周波数レスポンスを，正弦波信号の周波数をポイント・バイ・ポイントで変化して測定していたが，これが20世紀中期より機械的に周波数を連続変化させる**周波数掃引**（frequency sweep）測定に進化した。

周波数掃引では，信号の周波数変化が過度に速いと過渡現象のためレスポンスが共振曲線に追随しなくなる。したがって，ポイント・バイ・ポイント測定と同じ結果を得るには掃引の速度が十分に遅くなければならない。しかし，こうした過渡現象の影響については従来関心が薄かったように見える。ここで定量的に検討しよう。

共振周波数 f_0，選択率 Q の単一共振系の周波数レスポンスを測定することを想定する。これの共振曲線の半値幅は次式で与えられる。

$$\Delta f = \frac{f_0}{Q} \tag{11.2}$$

これを測定する正弦波信号の周波数 f が，次式のように時間に比例して増加すると仮定する。

$$f = ht \tag{11.3}$$

h 〔s^{-2}〕は周波数の変化率を表す。このとき，信号の周波数が半値幅を通過する時間は次式で与えられる。

$$t_0 = \frac{f_0}{hQ} \tag{11.4}$$

この逆数が共振点を通過する速度を与える。これを t_0 で除した値は対数掃引において周波数が共振点を通過する相対速度を与える。山田，栗山は次の d 値を用いて，相対速度と見かけの共振峰の高さの関係を**図 11.24** のように与えた[24]。

$$d = \frac{h}{\pi}\left(\frac{Q}{f_0}\right)^2 \tag{11.5}$$

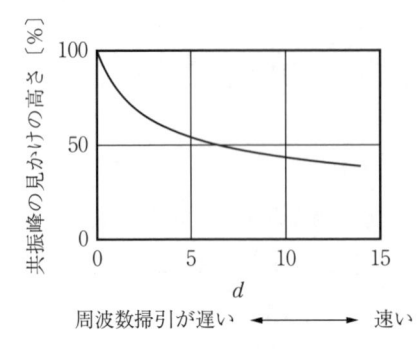

図 11.24 周波数掃引による共振峰の低下[24]

通常の対数掃引測定では，掃引の速度を周波数が10倍変化する時間で表している。これとd値との関係を求めよう。

対数掃引では周波数の瞬時値は次式で与えられる。

$$f(t) = f_0 e^{\gamma t} \tag{11.6}$$

このとき，周波数変化率hの瞬時値は次のような時間の関数になる。

$$h(t) = \frac{d}{dt} f(t) = \gamma f_0 e^{\gamma t} \tag{11.7}$$

周波数掃引の初期値をf_1，最終値をf_2，その間の周波数掃引時間をTとすると上記のγ値は次のように与えられる。

$$\gamma = \frac{1}{T} \log_e \frac{f_2}{f_1} \tag{11.8}$$

ここで共振周波数100 Hz，選択率（Q値）15の共振系を掃引測定する場合を考えると，周波数が10倍変化する時間が10秒の場合はd値は0.16となり，共振峰の低下は無視できるが，3秒で掃引する場合はd値が0.55となり，共振峰は10 %（1 dB）程度低下すると予測される。

正弦波信号を用いた測定では，フィルタによる周波数特性の補正は原則として不要である。しかし，雑音が避けられない測定ではバンドパスフィルタで注目している周波数成分のみを取り出すことが行われる。また，非線形性を調べるための出力信号の調波成分の分析には狭帯域のバンドパスフィルタが必要である。以前は表1.1に示した1/3オクターブ系列の中心周波数（例えば1 000 Hz）をもち，両隣との幾何平均の周波数（例えば891 Hz，1 122 Hz）を帯域の境界とする「1/3オクターブフィルタ」がこの目的に用いられたが，現在は一定の選択率（Q値）を保って中心周波数を変化するフィルタが用いられる。

11.4.2 ランダムノイズ信号

正弦波信号の対極として，正負の種々の大きさ（電気信号ならば電圧）が時間的に無秩序に生起する**ランダムノイズ**（random noise）信号がある。ノイズ信号とも呼ばれるが，望ましくない雑音（noise）とは区別しなければならない。

測定に用いられるランダムノイズ信号は長い時間範囲で観察すると，ある大きさの瞬時値が生起する頻度がガウス分布に従い，かつ標準偏差に相当する実効値が時間によらず，ほぼ一定の定常ランダムノイズ（stationary random noise）である。生起する瞬時値は理論的には±無限大まで考えられるが，実際には測定用アンプの最大振幅などにより制約され，実効値の2倍，3倍程度に振幅制限される。この値を**クレストファクタ**（crest factor，波高率）と呼ぶ。

定常ランダムノイズ信号はすべての周波数成分を含み，その実効値は長い時間範囲で観察して平均すると一定値となる。周波数成分の振幅，位相を周波数の関数として表示したものを周波数スペクトル（frequency spectrum）と呼ぶ。トランスデューサの入力，出力信号の間の周波数スペクトルの変化を測定すると周波数特性が知られることになる。

〔1〕 **ホワイトノイズとピンクノイズ**

トランスデューサの測定に用いられるランダムノイズ信号は，目的により多種多様だが，基本となるのは**ホワイトノイズ**（white noise）と**ピンクノイズ**（pink noise）である。両者の周波数スペクトルの概念を**図 11.25**に示す。図の

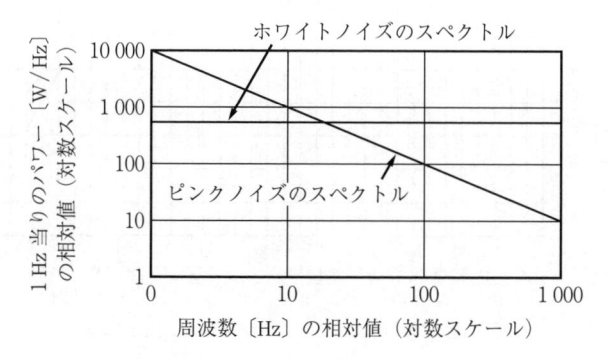

図 11.25 ホワイトノイズとピンクノイズの周波数スペクトルの概念

縦軸は単位周波数（例えば1Hz）当りのパワーを表す。縦軸，横軸いずれも対数スケールである。ホワイトノイズの周波数スペクトルは周波数によらず一定である。ピンクノイズの周波数スペクトルは周波数に反比例する。したがって電圧または音圧の周波数スペクトルは周波数の平方根に比例する。このため周波数が2倍になると周波数スペクトルの値は3dB小さくなる。この特性をオクターブ当り−3dB（−3dB/oct）と表す。

反比例特性は通常のグラフでは双曲線で表示されるが，図のように縦軸，横軸とも対数スケールのグラフで表すと直線になりわかりやすい。

1章で述べたように，人は音の高さを周波数の比で感じているので，トランスデューサの評価では周波数を対数スケールで表し，また周波数スペクトルの分析も1/3オクターブ間隔のフィルタのような周波数帯域幅が周波数に比例するバンドパスフィルタを用いることが多い。こうした分析では周波数によらず平坦な特性を示すのはピンクノイズ信号である。このため，トランスデューサのランダムノイズ信号による測定ではピンクノイズを用いることが多い。

実際の室内騒音は一般にピンクノイズよりさらに高周波数成分が少ない。このため，例えば電話システムの評価で室内騒音のモデルとして用いられるホスノイズ（Hoth noise）はおおむね−5dB/octの周波数スペクトルを与えられている[26]。

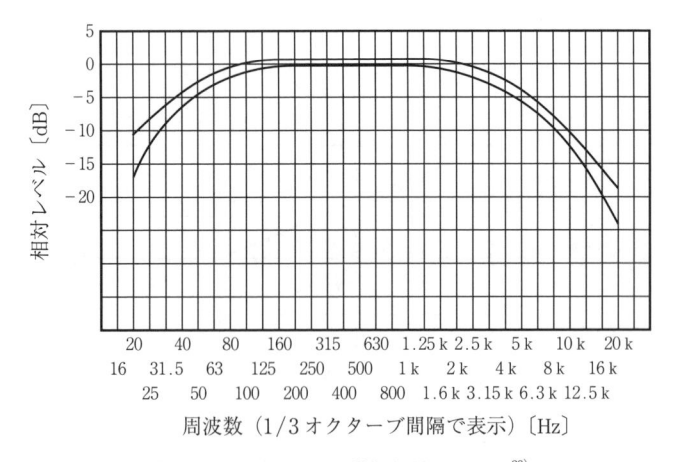

図11.26　プログラム模擬信号フィルタ[28]

〔2〕 プログラム模擬信号

音楽など実際のプログラム音源の周波数スペクトルを模擬するプログラム模擬信号が国際，国内規格で規定されている[25]。ピンクノイズを図 11.26 のような広帯域バンドパスフィルタに通して生成することができる。

11.4.3 ランダムノイズの周波数補正測定

ランダムノイズ信号を用いた測定では，一般に出力信号レベルは広い周波数帯域をもつ実効値指示形のレベルメータが用いられる。周波数特性は平坦であることが原則だが，目的に応じて平坦でない周波数特性が用いられることがあり，数種の特性が規格で規定されている。規格にはその特性の数値表のほか，それを実現する電子回路の例も挙げられていることがある。

〔1〕 広帯域測定のための帯域制限特性

広帯域のランダムノイズ信号を用いた測定では不要な周波数スペクトルを除去するため図 11.27 のようなバンドパスフィルタを通した測定が行われる[25]。この特性は人の可聴周波数帯域内では平坦となっている。

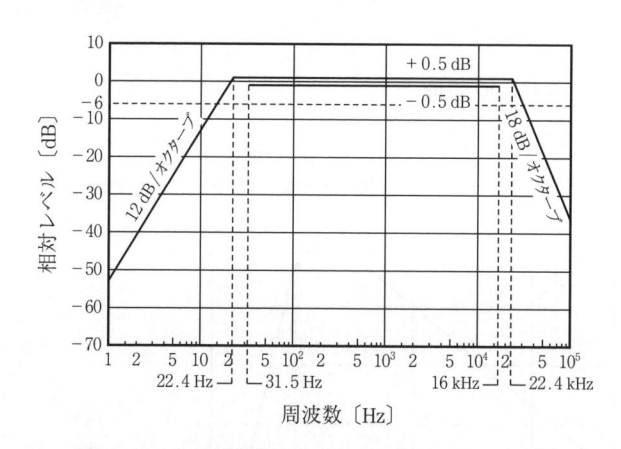

図 11.27　広帯域測定のためのバンドパスフィルタ[28]

〔2〕 サウンドレベルメータの周波数補正特性

1章で述べたように人の聴覚の周波数特性は平坦ではなく，低い音に対する感度は高い音に比べ低い。このため，騒音など環境に存在する音のレベルを測

定する**サウンドレベルメータ**（sound level meter, 騒音計）では図1.1の逆特性を模擬する周波数特性補正フィルタが用いられ，**図11.28**のような特性が規格で規定されている[27]。以前は音圧レベルの大小により特性を使い分けていたが，「やかましさ」を評価するには**A特性**のみで十分ということが知られたので，現在はA特性のみが使われる。なお，騒音などの環境音は時間的に変動することが多いので，測定の再現性を保つためにメータの時間レスポンスの時定数として2種（fastおよびslow）が規定されている。

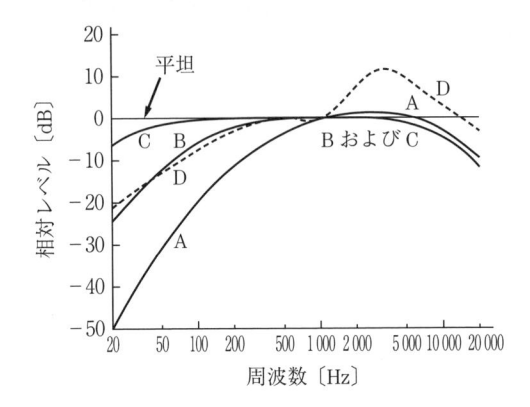

図11.28 サウンドレベルメータの周波数補正特性[27]

〔3〕 **ソホメトリック特性**

通信システムにおける雑音を人の聴覚に即して測定する手段として，図11.29のようなソホメトリック特性と呼ばれるフィルタが規定されている[28]。

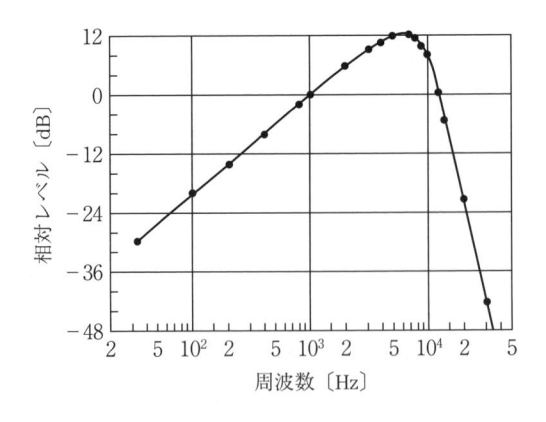

図11.29 ソホメトリックフィルタの特性[28]

この特性もランダムノイズ信号による出力の評価に用いられる。

〔4〕**周 波 数 分 析**

狭い周波数帯域をもつバンドパスフィルタを用いてランダムノイズ信号を測定すると，正弦波を用いた測定と相似の測定ができる。フィルタとしては表1.1に示した1/3オクターブ系列の中心周波数（例えば1 000 Hz）をもち，両隣の周波数（1 000 Hz なら 800 Hz と 1 250 Hz）との幾何平均の周波数（891 Hz, 1 122 Hz）を帯域の上下の境界とする1/3オクターブフィルタ，または一定の選択率（Q 値）を保って中心周波数を変化するフィルタが用いられる。

いずれも帯域幅が中心周波数に比例するので，単位周波数当りのパワーが周波数に反比例するピンクノイズを用いると平坦な入力特性が得られる。

11.5　伝達関数またはインパルスレスポンスの測定

11.4節で述べたように，最近はコンピュータを用いたディジタル信号解析の普及により振幅のみの周波数特性から脱却し，伝達関数やインパルスレスポンスを測定するシステムが容易に入手可能となった[29]。こうした測定システムは商品やフリーソフトウェアが多数供給され，測定原理を理解していなくても活用できるが，測定原理を知っておくほうが的確な操作ができるのはアナログ測定システムと同様である。ここでインパルスレスポンスに遡（さかのぼ）って測定の原理を検討しよう。

先に述べた図 11.17（a）のようなインパルス信号を時間 t 〔s〕の関数 $\delta(t)$ で表す。図のインパルスは時間の原点にあるので $\delta(0)$ であり，これが時刻 τ にあれば $\delta(\tau)$ となる。

$\delta(0)$ により生じる図 11.17（b）のようなインパルスレスポンスを $h(t)$ とすると，$\delta(\tau)$ により同じ時刻に生じるインパルスレスポンスは $h(t-\tau)$ で表される。

トランスデューサへの入力信号 $x(t)$ を図のように種々の遅れ時間 τ をもつインパルス信号に分解して考えると，$x(t)$ に対するトランスデューサの出力信号 $y(t)$ は次の式で表される。

$$y(t) = \int_{-\infty}^{\infty} x(\tau) h(t-\tau) d\tau \tag{11.9}$$

この式は x と h との畳み込み (convolution) と呼ばれ，$x(t) * h(t)$ と表記される．

こうした時間領域の関係を，次のようにフーリエ変換 (Fourier transform) を用いて周波数領域の関係に書き換えよう．ここで f は周波数〔Hz〕を表す．

$$X(f) = \int_{-\infty}^{\infty} x(t) e^{-j2\pi ft} dt \tag{11.10}$$

$$Y(f) = \int_{-\infty}^{\infty} y(t) e^{-j2\pi ft} dt \tag{11.11}$$

ここで伝達関数 $H(f)$ をインパルスレスポンスのフーリエ変換として次のように定義する．

$$H(f) = \int_{-\infty}^{\infty} h(t) e^{-j2\pi ft} dt \tag{11.12}$$

こうした周波数領域の関数はスペクトル (spectrum) と呼ばれる．スペクトルは一般に複素数で，実部と虚部からなる．式 (11.9) を用いて式 (11.11) を変形すると次のような関係が得られる．

$$Y(f) = H(f) X(f) \quad \text{したがって} \quad H(f) = \frac{Y(f)}{X(f)} \tag{11.13}$$

すなわち，伝達関数は出力信号と入力信号のスペクトルの比で与えられる．以下，$H(f)$ を実測で求める種々の方法を述べる．

11.5.1 正弦波のゆっくりした周波数掃引

「ゆっくりした」と表現したのは後で周波数を急速に変化させる測定に言及するためである．伝達関数は周波数の関数なので，11.4 節で述べたような正弦波の入力信号の周波数を 3 秒または 10 秒程度で一桁変化するような速度で掃引し，振幅と入出力信号間の位相とを測定することができる．多くのディジタル測定システムはこうした機能をもっている．この方法は従来のアナログ計測システムとの連続性が良いのが特徴で，特に非線形性によるひずみの測定結果を旧来のデータと比較するのに具合が良い．一方，11.4.2 項で述べたよう

に周波数掃引の速度が速すぎると選択率Qの高い共振を忠実に測定できなくなる弊害は残っている。

11.5.2 インパルス信号の繰り返し

インパルス信号を発生する電子回路を用いたインパルスレスポンス$h(f)$の直接測定は以前には広く行われた。測定システムの概念を図11.30に示す。インパルス信号は時間幅が大きいと高い周波数成分が乏しくなり，また振幅を大きくするとトランスデューサやアンプの線形動作範囲を超えるというディレンマのため十分なパワーをもつ入力信号の実現が難しく，騒音や雑音の影響の少ないデータを得るにはきわめて多数回の加算平均を行う必要があり，以下に述べるようなパワーに富む信号を用いて数値計算技術を駆使する測定法が普及してからは使われなくなった。

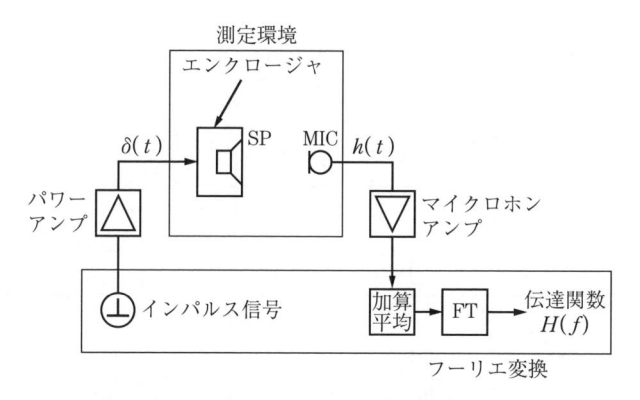

図11.30 インパルスによる伝達関数測定システム

11.5.3 ランダムノイズ信号

ランダムノイズ信号は11.4節で述べたように周波数帯域内のすべての周波数成分を含む。その自己相関関数はインパルスの形になるので出力，入力信号の相互相関関数から数値計算によりインパルスレスポンスが与えられる。

通常の計測システムでは高速フーリエ変換を活用して周波数領域で処理を行

う。ホワイトノイズの場合は式 (11.10) で与えられるスペクトル（ただし，ここではスペクトルの次元はパワーの平方根，すなわち，インピーダンスが既知なら電圧や音圧を導くことのできる量と考えよう。デシベル表示には 20 log を用いることになる）とその複素共役関数（虚部の符号を反転した関数）$X^*(f)$ との積で与えられる**パワースペクトル**（power spectrum, 実関数となる）

$$G_{xx}(f) = X(f)X^*(f) \tag{11.14}$$

が周波数によらない実数の定数になり，十分なパワーをもつことがわかる。したがってインパルスレスポンス測定に向いている。

測定システムの概念を**図 11.31** に示す。FT はフーリエ変換を表す。実際には $X^*(f)$ を分母，分子に掛けて

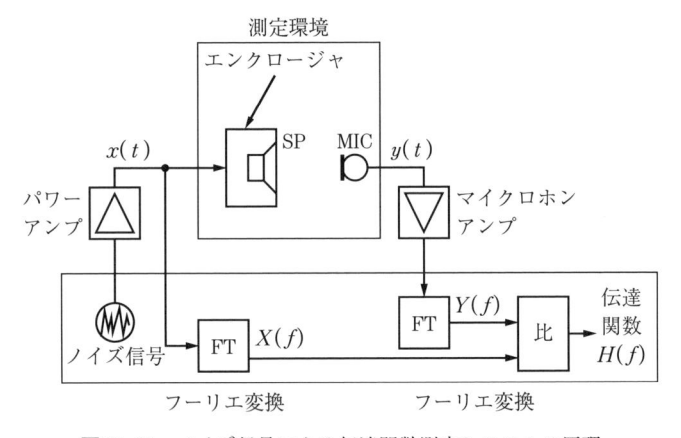

図 11.31 ノイズ信号による伝達関数測定システムの原理

$$H(f) = \frac{Y(f)}{X(f)} = \frac{Y(f)X^*(f)}{X(f)X^*(f)} = \frac{G_{yx}(f)}{G_{xx}(f)} \tag{11.15}$$

のように分母を実数にして計算を簡略化する。ここで分子の

$$G_{yx}(f) = Y(f)X^*(f) \tag{11.16}$$

は Y と X との**クロススペクトル**と呼ばれ，一般に複素関数となる。

ピンクノイズでも同じ取扱いが可能だが，単位周波数幅当りのスペクトルは一定ではなく周波数に逆比例する。したがって，古典的な測定のように一定の

11.5 伝達関数またはインパルスレスポンスの測定　　*235*

選択率（Q値）を保って中心周波数が変化するフィルタを使って分析するとスペクトルは周波数によらず一定となる。ディジタル計測システムでは内部の計算は周波数に関してリニアスケールで行われるが，$H(f)$は比で与えられるので対数スケールで表示する場合も補正は不要となる。

　自己相関関数がインパルスの形になる信号はランダムノイズ信号以外にもあり，それぞれ特徴をもっている。例えばコンピュータによりシフトレジスタの組合せから生成されるM系列信号は同様の原理による伝達関数の測定に利用できる。

11.5.4 TSP信号（スウェプトサイン信号）

　インパルス信号において周波数成分の時間遅延量を周波数に応じて変化させるとインパルスの幅が有限に広がり，十分なパワーをもつ信号を形成することができる[30]。この種の信号の代表例として **TSP信号**（time-stretched pulse signal, 時間引延ばしパルス信号）または**スウェプトサイン信号**（swept-sinusoidal signal）があり，トランスデューサや室内音響の測定に用いられる機会が多い。**表11.1**を用いてこの信号の性質をインパルス信号と比較しよう。

　時間の原点にある単位の大きさのインパルス信号のスペクトルを周波数によらず1と考える。このとき，原点から時間τ遅れた単位インパルス信号のスペクトルは表の第2列のように$\exp[-j2\pi f\tau]$で表される。ここで$2\pi f\tau$は時間τの間の周波数fの成分の位相の回転量で，例えばτが1/10秒のときfが100 Hzなら20π〔rad〕，1 000 Hzなら200π〔rad〕となる。位相が一回転する時間は周波数が10倍なら1/10となるから，この式はすべての周波数成分の遅延時間が同じτ秒となり，インパルスはその形を変えずにτ秒遅れることを表している。

　この変形として表の第3列のように

$$X(f) = \exp\left[-j2\pi f\tau\left(\frac{f}{f_n}\right)\right] \tag{11.17}$$

表 11.1 インパルス信号と時間引延ばしパルス信号
(f_n は基準周波数, t_n は基準時刻, a は定数)

	インパルス信号		時間引延ばしパルス信号	
	$t=0$ で生起するインパルス	$t=\tau$ で生起するインパルス	リニア掃引 正弦波信号	対数掃引 正弦波信号
$x(t)$	(波形図)	(波形図)	(波形図)	(波形図)
$X(f)$	1	$\exp[-j2\pi f\tau]$	$\exp\left[-j2\pi f\tau\left(\dfrac{f}{f_n}\right)\right]$	$\dfrac{\exp\left[-j2\pi f\tau\log_e\left(\dfrac{f}{f_n}\right)\right]}{\sqrt{\dfrac{f}{f_n}}}$
周波数成分の遅延時間	0 (遅延なし)	τ (周波数によらず一定)	$\tau\left(\dfrac{f}{f_n}\right)$	$\tau\log_e\left(\dfrac{f}{f_n}\right)$
瞬時周波数	—	—	$f_i\left(1+a\dfrac{t}{t_n}\right)$	$f_i a^{\frac{t}{t_n}}$
周波数の時間変化の概念	—	—	(リニアスケール グラフ)	(リニアスケール / 対数スケール グラフ)

注：アナログ量の指数関数，対数関数の変数は物理的次元（ディメンション）をもたない無名数でなければならない。本書の所論ではこれに留意して定式化している。

11.5 伝達関数またはインパルスレスポンスの測定

のようなスペクトルをもつ信号を生成すると，周波数 f の成分の遅延時間 τ は周波数が高いほど長くなる。したがって波形は表の上欄のように周波数が増加する正弦波となる。ここで f_n は基準の遅延時間を与える周波数である。周波数の変化は表の下のグラフのように一様増加となる。

この波形が TSP 信号（時間引延ばしパルス信号）と呼ばれ，時間長が有限のため十分なパワーを与えることができるので広く用いられている。

TSP 信号を用いた測定システムの概念を図 11.32 に示す。出力信号は

$$F(f) = \exp\left[+j2\pi f\tau\left(\frac{f}{f_n}\right)\right] \tag{11.18}$$

のような周波数特性をもつフィルタを通してから分析する。このフィルタは式 (11.17) の逆の特性をもつので逆フィルタと呼ばれる。被測定系が信号の変化を生じない系なら出力は 1，すなわちインパルスレスポンスのスペクトルとなり，なんらかの変化があればそれを表す伝達関数が得られることになる。実際には図 11.33 のように，信号にはインパルス（時間領域）から変換するのではなく式 (11.17) のスペクトル（周波数領域）を計算で生成し，逆フーリエ変換して時間領域の波形としたものを用いる。

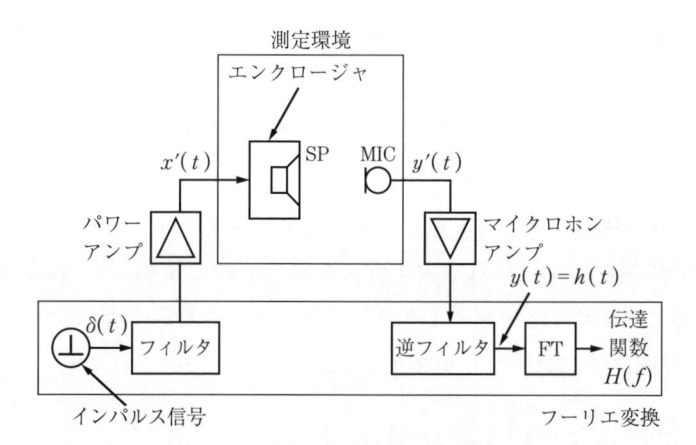

図 11.32 時間引延ばしパルス信号による伝達関数測定システムの概念

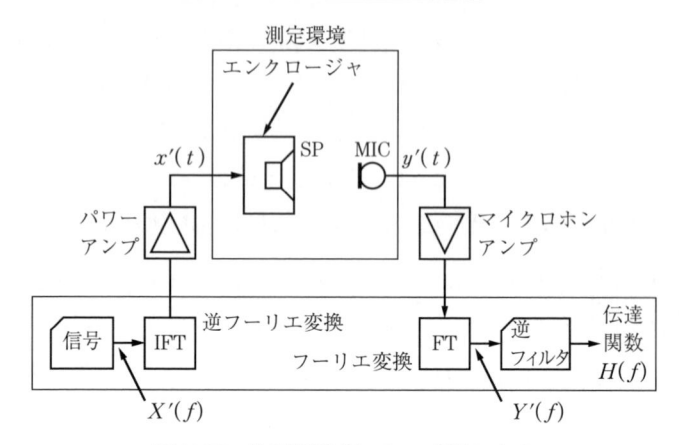

図 11.33 時間引延ばしパルス信号による
実用的な伝達関数測定システム

式 (11.18) で表されるスペクトルをもつ上記の信号は，振幅が周波数によらず一定であり，周波数が時間とともに線形に変化するのでホワイトノイズに対応する性質をもつものと位置づけられ，**ホワイト TSP 信号**と呼ばれる。これに対して表 11.1 の第 4 列に示す

$$X(f) = \frac{\exp\left[-j2\pi f \tau \log_e\left(\frac{f}{f_n}\right)\right]}{\sqrt{\frac{f}{f_n}}} \tag{11.19}$$

のようなスペクトルをもつ信号は，スペクトルの振幅の平方根が周波数に反比例し（すなわち $-3\,\mathrm{dB/oct}$ の特性であり），また表の下部のグラフのように周波数が指数関数的に増大していく（対数スケールでプロットすると直線になる）のでピンクノイズに対応する性質をもつものと位置づけられ，**ピンク TSP 信号**と呼ばれてオーディオトランスデューサの測定に用いられる。この信号を用いるときには逆フィルタとしては

$$F(f) = \sqrt{\frac{f}{f_n}} \exp\left[+j2\pi f \tau \log_e\left(\frac{f}{f_n}\right)\right] \tag{11.20}$$

のような周波数特性をもつものを用いる。

TSP 信号を用いた測定の技術は，ディジタル計測システム用途に開拓され

たので，一般に標本化されたディジタル信号を用いて生成される．ホワイト TSP 信号を与える式 (11.17) は下記のようになる．ここで N はコンピュータに蓄積される標本データの数（通常 2 のべき乗数），n は周波数に対応する 0 から $N-1$ までの整数，b は定数である．

$$X(n) = \begin{cases} \exp[-jbn^2] & n = 0, 1, 2, \cdots, \dfrac{N}{2} \\ \exp[jb(N-n)^2] & n = \dfrac{N}{2} + 1, \cdots, N-1 \end{cases} \quad (11.21)$$

また，ピンク TSP 信号を与える式 (11.19) は次のようになる．

$$X(n) = \begin{cases} \dfrac{\exp[-jbn \log n]}{\sqrt{n}} & n = 0, 1, 2, \cdots, \dfrac{N}{2} \\ \dfrac{\exp[jb(N-n) \log(N-n)]}{\sqrt{n}} & n = \dfrac{N}{2} + 1, \cdots, N-1 \end{cases} \quad (11.22)$$

例えば，標本化周波数 44.1 kHz で $N = 16\,384$ 点（2^{14} 点）とすると，1.3 Hz から 22 kHz まで 0.37 秒で掃引する信号が得られる．通常はこれを繰り返し用いて加算平均する．繰り返しの間の無音区間はトランスデューサのインパルスレスポンスの長さ（通常数 10 ミリ秒以下）より長くとるほうがよい．

TSP 信号は周波数掃引速度が旧来の周波数掃引測定に比べてきわめて速いが，逆フィルタを用いるので 11.4.1 項で述べた共振点通過におけるレスポンスの乱れは補正される．

11.6　コーンスピーカの振動部の定数の測定

オーディオトランスデューサに関して行うべき測定は電気音響変換特性のみではない．ここでは重要な例として，動電スピーカ，特に広く用いられている直接放射形コーンスピーカユニットの振動系の定数（等価質量 m 〔kg〕，支持部のスチフネス s 〔N/m〕および機械抵抗 r 〔Ns/m〕）を求めるための測定の方法を述べる．

コーンスピーカユニットは使用する周波数帯域の下限で顕著な共振現象を示

す．その共振周波数 f_0 と選択率 Q とは3章で求めた式を変形した

$$f_0 = \frac{1}{2\pi}\sqrt{\frac{s}{m}} \tag{11.23}$$

$$Q = \frac{2\pi f_0 m}{r} = \frac{s}{2\pi f_0 r} = \frac{\sqrt{sm}}{r} \tag{11.24}$$

の式で与えられる．4章で述べたようにコーンスピーカではこの共振特性は電気インピーダンス周波数特性における顕著な共振峰として現れるので，これより m, s および r 相互の比が求められる．したがって，三つのうちいずれか一つが測定できればすべての定数が知られることになる．

動電スピーカユニットでは振動部に質量を付加し，それによる共振周波数 f_0 の変化から m を求めることが多い．例えば，振動部に既知の質量 m_a を付加したら共振周波数が Δf 下降したとすれば

$$f_0 = \frac{1}{2\pi}\sqrt{\frac{s}{m}}, \qquad f_0 - \Delta f = \frac{1}{2\pi}\sqrt{\frac{s}{m+m_a}} \tag{11.25}$$

を解いて m を求めることができる．

実際には質量 m_a を数種類用意し，複数の共振周波数の測定データから図式的に m を算出することが多い．式 (11.23) を変形すると

$$\frac{1}{f_0^2} = \frac{4\pi^2}{s}(m + m_a) \tag{11.26}$$

となるので，**図 11.34** のようなグラフでは測定点は直線の上に乗る．したがって最小2乗法などにより m を読み取ることができることになる．

付加質量の装着により，振動系の重心が過度にずれると異常な振動を生じるので，付加質量には薄い金属円盤が適している．例えば，直径 8〜12 cm のコーンスピーカユニットでは m が数グラムなので1円硬貨（約1グラム）などを数個用意し，振動系の中央部に接着するのが便利である．

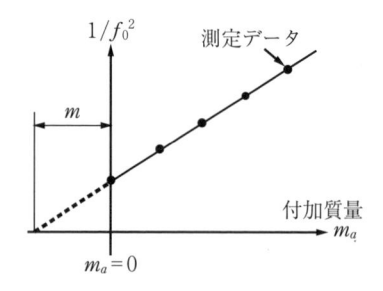

図 11.34 付加質量法による等価質量の測定

11.7 可逆変換器の相互校正

2章で，音響測定の基準として標準コンデンサマイクロホンが用いられることを述べた。これは音圧の値を正確に測定する道具である。しかし，これを校正するためのメートル原器のような標準器は原理的に不要である。標準マイクロホンは複数を用意すると，それぞれの感度をたがいに校正できるのである。この方法は**相互校正法**（reciprocity calibration）と呼ばれる。ここでその原理を述べよう。

コンデンサマイクロホンの音圧感度は式 (5.22) のように，次のように与えられる。

$$K_P = \frac{E_o}{P} \approx \frac{BS}{(z+z_0)(Y+Y_0)} \tag{11.27}$$

ここで E_o は出力電圧〔V〕，P は入力音圧〔Pa〕，B は力係数，S は振動膜の有効面積〔m^2〕，z と z_0 とは振動膜およびその音響負荷の機械インピーダンス〔Ns/m〕，Y と Y_0 とはマイクロホンおよび外部電気回路の電気アドミタンス〔Ω^{-1}〕である。

コンデンサマイクロホンは可逆変換器なのでイヤホン（音源）として動作した時の感度も定義できる。基本方程式が圧電イヤホンと同じなので，その値は式 (5.32) と同じく次のようになる。

$$K_E = \frac{P}{E_i} = -\gamma P_0 \frac{S}{G} \frac{B}{j\omega(z+z_0)} \tag{11.28}$$

ここで P は出力音圧〔Pa〕，E_i は入力電圧〔V〕，γ は空気の定圧比熱と定積比熱との比（常温1気圧の空気では約1.4），P_0 は大気圧〔Pa〕，G は負荷となっている空気室の容積〔m^3〕である。右辺の負号は電子回路の設計で吸収できるので以下省略する。

これより次のように二つの感度の比を求められる。

$$\frac{K_P}{K_E} = j\omega \frac{G}{\lambda P_0} \frac{1}{(Y+Y_0)} \tag{11.29}$$

ここで Y_0 はマイクロホンの電気アドミタンスで，キャパシタンスが C なら $j\omega C$ である。Y は増幅器の入力電気アドミタンスで通常

$$|Y| \ll \omega C \tag{11.30}$$

となるように設計される。したがって式 (11.39) は次のようになる。

$$\frac{K_P}{K_E} \approx j\omega \frac{G}{\lambda P_0} \frac{1}{j\omega C} \equiv J \frac{1}{j\omega C} \tag{11.31}$$

この式は係数 J とマイクロホンの電気インピーダンスとの積である。J は相反定数と呼ばれる周波数，大気圧および負荷となる空気室の容積のみの関数でトランスデューサの定数によらない。このような関係は他種の可逆トランスデューサでも成立するので，一般にマイクロホンとしての感度と音源としての感度の比はトランスデューサによらずに決められる。

相互校正法はこれを利用する。いまマイクロホン 1，2 および 3 の三つの，感度の知られていない標準コンデンサマイクロホンを用意したとしよう。

まず図 11.35 のようにマイクロホン 1，2 をカプラと呼ばれる波長より小さい空気室で結合し，1 に電圧 E_i を印加して音源とし，カプラ内に音圧 P を発生させる。2 はマイクロホンとして動作して電圧 E_o を発生する。これらの電圧の比より

$$\frac{E_o}{E_i} = \frac{P}{E_i} \frac{E_o}{P} = K_{E1} K_{P2} = \left(J \frac{1}{j\omega C}\right)^{-1} K_{P1} K_{P2} \tag{11.32}$$

のように二つのマイクロホンの感度の積が求まる。ここで添え字の数字はマイクロホンの番号である。キャパシタンス C は共通と仮定しているがマイクロ

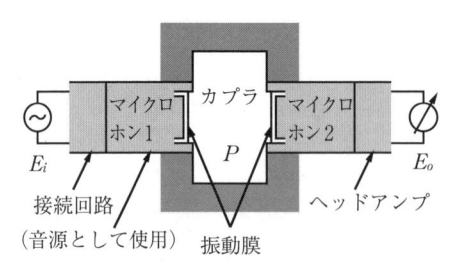

図 11.35　二つのマイクロホンのカプラによる結合

ホン1,2で相違するときは補正が可能である。

次にマイクロホン3を音源としてマイクロホン1および2と結合して測定すると $K_{P3}K_{P1}$ および $K_{P3}K_{P2}$ が求まるので，これらの比を取ると

$$\frac{K_{P3}K_{P1}}{K_{P3}K_{P2}} = \frac{K_{P1}}{K_{P2}} \tag{11.33}$$

が求められる。式(11.32)と式(11.33)の積をとれば K_{P1} がわかる。この方法を用いて二つのマイクロホンの感度を導くことができる。

マイクロホン3は音源として使うのみなので他種のトランスデューサでもよいが，カプラとの結合の精度確保などの理由で同種のマイクロホンを用いることが多い。

わが国をはじめとする各国の音響標準はこの方法で維持されている。

引用・参考文献

1) 吉川昭吉郎，渡辺真吾，梶浦英男：無響室の吸音処理にたいする一つの試み，日本音響学会講演論文集，1-3-8（1965）
2) 服部守：興立産業株式会社の残響室について，電子情報通信学会研究報告，音響 66.2-34（1967）
3) IEC 4869-1 "Acoustics-Hearing protectors-Part 1 : Subjective method for the measurement of attenuation"
4) IEC 61094-1 "Measurement microphones-Part 1 : Specifications for laboratory standard microphones"
5) JIS C 5515「標準コンデンサマイクロホン」
6) IEC 61094-4 "Measurement microphones-Part 4 : Specifications for working standard microphones"
7) IEC 60942 "Electroacoustics-Sound calibrators"
8) IEC 60318-1 "Electroacoustics-Simulators of human head and ear-Part 1 : Ear simulator for the measurement of supra-aural and circumaural earphones"
9) IEC 60318-2 "Electroacoustics-Simulators of human head and ear-Part 2 : An interim acoustic coupler for the calibration of audiometric earphones in the extended high-frequency range"
10) IEC 60318-4 "Electroacoustics-Simulators of human head and ear-Part 4 : Occluded-ear simulator for the measurement of earphones coupled to the ear by means of ear inserts"

11) ITU-T P.57 "Artificial ears"
12) IEC 60268-5 "Sound system equipment-Part 5 : Loudspeakers"
13) JIS C 5532「音響システム用スピーカ」
14) ITU-T P.51 "Artificial mouth"
15) IEC 61842 "Microphons and earphones for speech communications"
16) JEITA RC-8104B「音声通信用マイクロホン及びイヤホン」
17) IEC/TR 60318-7 "Electroacoustics-Simulators of human head and ear-Part 7 : Head and torso simulator for acoustic measurement of hearing aids"
18) ANSI S.36 "Specification for a manikin foe simulated in-situ airborne acoustic measurements"
19) IEC 60268-7 "Sound system equipment-Part 7 : Headphones and earphones"
20) ITU-T P.58 "Head and torso simulator for telephonometry"
21) JEITA RC-8024A「スピーカシステム」
22) JEITA RC-8060A「マイクロホン」
23) JEITA RC-8141「音楽鑑賞用ヘッドホン」
24) 山田直平, 栗山国雄：動的共振曲線の性質, 電学誌, **63**（658）pp. 289-292（1943）
25) JEITA RC-8100B「音響機器通則」
26) 三浦種敏編：新版聴覚と音声, 電子情報通信学会（1980）
27) JIS Z 1502（1990）「普通騒音計」
28) JEITA RC-8100B「音響機器通則」
29) 佐藤史明：室内音響インパルス応答の測定技術, 音響会誌, **58**, 10, pp. 669-676（2002）
30) 鈴木陽一, 浅野太, 金学胤, 曽根敏夫：時間引き伸ばしパルスの設計法に関する考察, 電子情報通信学会研究報告, EA92-86（1992）

12 オーディオトランスデューサを用いる音響システム

　この章では，これまでに述べたオーディオトランスデューサの応用例としていくつかの実用音響システムを概観する。代表として音楽鑑賞用のオーディオ再生装置と電話機とを取り上げるほか，より小規模ながら重要な工業製品となっているノイズキャンセルヘッドホンにも注目しよう。

12.1　オーディオ再生システム

　音楽信号の再生を目的とする**オーディオ再生システム**（sound reproduction system）は，黎明期の蓄音機，ラジオから出発して20世紀中期には基本的な生活用品の地位を確立し，さらに改良が続けられてきた。1950年代後半以降は**2チャネルステレオシステム**（2-channel stereophonic system）が標準となり，オーディオセット，ステレオセットの名で親しまれている[1]。

　オーディオセットの記録再生方式は，聴取方式に応じて**表12.1**のように分類されている。ただし，ステレオ記録に際しては多数のマイクロホンを用いて録音し，あとで2チャネルにミックスダウンすることも多い。ここではステレオホニックおよびバイノーラルをステレオと総称する。

　オーディオ再生システムの性能の目安として，再生可能な周波数帯域とチャネル数があげられる。例えばCD（コンパクトディスク），ラジオ放送などの再生を主目的とする一般家庭用のオーディオ再生システムは左右二つのチャネルそれぞれが40 Hz程度〜20 kHzまでの周波数帯域をもち，室内に音圧レベル90 dB程度の音を放射できれば十分といえる。一方，現在の技術課題は周波

表 12.1 オーディオセットにおける記録再生方式

	記録方法	再生方法
ステレオホニック	空間の 2 点にそれぞれマイクロホンを配置して記録	二つのスピーカを左右に配置して音場で聴取
バイノーラル	同上，ただし HATS* を用い，両耳の位置にマイクロホンを配置して録音するのが合理的とされる	2 チャネルのヘッドホンを用いて聴取
モノホニック	空間の 1 点にマイクロホンを配置して記録	一つのスピーカを用いて音場で聴取
モノーラル	同上	イヤホンを用いて片耳で聴取

＊　head and torso simulator…人の上半身の模型（11.2.3 項参照）

数帯域のさらなる拡大とチャネル数の増加であり，すでに 10 Hz 台～50 kHz 程度まで，また最大 5 チャネル（前中央，右および左前，右および左後）まで再生できる装置が一般家庭に進出するに至った。

〔1〕 **構成の概要**

中規模のオーディオ再生装置の一つのチャネルの構成を**図 12.1** に示す。上記のような広い周波数帯域を 1 個のスピーカユニットで満足な周波数特性，指向特性を保って音響放射するのは不可能なので，低音用スピーカユニット（**ウーファ**, woofer）および高音用スピーカユニット（**ツィータ**, tweeter）を用意し，前者にはローパスフィルタを，後者にはハイパスフィルタを通して二つの周波数帯域に分割した信号をそれぞれ印加している。ツィータには図のようにレベル調整器を付加することもある。こうした素子は通常 1 個のスピーカ

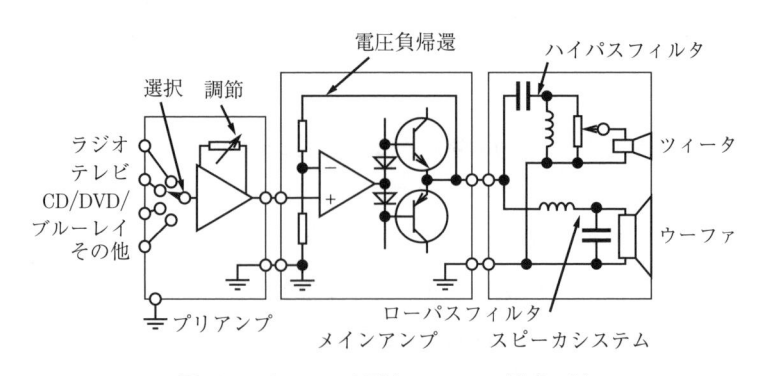

図 12.1　オーディオ再生システムの構成の例

ボックスに収められる。これをスピーカシステムと呼ぶ。大規模な装置では周波数帯域をさらに分割し、中音用スピーカユニット（**スコーカ**, squawker またはミッドレンジ, mid-range）、超高音用スピーカユニット（スーパーツィータ, super tweeter）、超低音用スピーカユニット（サブウーファ, sub-woofer またはスーパーウーファ, super woofer）を用いることもある。一般に低い（波長の長い）周波数を十分な音圧で放射するスピーカユニットは大形となる。一方、ステレオ再生装置のサブウーファは、人の耳に強い方向感覚を与えない約 100 Hz 以下の信号のみを再生するように構成すれば、複数のチャネルの信号を加算して 1 個のユニットで放射させることができる。ただし、急峻なローパスフィルタを用いる、振動板を正面に向けないなど、高い周波数成分が聴取者に届かないように配慮することが必要となる。

〔2〕 アナログパワーアンプ

11 章でふれたように、現在用いられているスピーカの大多数はダイナミックスピーカである。この種のスピーカの電気インピーダンスは 4, 8, 16 Ω が通例であり、電圧増幅器の入力インピーダンス（数 10 kΩ 以上）に比べ非常に小さい。また、スピーカはマイクロホンやヘッドホンとは段違いに大きなパワー（電力、例えばピーク値で数 10 W 以上）を取り扱うので通常の電圧増幅回路では力不足となる。このため、**パワーアンプ**（power amplifier）と呼ばれる専用のアンプが用いられる。スピーカを用いるオーディオ再生システムではパワーアンプが大きさ、重量、消費電力の点で最も目立つものとなっており、そのため**メインアンプ**（main amplifier）と呼ばれることもある。通常のパワーアンプは内部で強い電圧負帰還がかけられており、このため出力電気インピーダンスがスピーカの電気インピーダンスより非常に小さいので、実用上定電圧源とみなしてよい。市販のアンプ内蔵スピーカは専用のパワーアンプを内蔵している。

メインアンプに信号を供給するため**プリアンプ**（pre-amplifier）が用いられる。プリアンプの機能は信号の電圧増幅のほかラジオチューナ、CD プレーヤ、

DVDプレーヤなど種々の装置からの入力信号を選択すること，および音量や音質を調整することであり，このため**コントロールアンプ**（control amplifier）と呼ばれることもある。中規模以下の装置ではプリアンプとメインアンプとを一体化したプリメインアンプ，さらにはこれにラジオチューナまで組み込んだレシーバと呼ばれるものが用いられる。

パワーアンプは大きな電力，したがって大きな電流を供給するのが使命となるので，電圧増幅器の後に大きな電流を送り出せる回路を付加する必要がある。こうした回路は出力電流を大幅に増大させる機能をもつので電流ブースト回路と呼ばれる。

コンプリメンタリプッシュプル回路（complementary push-pull circuit）と呼ばれる電流ブースト回路の基本的な例を**図12.2**に示す[2)]。NPN，PNPの2種のトランジスタのエミッタどうしを接続して直列で用いる。直流電源は中点を接地し，＋側をNPNのコレクタに，－側をPNPのコレクタに加える。図のようにダイオードを用いるなどの方法で，それぞれのトランジスタのベースに与える直流電圧をベース～エミッタ間電圧に近い値に設定すると，入力の交流電圧の＋側では上側のNPNが導通して下側のPNPはオープンとなり，また－側では上側のNPNがオープンとなって下側のPNPが導通するので，それぞれのトランジスタが交流の半分ずつを受けもつことになる。

実際のパワーアンプでは大きな電力を少ないひずみで出力するために種々の工夫が加えられ，複雑な回路となっている。また電流ブーストのためのトラン

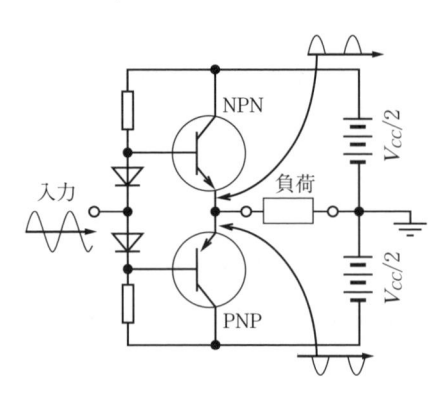

図12.2 コンプリメンタリプッシュプル回路

ジスタには，大きな電力を扱うことのできるパワートランジスタと呼ばれる素子が放熱器とともに用いられる。この構成はNチャネル，Pチャネルの2種の電界効果トランジスタ（FET）を用いて構成することもできる。特にMOSFETは波形ひずみが少ないとされて好んで用いられ，そのため大電流に耐える大形のパワーMOSFETと呼ばれる素子が市販されている。

こうしたパワーアンプは，最近は次に述べるスイッチングパワーアンプと区別するためにアナログパワーアンプと呼ばれるようになった。

〔3〕 **スイッチングパワーアンプ**

大電流用のトランジスタ，特にパワーMOSFETのスイッチング速度が高速化されるとともに，スイッチングを用いた発熱の非常に少ないパワーアンプが実用化され，カーオーディオシステムやサラウンドステレオシステム用の多チャネルパワーアンプなどに普及している。**スイッチングパワーアンプ**（switching power amplifier）と呼ばれるこの種のアンプの構成の例を**図12.3**に示す[2]。

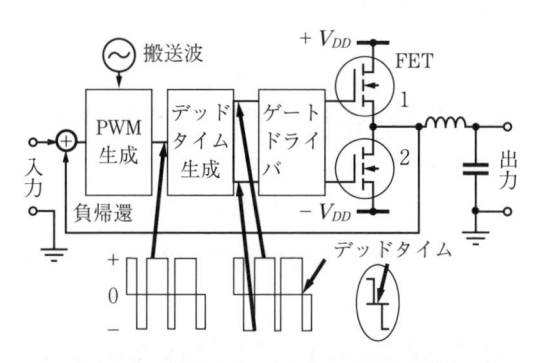

図12.3 スイッチングパワーアンプの構成

このアンプでは内蔵の発振器により，搬送波と呼ばれる高周波数（例えば500 kHz以上）の方形波を生成し，これを用いて入力オーディオ信号を**パルス幅変調**（pulse width modulation, PWM）に変換する。よく用いられるコンパレータ（比較回路）によるPWM生成方式を**図12.4**に示す。三角波の搬送波とオーディオ信号波とを比較し，オーディオ信号が大きいときには電圧$+V$を，小さいときには$-V$を出力するようにすると図のようにオーディオ信号

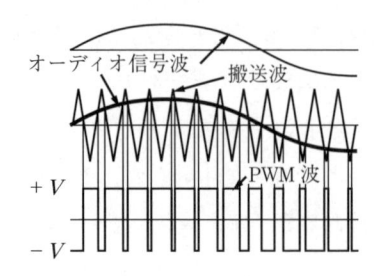

12. オーディオトランスデューサを用いる音響システム

図12.4 PWM波の生成

の振幅がパルスの幅に変換された信号が得られる。この信号をプッシュプル回路に加えて大電流の出力信号を生成する。

　この回路の最大の特徴は，最終段の電流ブースタ素子には $+V$，$-V$ の2種の電圧のみが供給されることである。電圧 V が十分大きければトランジスタなどのブースタ素子はスイッチング素子として動作し，$+V$ のときは上側がショートで下側がオープン，$-V$ のときは下側がショートで上側がオープンとなる。ショートのときには電圧が0，オープンのときには電流が0となるからいずれも電力の損失がなく，電流ブースト素子の発熱がない（実際には過渡現象などにより多少の発熱があるが大きな熱量ではない）。したがって従来のパワーアンプより消費電力が段違いに少なく，また発熱を気にせずにオーディオシステムへ実装できる。

　ただし，実際のアンプでは内部の処理がオーディオアンプに比べ段違いに高速となるので，回路の動作遅延や波形の変形に対して手厚い防護が必要となる。例えば動作遅延のためプッシュプル回路の二つのブースタ素子の両方が導通となって直流電源を短絡してしまうことを防ぐため，図12.3のように電圧が0となる部分（デッドタイムと呼ばれる）を挿入することが行われる。

　PWM波形はローパスフィルタを通して搬送波成分を除去すると元のオーディオ信号の波形に戻るので，コイルとコンデンサからなるフィルタを通してスピーカに接続する。

　発熱の少ないスイッチングパワーアンプは家庭用マルチチャネルシステム，カーオーディオシステム，プロフェッショナル用途の大形システムのいずれにも広く導入され，従来のアナログパワーアンプを駆逐している。なお，この種

のアンプをディジタルアンプと呼ぶ例があるが，標本化，量子化といった本格的なディジタル処理を行っていないので，やや不適切な名称であろう。

〔4〕 小形のシステム

一方，こうした性能追求とは異なるオーディオ再生装置の技術的進歩として，小形軽量化があげられる。ディジタルメモリや CD プレーヤとヘッドホン駆動用アンプを組み込んだポータブルステレオ再生システムでは，電子回路の高度な IC 化，スイッチなどの機構の小形化，小形電池の大容量化，長寿命化などにより身に着けられる大きさで満足できる性能，実用性をもつシステムが開発され，普及している。この種の装置のオーディオ部の構成は，メインアンプ部が mW 単位の小出力アンプとなっているほかは一般のステレオ再生装置と大差はないが，使用する部品は小形軽量化されている。

12.2 アナログ電話機

電話機，電話システムは恐らく社会的に最も重要なオーディオシステムである。固定電話機，携帯電話機の普及はただちに生活の利便性の向上につながった。また，電話機の故障は急病人の命を危うくする可能性をもたらす。

わが国の有線電話システムでは交換局間などの中継線は完全にディジタル伝送化されており，また大部分の信号は光ファイバで伝送されている。また，顧客（加入者と呼ばれる）の宅内までの回線もディジタル伝送化が進んでいる。しかし，電話システムの末端となるディジタル宅内端末（DSU）と個々の電話機との間の数メートル～数 10 メートルのインタフェースには，特に家庭用では 100 年に近い歴史をもつ 2 本の銅線による低周波アナログ伝送が，今なお広く用いられている。ここではこうしたアナログインタフェースのための電話機（telephone set）の音響信号に関する技術に着目しよう[3],[4]。

〔1〕 構 成 の 概 要

電話機の構成の概要を図 12.5 に示す。大部分の電話通話はマイクロホンとイヤホンとをケースに収めて一体化した器具を用いて行われる。片手で握って

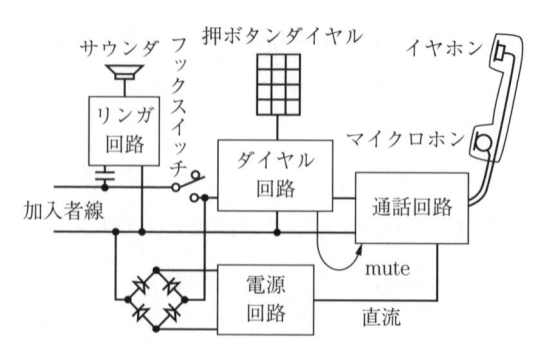

図12.5 アナログ電話機の基本構成

用いるものを**ハンドセット**（handset, 送受器）と呼び，最も一般的である．同じ構成で通話者の頭部または耳に装着して用いるものを**ヘッドセット**（headset）と呼ぶ．

　通話者が電話機からハンドセットを取り上げるとフックスイッチが閉じ，ダイヤル回路と**通話回路**（speech circuit）が**加入者線**（subscriber line）を通して交換機に接続される．通話者が押しボタンダイヤルを操作するとダイヤル信号が送出される．ダイヤル信号にはDP信号，PB信号の2種類がある．前者は加入者線を$1/10 \sim 1/20$秒の頻度で数字の回数（0は10回）だけ断続するものであり，スイッチの開閉で発信される．後者は**表12.2**のように2種の可聴周波数の正弦波の組合せで数字，#および*を表現するもので，直接または通話回路のマイクロホン信号出力回路を通して発信される．いずれも発信時には**阻止信号**（mute signal）を通話回路に送出してイヤホン増幅器の感度を落とし，通話者の耳を保護する．

　通話回路は電話交換機などから回線を通して印加されている直流電流を電源

表12.2 PB信号に用いる周波数

1	2	3	697 Hz
4	5	6	770 Hz
7	8	9	852 Hz
*	0	#	941 Hz
1 209 Hz	1 336 Hz	1 477 Hz	

として動作している．直流の正負が反転することがあるので，電源回路はダイオードを用いて直流電圧の極性をそろえ，さらにコンデンサなどで平滑化して供給する．

現在の多くの製品はマイクロホンにエレクトレットコンデンサマイクロホンを，イヤホンには動電イヤホンを用いている．イヤホンには圧電形もみられる．サウンダには圧電形または動電形が用いられる．

〔2〕 側音防止回路

図 12.5 より知られるとおり，電話の低周波アナログ伝送方式では相手に送る信号と相手から受け取る信号とを同一の電線に混合して双方向伝送するので，マイクロホンから回線へ送出する信号が話者のイヤホンにも印加される．これを**側音**（sidetone）と呼ぶ．通常のアナログ電話システムではこれが過大となって通話品質に悪影響を及ぼす．このため，これを阻止してイヤホンに相手からの信号のみを印加するため側音防止回路が用いられる．

側音防止回路には電気抵抗によるもの，トランスによるもの，トランジスタによるものがあり，旧来の電話機ではトランスを用いるものが一般的だった[5]．しかし，1980 年代より電話機回路に IC が用いられるようになって通話信号の増幅が可能となったので，信号減衰が大きいがきわめて小形軽量となる抵抗ブリッジ形式の回路が広く用いられるようになった．例を**図 12.6** に示す．電話回線のインピーダンスは**図 12.7** の例のように電気抵抗と電気容量の組合

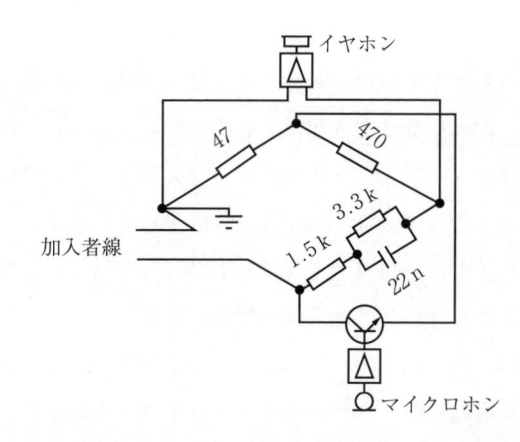

図 12.6 アナログ電話機の側音防止回路の例

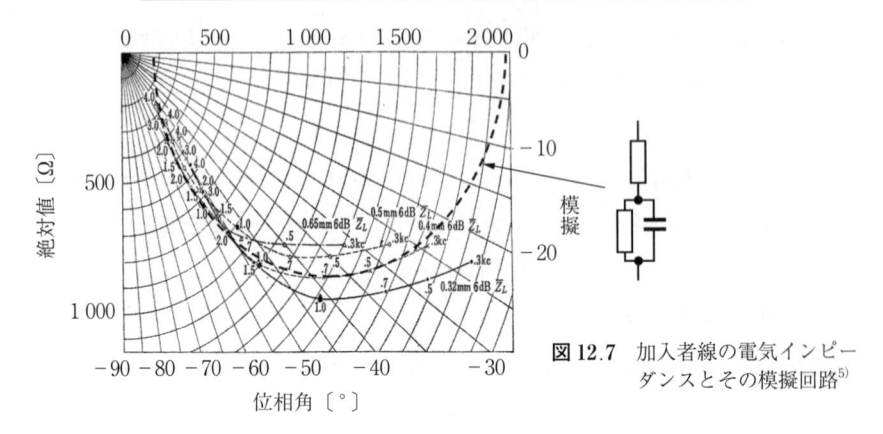

図 12.7 加入者線の電気インピーダンスとその模擬回路[5]

せのような特性を示すので，これを模擬する回路（平衡回路網と呼ばれる）を二つの電気抵抗と一つのコンデンサにより構成し，ブリッジの枝路に挿入してバランスをとることにより，マイクロホンからイヤホンに印加される信号を減殺している．

　図の上側の枝路の二つの抵抗の値が 1 : 10 となっているのは，加入者線に直列に入ってマイクロホンからの出力信号を分圧する側の電気抵抗の値を小さくするためである．これには，平衡回路網の電気インピーダンスを回線のインピーダンスの 10 倍とし，コンデンサに小形で安価な低容量のものを使用できるようにする効果もある．

　回線に電力を供給するマイクロホン増幅器は数 mW の出力を要するので，マイクロホンアンプの終段にはやや大形のトランジスタを配置する．これに比べ，イヤホン増幅器は小出力のものでよいが，回線からの信号が平衡回路網と電気抵抗とで分圧されるので，これを補償する利得が必要となる．こうした通話用増幅器，電源回路などを包含し，コンデンサや大形の電気抵抗などを外付けして用いる安価なモノリシックアナログ IC が市場に供給されており，これにリンガ（呼び出し）回路，ダイヤル回路（ディジタル IC 化されている），押しボタンスイッチ，サウンダなどを付加して電話機が構成される．

　光加入者線，ISDN などの有線ディジタルシステム，携帯電話や PHS などの無線電話システム，ディジタル構内交換システムやインターネット電話システ

ムなどのディジタル電話通話システムでは，送出信号と受容信号とは論理的に別のチャネルを用いるので側音は発生しない．実際には側音がまったくないと通話に不自然感が生じるので，適量の側音を生成する回路を付加している例がある．

12.3 ノイズキャンセルヘッドホン

ポータブルオーディオセットの普及とともに，航空機内，列車内など大きな騒音のある場所でも音楽を楽しみたいというニーズに応える騒音防止ヘッドホンが開発されてきた．当然ながら開放形ではなく密閉形ヘッドホンであり，現在は耳載せ形および挿耳形が商品となっている．

耳との密着性を吟味して密閉性を確保すれば高い周波数の騒音は遮断できるが，後述のように低い周波数の騒音を的確に遮断するには高い押付け力による厳密な密閉が必要で，使用感がうっとうしいものとなる．このため，耳孔に侵入する騒音と同振幅で逆符号（逆位相）の音を電子回路により形成し，トランスデューサユニットから発音する**アクティブ騒音制御**（active noise control）の技術を用いた**ノイズキャンセルヘッドホン**（noise cancelling headphone）が実用化されて受け入れられた．現在ではヘッドホン商品の重要な一部となっている．

アクティブ騒音制御は 1950 年代に米国で提案された[6]．最も簡単な構成を**図 12.8** に示す[7),8)]．スピーカ，アンプ，マイクロホンを用意し，騒音によるマイクロホンの出力電圧 E が最小になるようにアンプの伝達特性 H を調整するとマイクロホンの近傍では騒音が抑制される．この方法を**フィードバック制御**（feedback control）と呼ぶ．ただし，この方法ではマイクロホンの出力を完全に 0 にするとスピーカの出力も 0 になるので抑圧ができないことになる．

現在のノイズキャンセルヘッドホンの代表的な構成を**図 12.9** に示す．密閉形イヤホン部の外部に騒音を検出するマイクロホンを置き，これに接続されたマイクロホンアンプ，オーディオ信号を増幅するイヤホンアンプを内蔵し，マイクロホンアンプの出力をイヤホンアンプの入力に加算する方式で，**フィード**

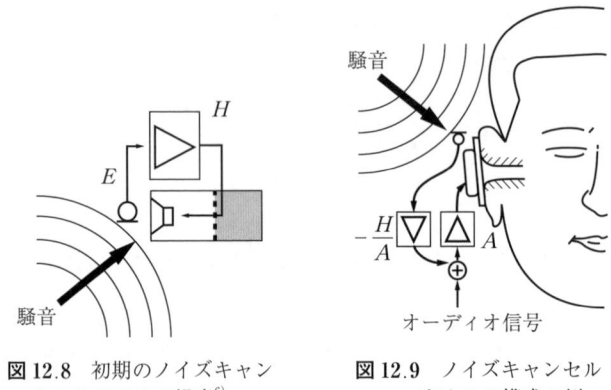

図 12.8 初期のノイズキャンセルシステムの提案[6]

図 12.9 ノイズキャンセルヘッドホンの構成の例

フォワード制御（feed-forward control）と呼ばれる．耳元での外部騒音とそれが漏入した耳孔内部の騒音との間の伝達関数を H とし，A をイヤホンアンプの入力端子とイヤホンの出力音との間の伝達関数とするとき，マイクロホンアンプの伝達関数を図のような値にしておけば耳孔内に同振幅で逆符号の音が生成され，騒音がキャンセルされることになる．各部の定数をプリセットし，適応制御を省略すればシステムは少消費電力のアナログ半導体回路のみで構成され，単4乾電池1本程度の小さな電源で動作する．

実用化のために試作されたノイズキャンセルヘッドホンをHATS（ヘッドアンドトルソシミュレータ，11章参照）の耳部に装着して測定して得られた特性の例を**図 12.10**に示す．周囲騒音としてはピンクノイズをスピーカで放射した．

「ヘッドホンなし」はHATSの耳孔に直接侵入する騒音で，HATSの音場効果のため高い周波数領域が上昇している．HATSにヘッドホンを装着したときの「ヘッドホン装着ノイズキャンセルOFF」のデータより知られるように，このヘッドホンによる耳孔密閉の効果は1 kHz弱を境界とし，これより高い周波数領域では効果的だが低い周波数領域では効果が薄い．これに比べ「ノイズキャンセルON」のデータより知られるように，アクティブ制御による騒音抑圧機能の効果はこうした低い周波数領域で顕著で，密閉による騒音遮蔽の効果

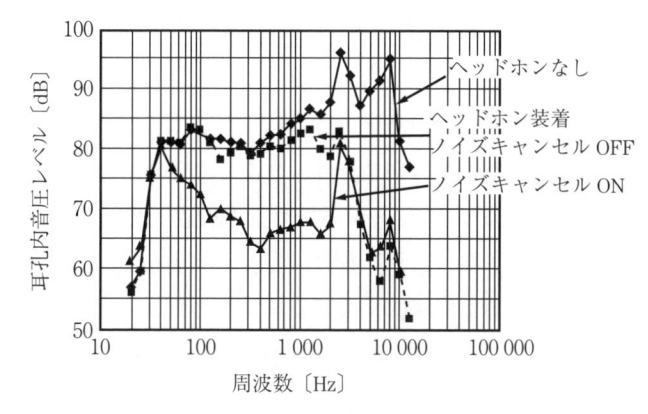

図 12.10 試作ノイズキャンセルヘッドホンの特性の例
耳載せ形ヘッドホン HATS 使用（ホシデン提供）

を補完している。

この試作品では 2.5〜3 kHz に共振が発生し，ノイズキャンセル機能が効かなくなっている。こうした現象はときに見られるもので，密閉部分に隙間がないか，HATS のみならず実耳でも発生しないかなどを吟味し，量産商品化のための設計改善をすすめていくことになる。

ノイズキャンセルヘッドホンは，価格が明らかに上がるが聴覚的に顕著な改善が実感できるのでユーザに受け入れられた。しかし，騒音の種類や大きさにより騒音抑圧効果が変化するなど，微妙な設計を要する技術であることも知られている。電子情報技術産業協会（JEITA）ではこうした問題を精査し，この種のヘッドホンの評価法を規格化した[9]。

12.4 労働集約産業から設備産業へ

12.4.1 マイクロホン産業の変容：一つの例

IC の導入による高度なシステム化は少品種大量生産化を促し，製造業者の少数寡占化を促進させて電子通信システムのあり方を一変させた。民生用として大量生産されるオーディオトランスデューサ産業も例外ではなく，ここ 40 年ほ

どの間に構造が激変した。この経緯を業界団体の刊行した資料で観察してみよう[9]。

わが国の電子部品の展示会だったエレクトロニクスパーツショーでは 1961 年より展示各社のカタログの綴りを刊行していた。この展示会が 1964 年より内容が拡大されてエレクトロニクスショーとなり，さらに 2000 年より通信機業界の展示会だったコミュニケーション東京を合併して CEATEC JAPAN となってからも電話帳を上回る厚さ，重さのカタログ集が 2001 年まで刊行されてきた。その後は各社の企業概要とホームページの URL を収録した CD-ROM に移行し，商品情報のためのまとまった刊行物は消滅している。

このカタログ集から 1961 年から 2001 年までにマイクロホン製品を掲載した会社の数を求めると図 12.11 のようになる。グラフの縦軸は種類ごとの項目数で，例えば 2001 年がダイナミック 2，エレクトレットコンデンサ 4，計 6 となっているのはカタログに両者を掲載した会社が 2 社，後者だけを掲載した会社が 2 社あったためである。ワイヤレスマイク，ヘッドセットのようなシステム製品は省略している。

これには放送，録音業界用や標準計測用は含まれておらず，また電話機用が

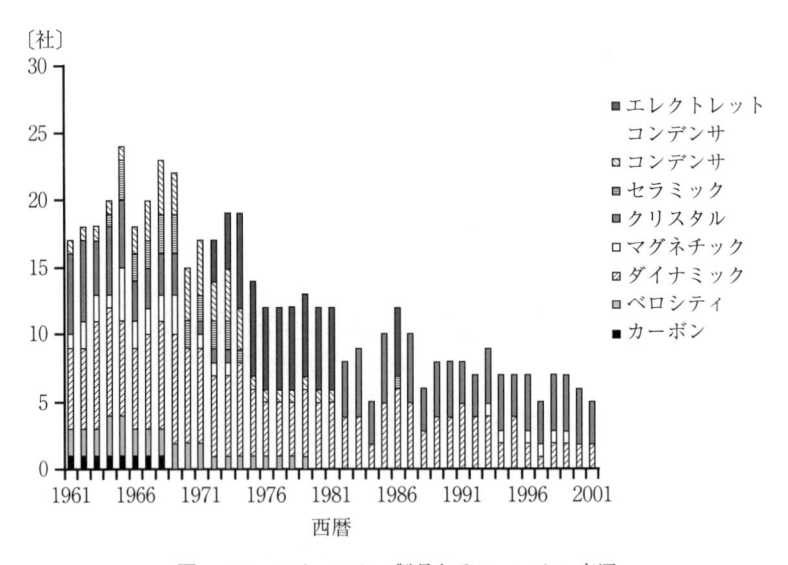

図 12.11 マイクロホン製品とそのメーカの変遷

12.4 労働集約産業から設備産業へ

入ったのは1985年の電電公社民営化に伴う電話端末開放より後だが，この表よりわが国の民生用，学校，事務所用などのマイクロホンの大きな流れを概観することができる。

1970年代前半まで市販のマイクロホンは多種多様であった。カーボンマイクが生き残っていたのに驚かれる方もあろう。当時はいずれのマイクロホンも労働集約的な工程で作られており，スイッチ，リレーのような機構部品の仲間とされてきた。1964年にセラミックマイクが出現して耐久性に欠けるクリスタルマイクが淘汰されたが状況は不変だった。

この流れを変えたのが1970年代に出現したエレクトレットコンデンサマイクロホンだった。これが急速にシェアを伸ばして他種のマイクロホンを駆逐し，1980年以降のマイクロホン製品は，これとダイナミックマイクに集約された。

エレクトレットコンデンサマイクロホンの製造工場は最終選別まで含めて完全に自動製造化され，人手による工程は最小限となって価格が急降下していく。この段階でマイクロホンは機構部品から脱却し，トランジスタやICと相似の電子部品の一つになった。これに伴い群小メーカが淘汰(とうた)されて寡占化がすすんだのだった。

こうした動きはスピーカなど多種のトランスデューサにもみられる。21世紀になってからはこれに工場の海外移転が重なり，わが国ではトランスデューサの製造現場そのものが激減している。

旧来のオーディオトランスデューサの世界では「作ってみたら動いた」という技術が実用化される余地があったが，産業界の構造が少品種大量生産に変化した現在では物理現象をしっかり把握し，定量化して設計することが肝要になっている。本書で物理的意味とその定量化を述べるのに留意し，またそのための基礎資料を付録として用意したのは，こうした産業界の動きに対応したいからにほかならない。

12.4.2 産業界と研究の世界との乖離

12.3節で述べたノイズキャンセルヘッドホンに用いられたアクティブ騒音

制御技術は1950年代に提案された古典的な原理を活用したものだった。同じ原理は自動車の室内のこもり音の低減にも広く用いられている。これは車内にマイクロホンを配置し，カーオーディオシステムのスピーカから音を放射するフィードバック制御システムで，車室内の音場を詳細に定量化してマイクロホンアンプの特性を決め，窓を開けるなどのため特性の乱れが予想されるときには制御を停止するなどの配慮をしている。

これとは別に，1980年代よりディジタル信号処理システムを活用し，外界の音響特性の変化に追随して特性を自動制御する適応フィルタを用いた高度なアクティブ騒音制御法の研究が盛んになった。すでに多数の研究者が論文や試作システムを発表し，この分野をまとめる国際会議も開催されている。

しかし，こうした信号処理技術を広く実用化した例は少なく，製品では現在のところ上記のような古典的な原理によるものが主流である。多くの分野でみられる産業界と研究の世界との乖離のなかでも，この技術分野は顕著な乖離を生じている例といえるであろう。

ディジタル信号処理による適応フィルタシステムを商品化するときの大きな障害はコストである。従来なかった部品を既存のシステムに加えるときには，コスト上昇が無視できるか，またはそれによる価格上昇がユーザに受け入れられることが必須である。ノイズキャンセルヘッドホンは後者の例であった。対象が波長に比べ狭い耳孔内のため適応フィルタをもたない単純なアナログシステムでも十分な騒音抑圧が可能なので大きな価格上昇がなく，電源も単4電池で済んだのが幸いした。

自動車に導入されたケースは興味深い。こもり音の周波数が200 Hz以下なので波長が車室の大きさより大きく，ヘッドホンと同じく古典的なプリセット式のアナログシステムを使うことができた。このため回路規模が小さく，またスピーカをカーオーディオシステムと共用するなどの方法で価格上昇が抑えられた。さらに最初の実用化例では，従来こもり音の減殺のため加えられていた鉄製の構造部材が省略できてコストが相殺され，コストに大差がなければ軽いほうがよい，というのが導入の理由となった。

アクティブ騒音制御技術のこうした適用手法は，適応フィルタの応用のためにこれを手掛けた研究者からは発見できないであろう．結果としてオーディオシステムの分野では産業界と研究の世界との乖離が30年来続いているわけである．

工学の研究はいずれ産業界に役に立つことを目指すものである．じつは筆者も適応ディジタルフィルタの応用からアクティブ騒音制御の研究実用化の世界に入り込んだ一人で，事業部から要求されるコスト低減に悪戦苦闘しており，古典的なアナログ技術の自動車やヘッドホンへの適用の成功を見て反省させられるところが多かった．

産業界はいつの時代も最適な技術を真剣に追及している．それは必ずしも華麗な最新技術ではない．産業界の構造が少品種大量生産に変化した現在，研究の世界にはこうした実務の世界を視野に入れることのできる「柔軟な工学者」の精神が必要ではないだろうか．

引用・参考文献

1) 中島平太郎：応用電気音響，音響工学講座 2，コロナ社（1979）
2) 大賀寿郎，梶川嘉延：電気の回路と音の回路，音響入門シリーズ B-3，コロナ社（2011）
3) 大賀寿郎：電電公社における電話オーディオ技術の研究実用化　前編：復興から成長の時代，Fundamentals Review，電子情報通信学会，5, 2, pp. 114-127（2011）
4) 大賀寿郎：電電公社における電話オーディオ技術の研究実用化　後編：充足から商品化の時代，Fundamentals Review，電子情報通信学会，5, 3, pp. 205-222（2011）
5) 増沢健郎，山口善司，三浦宏康，武田尚正，田島清，山崎新一，古沢明：600 形電話機，電気通信協会（1964）
6) H. F. Olson，西巻正郎訳：音響工学　下巻，近代科学社（1959）
7) 日本音響学会誌「小特集　音・振動のアクティブ制御」，47, 9（1991）
8) 大賀寿郎，山崎芳男，金田豊：音響システムとディジタル処理，電子情報通信学会（1995）
9) JEITA RC-8142「ノイズキャンセルヘッドホン」
10) 大賀寿郎：マイクロホン小史 ―民生用途のマイクロホンを中心に―，音響会誌，64, 11, pp. 650-655（2008）

付　　　　　録

種々の機械振動体の共振周波数

　オーディオトランスデューサの動作を知るには，その振動板などの機械振動部の物理的な動作を把握しておくことが必須である．試行錯誤で作って音楽信号を入れて聴くだけでは工業製品の技術には届かない．

　多くのトランスデューサに用いられる機械振動部は有限の大きさをもつ弾性体であり，その振動には可付番無限個の振動モード（振動姿態）とそれらに対応する共振周波数が存在する．その様子を知ることが，トランスデューサの動作を知るために必須となる．

　こうした検討の基礎資料として，トランスデューサの解析でよく使われる種々の機械振動体のモデルをとりあげ，実用上重要なたわみ振動（横振動）における共振周波数の計算式を整理しておこう．振動による変位は一般に空間（座標）と時間の関数となるが，ここでは空間の関数と時間の関数の積に変数分離可能な座標系で記述できる条件に限ることとする．また，時間の関数を角周波数 ω〔rad/s〕の正弦波と仮定し，空間の関数を**振動変位**と呼ぶ．なお，振動変位は振動体の大きさに比べ微小な値とし，非線形の変形や永久変形を招く大振幅は考慮しない．

A.1　弦　の　振　動

　最初に，楽器に広く用いられるピンと張られた弦（string）の振動を考えよう．弦はオーディオトランスデューサには縁が薄い振動体だが，あらゆる機械振動体の基本となるものである．

〔1〕　弦を伝わる波の速度

　長さ l〔m〕，単位長当りの質量（線密度）ρ〔kg/m〕の弦の両端に張力（tension）T〔N〕が加えられて張られているとする．弦は丈夫だが細く軟らかくて弾性が無視でき，横方向（長手方向に対して直角な方向）に変形したときの復元力は張力のみに由来すると考える．

　この弦のある部分をたたく，引っ張って離すなどの方法で一時的な横方向の変位を

A.1 弦の振動

与えると,これが両側に一致の速度 c〔m/s〕で伝わっていく。最初に,このときの T, ρ および c の関係を P. M. Morce の手法[1]で理解しよう。

図 **A.1** のような,二つのリールの間に張力 T〔N〕でピンと張られている弦を考える。リールは周速度 v〔m/s〕で回転し,弦を巻き取っている。この弦は曲がったガラス管の中を通り抜けながら走っている。

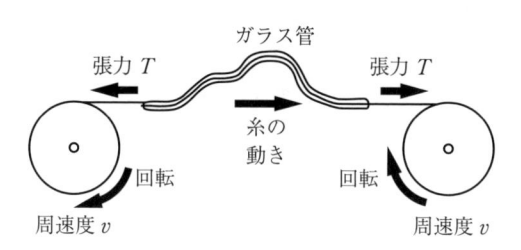

図 A.1 弦のモデル[1]

ガラス管を通り抜けている長さ δs の微小部分を図 **A.2** のように取り出してみる。微小部分だからガラス管は半径 R〔m〕の円弧と考えてよい。両側の張力の向きが異なるので,弦はその円弧の内側向きの分力

$$f_T = \varphi T = T\frac{\delta s}{R} \tag{A.1}$$

でガラス管の壁をこすりながら走っている。

一方,円弧を描いて走っている弦には外側向きの遠心力

$$f_R = \rho \delta s \frac{v^2}{R} \tag{A.2}$$

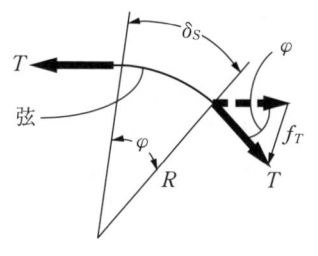

図 A.2 管を通っている弦の微小部分

が作用する。したがって実際にガラス管の壁にかかる力は

$$f_T - f_R = \frac{\delta s}{R}(T - \rho v^2) \tag{A.3}$$

となる。

この力は,弦の送られる速度が

$$v = \sqrt{\frac{T}{\rho}} \tag{A.4}$$

のときに釣り合って 0 になり,ガラス管の壁には力が加わらないことになる。この条件はガラス管の曲率半径によらない。したがって,ガラス管を溶かして取り去ってしまっても弦は図 A.1 の形を保って走っていることになる。いま,張力を保ったままリールの回転が突然停止したとすると,この形に変形している部分が速度 v で,こ

れまで弦が走っていたのとは逆の向きに走り出す。この速度が弦を伝わる波の伝搬速度 c である。波が弦の固定端に達すると反射し，同じ伝搬速度で反対向きに走り出すことになる。

次に，両端を固定されて張力 T で張られた長さ l の弦を考える。弦に沿って x 座標をとり，一端を $x=0$，他端を $x=l$ とする。点 x における角周波数 ω〔rad/s〕の横方向の振動変位を $X(x)$ とすると，**自由振動**（free vibration）を表す方程式は次のようになる。

$$\frac{d^2 X}{dx^2} + \omega^2 \frac{\rho}{T} X = \frac{d^2 X}{dx^2} + \frac{\omega^2}{c^2} X = \frac{d^2 X}{dx^2} + k^2 X = 0 \tag{A.5}$$

ここで $k=\omega/c$ は波定数である。

〔2〕 共振現象と共振周波数

微分方程式 (A.5) の解となりえるのは三角関数からなる

$$A\sin kx + B\cos kx \tag{A.6}$$

のような関数だが，$x=0$ および $x=l$ では弦は動かないから，振動変位 $X=0$ という境界条件を満たさなければならない。まず $x=0$ での条件より cos の項は解になりえない。また $x=l$ での条件より

$$\begin{aligned}\sin kl &= 0 \\ \therefore kl &= m\pi\end{aligned} \tag{A.7}$$

でなければならないので，k の値は $m\pi/l$（$m=1, 2, 3, \cdots$：整数）以外の値をとることができない。したがってこの弦は角周波数

$$\omega_m = \frac{m\pi}{l}\sqrt{\frac{T}{\rho}} \tag{A.8}$$

以外の周波数では自由振動することができない[†1)]。この周波数を**共振周波数**（resonant frequency）または**固有周波数**（eigenfrequency）と呼ぶ。

それぞれの m 値には特有の振幅分布が対応する。これを**固有モード**（normal mode）と呼ぶ。$m=1$ および 2 に対応する固有モードを図 **A.3** に示す。

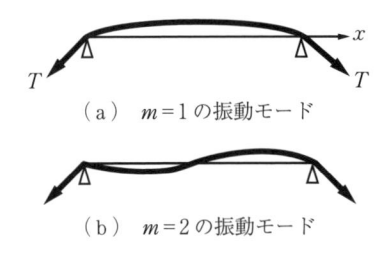

（a） $m=1$ の振動モード

（b） $m=2$ の振動モード

図 **A.3** 弦の振動の固有モード

---

† 当然ながら，外部から力を与えて強制的に振動させれば，どんな周波数ででも振動できる。

A.2 膜 の 振 動

単位面積当りの質量（面密度）ρ〔kg/m²〕の膜（membrane）に面内の単位長当りの張力 T〔N/m〕が加えられて張られているとする。膜は丈夫だが薄く軟らかくて弾性が無視でき，横方向（静止面に対して直角な方向）に変形したときの復元力は張力のみに由来すると考える。

こうした膜は弦が2次元に広がったものと解釈され，その性質は弦に似ている。横変形の並みの速度は

$$v = \sqrt{\frac{T}{\rho}} \tag{A.9}$$

で与えられる。

A.2.1 長方形の膜

横 a〔m〕，縦 b〔m〕の直方体の膜の振動を考えよう[1]。点 (x, y) における角周波数 ω〔rad/s〕の振動変位を $X(x, y)$ とすると，自由振動を表す方程式は次のようになる。

$$\frac{d^2X}{dx^2} + \frac{d^2X}{dy^2} + \omega^2 \frac{\rho}{T} X = \frac{d^2X}{dx^2} + \frac{d^2X}{dy^2} + \frac{\omega^2}{c^2} X$$

$$= \frac{d^2X}{dx^2} + \frac{d^2X}{dy^2} + k^2 X = 0 \tag{A.10}$$

ここで $k = \omega/c$ は波定数である。

この方程式は

$$X(x, y) = X_x(x) X_y(y) \tag{A.11}$$

と変数分離して解くことができ，自由振動を表す方程式は次のようになる。

$$X_y \frac{d^2X_x}{dx^2} + X_x \frac{d^2X_y}{dy^2} + k^2 X_x X_y = 0 \tag{A.12}$$

変形して整理すると次のようになる。

$$\frac{1}{X_x} \frac{d^2X_x}{dx^2} = -\frac{1}{X_y} \frac{d^2X_y}{dy^2} - k^2 \tag{A.13}$$

この左辺は x のみの，右辺は y のみの関数だから，この等式が成立するためには両辺は定数でなければならない。これを $-\zeta^2$ とすると次の二つの式を得る。

$$\left. \begin{array}{l} \dfrac{d^2X_x}{dx^2} + \zeta^2 X_x = 0 \\[2mm] \dfrac{d^2X_y}{dy^2} + \left(k^2 - \zeta^2\right) X_y = 0 \end{array} \right\} \tag{A.14}$$

266　付　　　　　録

　これらの方程式の解になりうるのは弦の場合と同じように三角関数（sinまたはcos）だが，$x=0$ および $y=0$ では膜は動かないから振動変位 $X=0$ という境界条件を満たさなければならないので cos の項は解になりえない。また $x=a$ および $y=b$ でも振動変位 $X=0$ という境界条件より

$$\left.\begin{array}{l}\sin\sigma a=0 \\ \therefore \zeta a=m\pi\end{array}\right., \text{および} \left.\begin{array}{l}\sin\sqrt{k^2-\zeta^2}\,b=0 \\ \therefore \sqrt{k^2-\zeta^2}\,b=n\pi\end{array}\right\} \quad (A.15)$$

でなければならない。ここで m および n の値は 1, 2, 3, …という整数で，たがいに独立である。したがって波定数 k は

$$k^2=\pi^2\left[\left(\frac{m}{a}\right)^2+\left(\frac{n}{b}\right)^2\right] \quad (A.16)$$

以外の値を取ることができないので，この膜は角周波数

$$\omega_m=\pi\sqrt{\frac{T}{\rho}}\sqrt{\left(\frac{m}{a}\right)^2+\left(\frac{n}{b}\right)^2} \quad (A.17)$$

以外の周波数では自由振動することができない。この周波数を共振周波数または固有周波数と呼ぶ。

　それぞれの m，n 値の組合せには特有の振幅分布が対応する。これを固有モードと呼ぶ。小さな m，n 値に対応する固有モードを**図A.4**に示す。

　　（a）（1, 1）モード　　　　（b）（1, 2）モード

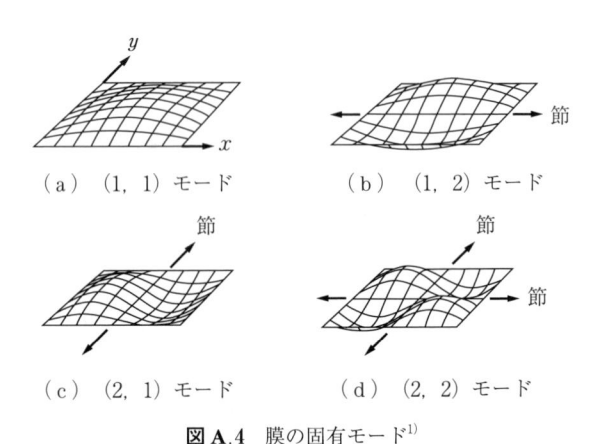

　　（c）（2, 1）モード　　　　（d）（2, 2）モード

図A.4　膜の固有モード[1]

A.2.2　円形の膜

　半径 a 〔m〕，単位面積当りの質量 ρ 〔kg/m^2〕の円形の膜の周辺に，単位周辺長当りの張力 T 〔N/m〕が加えられて張られているとする[2]。膜は丈夫だが薄く軟らかくて弾性が無視でき，横方向（膜面に垂直な方向）に変形したときの復元力は張力に由

A.2 膜の振動

来すると考える。膜の中心を原点として半径 r，角度 θ の2次元極座標をとると膜の周辺は $r=a$ と表される。角周波数 ω〔rad/s〕の振動変位を $X(r, \theta)$ とするとこの振動現象は

$$X(r, \theta) = X_R(r) X_\theta(\theta) \tag{A.18}$$

と変数分離して解くことができ，自由振動を表す方程式は次のようになる。

$$X_\theta \frac{d^2 X_R}{dr^2} + X_\theta \frac{1}{r} \frac{dX_R}{dr} + \frac{X_R}{r^2} \frac{d^2 X_\theta}{d\theta^2} + \omega^2 \frac{\rho}{T} X_R X_\theta = 0 \tag{A.19}$$

変形して整理すると，次のようになる。

$$\frac{r^2}{X_R} \frac{d^2 X_R}{dr^2} + \frac{r}{X_R} \frac{dX_R}{dr} + \omega^2 \frac{\rho}{T} r^2 = -\frac{1}{X_\theta} \frac{d^2 X_\theta}{d\theta^2} \tag{A.20}$$

この左辺は r のみ，右辺は θ のみの関数だから，この等式が成立するためには両辺は定数でなければならない。これを ζ^2 とすると，右辺を用いて次式を得る。

$$\frac{d^2 X_\theta}{d\theta^2} + \zeta^2 X_\theta = 0 \tag{A.21}$$

三角関数 $\sin(n\theta)$ または $\cos(n\theta)$ がこの微分方程式の解となりえる。ただし，中心の周りを1回転した（θ が 2π 増えた）ときに元の値に戻るためには ζ が整数 $n (n = 1, 2, 3, \cdots)$ でなければならない。一方，式 (A.20) の左辺を用いて次式を得る。

$$\frac{d^2 X_R}{dr^2} + \frac{1}{r} \frac{dX_R}{dr} + \left(\omega^2 \frac{\rho}{T} - \frac{n^2}{r^2}\right) X_R = 0 \tag{A.22}$$

この微分方程式はベッセルの微分方程式であり，定数 α を含むベッセル関数 $J_n(\alpha r/a)$ およびノイマン関数 $N_n(\alpha r/a)$ が解となりえる。しかし後者は中心で負の無限大となるため不適当である。さらに，$r=a$ で $X=0$ という境界条件がある。したがって，規準定数が次の方程式より与えられる。

$$J_n(\alpha_{mn}) = 0 \tag{A.23}$$

ここで $m=1, 2, 3, \cdots, n=0, 1, 2, 3, \cdots$（いずれも整数）であり，$m$ は円周方向の節の数（周辺を含む），n は直径方向の節の数を表す。次数の低い範囲での α_{mn} の値を表 A.1 に示す。共振角周波数はこれを用いて次の式で与えられる。

表 A.1 円形膜の振動の基準定数

	$n=0$	1	2	3	4
$m=1$	2.405	3.832	5.136	6.380	7.588
2	5.520	7.016	8.417	9.761	11.065
3	8.654	10.173	11.620	13.015	14.373
4	11.792	13.324	14.796	16.223	17.616
5	14.931	16.471	17.960	19.409	20.827

$$\omega_m = \frac{\alpha_{mn}}{a}\sqrt{\frac{T}{\sigma}} \tag{A.24}$$

$(m, n) = (1, 0), (2, 0)$ および $(1, 1)$ に対応する振動モードを図 **A**.5 に示す。

(a) (1, 0) モード　　(b) (2, 0) モード　　(c) (1, 1) モード

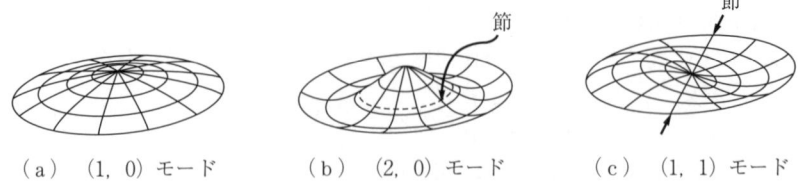

図 A.5　円形膜の振動モード[1)]

A.3　まっすぐな棒のたわみ振動

長さ l 〔m〕，単位長当りの質量 ρ 〔kg/m〕，断面積 S 〔m^2〕の一様な弾性体からなる，断面の大きさに比べ長さが長い棒（bar）のたわみ変形振動を考える[3), 4)]。棒に沿って x 座標をとり，一端を $x=0$，他端 $x=l$ をとする。点 x における角周波数 ω 〔rad/s〕の振動変位を $X(x)$ とすると，自由振動を表す方程式は次のようになる。

$$\frac{d^4X}{dx^4} - \omega^2 \frac{\rho S}{EI} X = \left(\frac{d^2}{dx^2} + \omega\sqrt{\frac{\rho S}{EI}}\right)\left(\frac{d^2}{dx^2} - \omega\sqrt{\frac{\rho S}{EI}}\right)X = 0 \tag{A.25}$$

ここで E 〔N/m^2〕は棒の材料のヤング率，I 〔m^4〕は棒の曲げにくさを表す断面 2 次モーメントである。代表的な断面形状に対する断面 2 次モーメントの値を**表 A**.2

表 A.2　棒の断面形状と断面 2 次モーメント
（振動変形の方向は上下方向とする）

	断面形状	断面 2 次モーメント
矩　形	$2h$, b	$I = \dfrac{2}{3}bh^3$
楕円, 円	$2a$, $2b$	$I = \dfrac{\pi}{4}a^3b$ 半径 a の円形断面： $I = \dfrac{\pi}{4}a^4$
中空円	半径 a, 半径 b	$I = \dfrac{\pi}{4}(a^4 - b^4)$

に示す。

定数 α を含む三角関数 $\sin(\alpha x/l)$, $\cos(\alpha x/l)$ および双曲線関数 $\sinh(\alpha x/l)$, $\cosh(\alpha x/l)$ がこの微分方程式の解となりえる。次項以降で述べる種々の境界条件より弦の振動と同様に基準定数 α_m を求めると，m 番目の共振角周波数は次の式で算出される。

$$\omega_m = \frac{\alpha_m^2}{l^2}\sqrt{\frac{EI}{\rho S}} \tag{A.26}$$

A.3.1 両端を支持された棒

両端を支持された棒の振動の境界条件は，両端 $x=0$ および $x=l$ において

$$\left. \begin{array}{l} X=0 \text{（振動変位がない）} \\ \dfrac{d^2 X}{dx^2}=0 \text{（棒を曲げようとする力が生じない）} \end{array} \right\} \tag{A.27}$$

と表される。基準定数は次のような弦の振動と相似の式で与えられる。

$$\sin \alpha_m = 0, \quad \text{したがって } \alpha_m = m\pi \tag{A.28}$$

ここで $m=1, 2, 3, \cdots$（整数）である。$m=1$ および 2 に対応する振動モードを図 **A**.6 に示す。

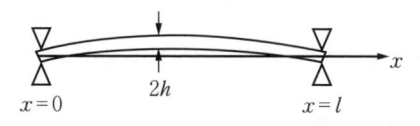

（a） $m=1$ の振動モード

（b） $m=2$ の振動モード

図 **A**.6　両端を支持された棒でのたわみ振動の振動モード

A.3.2 両端が自由な棒

両端が自由な棒の振動の境界条件は，両端 $x=0$ および $x=l$ において

$$\left. \begin{array}{l} \dfrac{d^2 X}{dx^2}=0 \text{（棒を曲げようとする力が生じない）} \\ \dfrac{d^3 X}{dx^3}=0 \text{（棒の上下動を抑える力が生じない）} \end{array} \right\} \tag{A.29}$$

と表される。基準定数は次のような方程式より与えられる。

$$\cos\alpha_m \cosh\alpha_m - 1 = 0 \tag{A.30}$$

ここで $m = 1, 2, 3, \cdots$（整数）である。次数の低い範囲での α_m の値を**表A.3**に示す。また，$m = 1$ および 2 に対応する振動モードを**図A.7**に示す。数学的には $m = 0$ に対応する基準定数も存在するが，これは棒が変形せずに移動する動きを表すので実用的には無意味であろう。

表A.3 両端自由または両端固定の棒の振動の基準定数

m	1	2	3	4	5
α_m	4.730	7.853	10.996	14.137	17.279

（a） $m = 1$ の振動モード

（b） $m = 2$ の振動モード

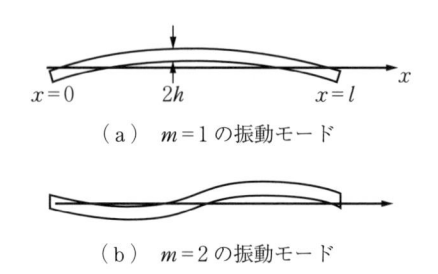

図A.7 両端が自由な棒のたわみ振動の振動モード

A.3.3 両端を固定された棒

両端を固定された棒の振動の境界条件は，両端 $x = 0$ および $x = l$ において

$X = 0$（棒の変位がない）

$$\frac{dX}{dx} = 0 \text{（棒の傾きが生じない）} \tag{A.31}$$

と表される。基準定数を与える方程式は式（A.30）と同じになるので，次数の低い範囲の α_m の値は表A.3で与えられる。両端自由の場合とは異なり，$m = 0$ に対応する基準定数は存在しない。$m = 1$ に対応する振動モードを**図A.8**に示す。

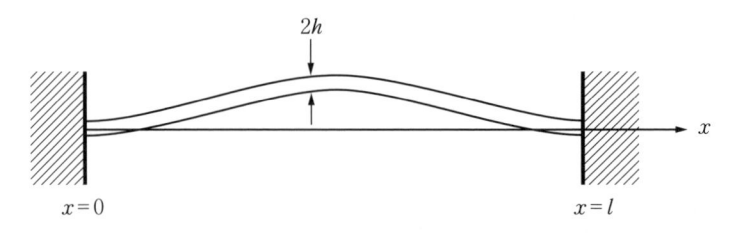

図A.8 両端を固定された棒のたわみ振動の $m = 1$ での振動モード

A.3.4 片　持　ち　梁

一端が固定，他端が自由な棒を片持ち梁（cantilever）と呼ぶ．その振動の境界条件は，一端 $x=0$ において

$$X=0 \quad \text{および} \quad \frac{dX}{dx}=0 \tag{A.32}$$

また，他端 $x=l$ において

$$\frac{d^2X}{dx^2}=0 \quad \text{および} \quad \frac{d^3X}{dx^3}=0 \tag{A.33}$$

と表される．基準定数は次のような方程式より与えられる．

$$\cos\alpha_m \cosh\alpha_m + 1 = 0 \tag{A.34}$$

ここで $m=1, 2, 3\cdots$（整数）である．次数の低い範囲の α_m の値を**表 A.4** に示す．また，$m=1$ および 2 に対応する振動モードを**図 A.9** に示す．

表 A.4　一端固定，他端自由の棒の振動の基準定数

m	1	2	3	4	5
α_m	1.875	4.694	7.855	10.996	14.137

（a）　$m=1$ の振動モード

（b）　$m=2$ の振動モード

図 A.9　片持ち梁のたわみ振動の振動モード

A.4　円形の板のたわみ振動

半径 a〔m〕，厚さ $2h$〔m〕，密度 ρ〔kg/m³〕の一様な弾性体からなる，大きさに比べ薄い円形の板（plate）のたわみ変形振動を考える[4), 5)]．板の中心を原点として半径 r，角度 θ の2次元極座標をとると板の周辺は $r=a$ と表される．角周波数 ω〔rad/s〕のたわみ振動変位を $X(r, \theta)$ とし，これを

$$X(r, \theta) = X_R(r) X_\theta(\theta) \tag{A.35}$$

と変数分離すると，自由振動を表す方程式は次のようになる．

$$\left(\frac{d^2}{dr^2}+\frac{1}{r}\frac{d}{dr}+\frac{1}{r^2}\frac{d^2}{d\theta^2}+\omega\sqrt{\frac{3\rho(1-\sigma^2)}{Eh^2}}\right)$$
$$\times\left(\frac{d^2}{dr^2}+\frac{1}{r}\frac{d}{dr}+\frac{1}{r^2}\frac{d^2}{d\theta^2}-\omega\sqrt{\frac{3\rho(1-\sigma^2)}{Eh^2}}\right)X_R X_\theta = 0 \tag{A.36}$$

ここで $E\,[\mathrm{N/m^2}]$ は棒の材料のヤング率, σ はポアソン比である.

円形膜の場合と同様に, X_θ に関しては三角関数 $\sin(n\theta)$ または $\cos(n\theta)$ がこの微分方程式の解となりえる. 中心の周りを1回転したときに元の値に戻るためには n が整数でなければならない. また, X_R に関しては定数 a を含むベッセル関数 $J_n(\alpha r/a)$, ノイマン関数 $N_n(\alpha r/a)$ および変形されたベッセル関数 $I_n(\alpha r/a)$, $K_n(\alpha r/a)$ がこの微分方程式の解となりえる. しかし N 関数と K 関数とは中心で負または正の無限大となるため不適当である.

J 関数と I 関数とを用いて A.4.1 項以降で述べるような種々の境界条件より棒の振動と同様に規準定数 α_{mn} を求めると, (m, n) 番目の共振角周波数は次の式で算出される.

$$\omega_{mn} = \frac{\alpha_{mn}^2}{a^2}\sqrt{\frac{Eh^2}{3\rho(1-\sigma^2)}} \tag{A.37}$$

ここで ρ は密度, また $m=1, 2, 3, \cdots$, $n=0, 1, 2, 3, \cdots$ (いずれも整数) であり, m は円周方向の節の数 (周辺を含む), n は直径方向の節の数を表す.

なお, 規準定数を与える方程式に現れる J 関数と I 関数の微分は次の公式で変換するのがよい.

$$\left.\begin{aligned}J_n'(z) &= \frac{n}{z}J_n(z) - J_{n+1}(z) \\ I_n'(z) &= \frac{n}{z}I_n(z) + I_{n+1}(z)\end{aligned}\right\} \tag{A.38}$$

A.4.1 周辺を支持された円板

周辺を支持された円板の振動の境界条件は, 周辺 $r=a$ において

$X=0$ (振動変位がない)

$$\left[\frac{\partial^2}{\partial r^2}+o\left(\frac{1}{a}\frac{\partial}{\partial r}-\frac{n^2}{a^2}\right)\right]X=0 \tag{A.39}$$

(板を曲げようとする力が生じない)

と表される. 規準定数は次のような式で与えられる.

$$\frac{J_n(\alpha_{mn})}{I_n(\alpha_{mn})} = \frac{(1-\sigma)\left[n^2 J_n(\alpha_{mn}) - \alpha_{mn}J_n'(\alpha_{mn})\right] - \alpha_{mn}^2 J_n(\alpha_{mn})}{(1-\sigma)\left[n^2 I_n(\alpha_{mn}) - \alpha_{mn}I_n'(\alpha_{mn})\right] - \alpha_{mn}^2 I_n(\alpha_{mn})} \tag{A.40}$$

特例として，直径方向の節のない対称振動のときは $n=0$ となるので，この式は次のように簡略化される。

$$2\alpha_{mn} = (1-\sigma)\left(\frac{J_1(\alpha_{mn})}{J_0(\alpha_{mn})} + \frac{I_1(\alpha_{mn})}{I_0(\alpha_{mn})}\right) \tag{A.41}$$

ポアソン比 $\sigma=1/3$（金属，プラスチックなど多くの材料のポアソン比はこの程度とみなしてよい）の場合の，次数の低い範囲の α_{mn} の値を**表 A.5** に示す。

表 A.5 周辺を支持された円形振動板のたわみ振動の基準定数

	$n=0$	1	2	3	4	5
$m=1$	2.232	3.734	5.065	6.324	7.542	8.731
2	5.455	6.965	8.376	9.726	11.034	12.311
3	8.614	10.140	11.590	12.989	…	…
4	11.762	…	…	…	…	…

A.4.2 周辺が自由な円板

周辺が自由な円板の振動の境界条件は，周辺 $r=a$ において

$$\left[\frac{\partial^2}{\partial r^2} + o\left(\frac{1}{a}\frac{\partial}{\partial r} - \frac{n^2}{a^2}\right)\right]X = 0 \tag{A.42}$$

（板を曲げようとする力が生じない）

$$\left[\frac{\partial}{\partial r}\left(\frac{\partial^2}{\partial r^2} + \frac{1}{r}\frac{\partial}{\partial r}\right) - n^2\left(\frac{2-o}{a^2}\frac{\partial}{\partial r} - \frac{3-o}{a^2}\right)\right]X = 0 \tag{A.43}$$

（板の上下動を抑える力が生じない）

と表される。規準定数は次のような方程式より与えられる。

$$\frac{n^2(1-\sigma)\left[J_n(\alpha_{mn}) - \alpha_{mn}J_n'(\alpha_{mn})\right] - \alpha_{mn}^3 J_n'(\alpha_{mn})}{n^2(1-\sigma)\left[I_n(\alpha_{mn}) - \alpha_{mn}I_n'(\alpha_{mn})\right] - \alpha_{mn}^3 I_n'(\alpha_{mn})}$$
$$= \frac{(1-\sigma)\left[n^2 J_n(\alpha_{mn}) - \alpha_{mn}J_n'(\alpha_{mn})\right] - \alpha_{mn}^2 J_n(\alpha_{mn})}{(1-\sigma)\left[n^2 I_n(\alpha_{mn}) - \alpha_{mn}I_n'(\alpha_{mn})\right] - \alpha_{mn}^2 I_n(\alpha_{mn})} \tag{A.44}$$

特例として，直径方向の節のない対称振動のときは $n=0$ となるので，この式は次のように簡略化される。

$$\frac{J_0(\alpha_{mn})}{J_1(\alpha_{mn})} + \frac{I_0(\alpha_{mn})}{I_1(\alpha_{mn})} = \frac{2(1-\sigma)}{\alpha_{mn}} \tag{A.45}$$

ポアソン比 $\sigma=1/3$ の場合の，次数の低い範囲の α_{mn} の値を**表 A.6** に示す。

表 A.6　周辺が自由な円形振動板のたわみ振動の基準定数

	$n=0$	1	2	3	4	5
$m=0$	—	—	2.315	3.527	4.673	5.788
1	3.001	4.497	5.938	7.281	8.576	9.836
2	6.200	7.723	9.185	10.580	11.934	13.256
3	9.368					
4	12.523					

A.4.3　周辺を固定された円板

周辺を固定された円板の振動の境界条件は，周辺 $r=a$ において
　$X=0$（振動変位がない）

$$\frac{\partial X}{\partial r}=0 \text{（板の傾きが生じない）} \tag{A.46}$$

と表される。基準定数は次のような方程式より与えられる。

$$\frac{J_{n+1}(\alpha_{mn})}{J_n(\alpha_{mn})}+\frac{I_{n+1}(\alpha_{mn})}{I_n(\alpha_{mn})}=0 \tag{A.47}$$

次数の低い範囲の α_{mn} の値を表 A.7 に示す。

表 A.7　周辺を固定された円形振動板の
たわみ振動の基準定数

	$n=0$	1	2	3
$m=1$	3.196	4.611	5.906	7.144
2	6.306	7.799	9.197	10.537
3	9.439	10.958	12.402	13.795
4	12.577	14.109	15.579	17.005
5	15.716	17.256	…	…

A.5　中心に剛体部をもつ環状円形板の対称たわみ振動

動電スピーカやヘッドホンには，中央部をドーム状に成形し，コイルを接着した形態の振動部がよく見られる。こうした振動系は図 A.10 に示すような，中心に変形しない円形剛体部をもつ環状円形板で近似される。ここで剛体部および環状振動板の半径を a および b とする。この境界条件における α_{mn} がわかれば，共振周波数は外半径 a などの振動板の定数と式 (A.37) を用いて計算できる[6]。

外周が固定，内周も傾きが生じない条件のときの対称振動（直径方向の節のない振

A.5 中心に剛体部をもつ環状円形板の対称たわみ振動

図 A.10 中心に剛体部をもつ環状円形板

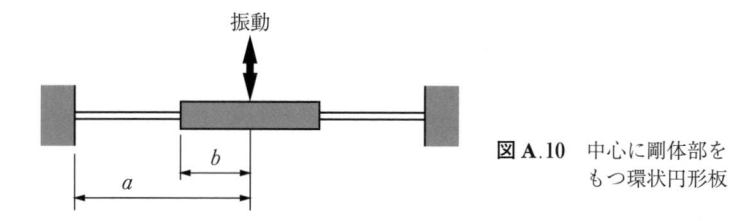

動)における低い範囲での α_{mn} の値を**表 A.8**(a)および(b)に示す[5]。二つのパラメータは

$$\mu = \frac{b}{a} \quad (\text{内外半径比}) \tag{A.48}$$

$$\beta = \frac{m_c}{2\pi\rho h a^2} \quad (\text{剛体部と半径 } a \text{ の円板との質量比}) \tag{A.49}$$

である。ここで m_c は剛体部の質量を表す。$\beta/\mu^2=1$ は剛体部と環状振動板とが同一の材料,厚さの場合であり,中央部をドーム状に成形して変形しにくくした振動板などは(コイルなどがなければ)これに近い条件となる。

表 A.8 中心に剛体部をもつ環状円形板の対称たわみ振動の基準定数

(a) α_1

	$\mu=0$	0.1	0.3	0.5	0.7	0.8	0.9
$\beta/\mu^2=1$	3.196	3.231	3.52	4.208	5.824	7.713	12.697
2	—	3.194	3.306	3.781	5.072	6.63	10.78
3	—	3.157	3.145	3.508	4.640	6.03	9.77
5	—	3.088	2.908	3.161	4.124	5.34	8.63
∞	—	0	0	0	0	0	0

(b) α_2

	$\mu=0$	0.1	0.3	0.5	0.7	0.8	0.9
$\beta/\mu^2=1$	6.306	6.457	7.582	10.087	16.28	24.11	47.70
2	—	6.36	7.33	9.84	16.05	23.89	47.54
3	—	6.27	7.20	9.72	15.95	23.80	47.46
5	—	6.12	7.06	9.62	15.87	23.72	47.40
∞*	—	5.220	6.733	9.446	15.74	23.59	47.30

* $\beta/\mu^2=\infty$ の値はない外周を固定された円環振動板の最低共振周波数に対応する。

276　付　　　　　録

表（a）は基本共振と呼ばれる，振動変位が内周に近づくにつれて増大し，剛体部の振幅が最大振幅となる振動姿態に対する定数である．基本的に剛体部の質量と環状振動板のスチフネスとによる共振なので，中心剛体部の質量が無限大のときには共振周波数は0となる．

表（b）は円周方向の節が一つあり，円環振動板の外周に近い部分と中心の剛体が逆位相で運動するような振動姿態に対する定数である．剛体部の質量が大きくなると節が内周に近づく．無限大のときには剛体部が動かないので，内外周を固定された環状の振動板の共振周波数に対応する値が得られる．

またいずれも，$\mu = 0$ のときの値は表A.7にある円形振動板の値に一致する．

A.6　薄く浅い球殻のたわみ振動の最低共振周波数

A.5節で言及したように，振動板の中央部をドーム状に成形すると剛性が増すので共振周波数が高くなり，それ以下の周波数ではおおむね剛体として動作する．これを殻（shell）と呼ぶ．一般に平板でない振動板は伸び振動とたわみ振動とが相互に影響を及ぼすので，動作方程式が6階微分となり複雑であるが，厚さが薄く，また成形が浅くて平板に近い場合は近似解が有用となる．ここで薄く浅い球殻状の振動板の最低共振周波数に着目しよう．こうした振動板ではドームの周囲の境界条件はさまざまと考えられるが，ここでは固定および自由の場合を述べる[7]．

図A.11のような薄く浅い円形の球殻を考える．球殻の半径をRとするとふくらみの高さHは次のように与えられる．

$$H = \frac{a^2}{2R} \tag{A.50}$$

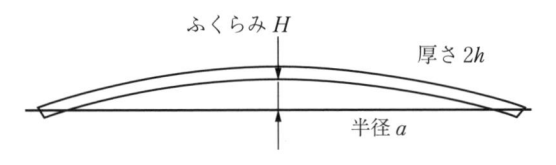

図A.11　薄く浅い円形の球殻

A.6.1 周辺を固定された場合

周辺を固定された浅い球殻の振動の最低次の基準定数 α_{10} は次の方程式で与えられる。

$$J_0(\alpha_{10})I_1(\alpha_{10}) + I_0(\alpha_{10})J_1(\alpha_{10}) + \frac{4\kappa^4 J_1(\alpha_{10})I_1(\alpha_{10})}{\mu(\mu^4 - \kappa^4)} = 0 \qquad (A.51)$$

この式は式 (A.47) に，次のようなふくらみに由来する項 κ^4 が付加された形となっている。

$$\kappa^4 = 12(1+\sigma)^2 \frac{H^2}{h^2} \qquad (A.52)$$

種々の κ^4 に対する α_{10} の値を表 **A.9** に示す。$\kappa^4=0$ の値は円形平板に関する表 2.7 の最低次の値と同じになる。

表 A.9 周辺を固定された薄く浅い円形の球殻のたわみ振動の基準定数 α_{10}

κ^4	α_{10}	κ^4	α_{10}
0	3.196	1 400	5.112
10	3.235	2 000	5.360
20	3.273	3 000	5.570
50	3.380	5 000	5.723
100	3.537	10 000	5.828
300	4.000	15 900	5.865
500	4.328	21 150	5.875
700	4.575	∞	5.910
1 000	4.855		

共振周波数は，材料のヤング率を E 〔N/m^2〕，密度を ρ，ポアソン比を σ で表すと次のようになる。

$$\omega_{10} = \sqrt{\frac{E}{\rho}} \frac{h}{a^2} \sqrt{\frac{\alpha_{10}^4 + \kappa^4(1-\sigma)/(1+\sigma)}{3(1-\sigma^2)}} \qquad (A.53)$$

これと H/h との関係を，次のようなポアソン比 0 の円形平板での値（式 (A.37) で $\sigma=0$ とした値）を基準値として表すと表 **A.10** の左 3 列のようになる。

$$\omega_0 = \frac{\alpha_{10}^2}{a^2} \sqrt{\frac{Eh^2}{3\rho}} \qquad (A.54)$$

表 A.10 周辺を固定された薄く浅い円形の球殻の
たわみ振動の最低共振周波数

(同じ材料,直径の円形振動板の $\sigma=0$ での値の倍数で表示)

H/h	周辺固定			周辺自由		
	$\sigma=0$	0.3	0.5	$\sigma=0$	0.3	0.5
0	1	1.048 3	1.154 7	1	1.148	1.315
0.5	1.08	1.149	1.28	1.084	1.224	1.380
1	1.31	1.40	1.59	1.305	1.423	1.562
2	1.94	2.16	2.42	1.96	2.035	2.135
3	2.67	2.99	3.32	2.71	2.77	2.85
4	3.43	3.78	4.12	3.51	3.55	3.62
5	4.18	4.51	4.89	4.32	4.36	4.41
7	5.59	5.80	6.01	5.98	6.00	6.03
10	7.50	7.62	7.82	8.47	8.49	8.53
14	10.05	10.45	10.28	11.82	11.82	11.82
20	14.0	14.1	14.2	16.86	16.86	16.86
∞	$0.678H/h$ に漸近			$0.839H/h$ に漸近		

A.6.2 周辺が自由の場合

前項と同様に解析し,得られた ω_{10} の値と H/h との関係を,やはりポアソン比 0 の円形平板での値を基準値として表すと表 A.10 の右 3 列のようになる。

表には H/h が∞の(ふくらみに比べ板が十分薄い)場合の漸近式も示した。これより,例えば厚さの 20 倍程度のわずかなふくらみでも共振周波数は 10 数倍に上昇することが知られる。

引用・参考文献

1) P. M. Morce:Vibration and Sound, Acoust. Soc. Am. (1936, 1981)
2) 早坂寿雄:音響振動論,コロナ社 (1948)
3) 高橋利衛:機械振動とその防止,オーム社 (1953)
4) 早坂寿雄,吉川昭吉郎:音響振動論,丸善 (1974)
5) S. Timoshenko:Theory of plates and shells, McGraw-Hill (1940)
6) 杉山精:中心に同心円状の剛体板をもった円形振動板の解析,信学誌,**49**, 4, pp. 730-737 (1966)
7) E. Reissner:On axi-symmetrical vibrations of shallow spherical shells, Quat. App. Math. **13**, pp. 279-290 (1955)

索　引

【あ】

アクティブ騒音制御　255
圧電イヤホン　34, 70
圧電サウンダ　35
圧電スピーカ　38
圧電セラミック　32
圧電ブザー　35
圧電変換器　23
アーマチュア　18
安定度（電磁変換器の）　77

【い】

位相反転形エンクロージャ
　　　　　　　68, 83, 194
イヤスピーカ　177
イヤホン　9
イントラコンカ形　178, 179
インパルスレスポンス　217

【う】

ウーファ　246

【え】

エクスポネンシャルホーン
　　　　　　　　　　149
エレクトレット　26
エレクトレットコンデンサ
　マイクロホン　26
エンクロージャ　67

【お】

オクターブ系列　7
オーディオ信号　1
音圧感度　99
音　圧　2, 113
音圧傾度マイクロホン　166
音圧レベル　5
音響インテンシティ　3
音響管　138

音響質量　61
音響スチフネス　61
音響抵抗　57, 61
音　速　2, 115

【か】

回　折　154
開放形　181
開放形ヘッドホン　177
可逆変換器　10
拡散音場　98, 133
拡散音場感度　99
拡散波　118
カージオイド　169
可聴信号　1
可動コイルトランスデューサ
　　　　　　　　　　14
可動磁石トランスデューサ
　　　　　　　　　　21
可動鉄片トランスデューサ
　　　　　　　　　　18
カーボン粉粒マイクロホン
　　　　　　　　　　45
感　度　96
感度レベル　97

【き】

機械インピーダンス　60, 62
機械抵抗　52
逆自乗特性　206
キャビネット　67
吸音くさび　204
吸音率　129
球面波　117
共振周波数
　　　54, 141, 143, 144, 146
キルヒホフ・ホイヘンス
　積分式　157

【く】

クロススペクトル　234

【け】

研究室標準マイクロホン　209

【こ】

後退波　116
コンデンサスピーカ　31
コンデンサマイクロホン　23
コントロールアンプ　248
コンプリメンタリプッシュ
　プル回路　248

【さ】

最小可聴値　6
最大可聴限　6
サウンダ　9
差動マイクロホン　166
残響時間　131
残響室　207

【し】

死　角　167
指向係数　170
指向指数　170
指向性　163
指向性パターン　167
指向性マイクロホン　165
指向特性　169
実用標準マイクロホン　210
質　量　51
質量制御　57
自由インピーダンス　80
自由音場　98
自由音場感度　99
周　期　2
集束波　118
周波数　3

280 索引

【し】
周波数掃引	225
周波数特性補正	230
周波数レスポンス	218
出力音圧レベル	219, 223
受話器	9
人工口	215
進行波	116
人工耳	211
振動板	10
振動膜	10

【す】
スイッチングパワーアンプ	249
スウェプトサイン信号	235
スコーカ	247
スピーカ	9
スープラコンカ形	179

【せ】
静電変換器	23
制動インピーダンス	80
接話感度	99
全指向性	163

【そ】
双指向性	167
挿入形	179
送話器	8
側音防止回路	253
速度ポテンシャル	115
ソホメトリック特性	230

【た】
体積速度	61
体積弾性率	114
ダイナミックスピーカ	13
ダイナミックマイクロホン	17
単一指向性	168
弾性制御	56

【ち】
力係数	75, 79, 86, 89
聴感曲線	5

【つ】
ツィータ	246

【て】
抵抗制御	56
定在波	131
電圧感度	100
電気音響変換器	1
電磁イヤホン	18
電子化電話機	196
電磁変換器	13
電流感度	101
電力感度	101

【と】
動インピーダンス	80
動電変換器	13
動電マイクロホン	17
トランスデューサ	1

【は】
ハイパボリックホーン	152
背面開放形	181
背面密閉形	181
バイモルフ	38
バスレフ	68
波長	2
バックエレクトレット形コンデンサマイクロホン	28
波定数	116
波動方程式	115
ばね定数	51
バフル	123
パワーアンプ	247
パワースペクトル	234
反射係数	129
反射波	128
半導体マイクロホン	48
ハンドセット	252

【ひ】
比音響インピーダンス	61
非可逆変換器	10
ピストン振動板	123
ピックアップカートリッジ	9, 21
標準測定用密閉箱	161, 213
標準バフル	214
ピンク TSP 信号	238
ピンクノイズ	227

【ふ】
フィードバック制御	255
フィードフォワード制御	255
ブザー	9
プログラム模擬信号	229

【へ】
平衡アーマチュアトランスデューサ	20
平面波	113
ヘッドアンドトルソシミュレータ	183, 215, 224
ヘッドアンプ	24
ヘッドセット	252
ヘッドホン	9
ヘルムホルツの共鳴器	58
変換器	1
変調形トランスデューサ	45

【ほ】
放射インピーダンス	121
ポリフッ化ビニリデン（PVDF）	40
ホワイト TSP 信号	238
ホワイトノイズ	227
ホーンスピーカ	16

【ま】
マイクロホン	8

【み】
密閉形	181
密閉箱	67, 83, 189
耳覆い形	179
耳載せ形	179

【む】
無響室	204
無指向性	163

【ゆ】
ユニット（トランスデューサの）	13
ユニモルフ	33

【よ】
横方向モード	147

索引 281

【ら】
ランダムノイズ　227

【り】
リボンマイクロホン　17

粒子速度　2, 113

【A】
A特性　230

【H】
HATS　183, 215

【M】
MEMSコンデンサマイクロホン　29

【P】
PB信号　252

【T】
TSP信号　235

【数字】
1/3オクターブ系列　8, 231
1自由度系　52
2チャネルステレオシステム　245

―― 著者略歴 ――

大賀　寿郎（おおが　じゅろう）
1964 年　電気通信大学通信機械工学科卒業
1964 年　日本電信電話公社電気通信研究所勤務
1985 年　工学博士（名古屋大学）
1985 年　富士通株式会社勤務
1986 年　株式会社富士通研究所勤務
2000 年　芝浦工業大学教授
2008 年　芝浦工業大学名誉教授

IEEE Fellow
電子情報通信学会フェロー
日本音響学会評議員
日本音響学会功績賞受賞

オーディオトランスデューサ工学
―マイクロホン，スピーカ，イヤホンの基本と現代技術―
Audio Transducers Engineering
―Fundamentals and Modern Technology of Microphones, Loudspeakers and Earphones―

Ⓒ 一般社団法人 日本音響学会 2013

2013 年 3 月 18 日　初版第 1 刷発行
2024 年 4 月 25 日　初版第 3 刷発行

検印省略	編　者	一般社団法人 日本音響学会
	発行者	株式会社　コロナ社
	代表者	牛来真也
	印刷所	新日本印刷株式会社
	製本所	牧製本印刷株式会社

112-0011　東京都文京区千石 4-46-10
発行所　株式会社 コロナ社
CORONA PUBLISHING CO., LTD.
Tokyo Japan
振替00140-8-14844・電話(03)3941-3131(代)
ホームページ　https://www.coronasha.co.jp

ISBN 978-4-339-01118-0　C3355　Printed in Japan　　　　（吉原）

本書のコピー，スキャン，デジタル化等の無断複製・転載は著作権法上での例外を除き禁じられています。
購入者以外の第三者による本書の電子データ化及び電子書籍化は，いかなる場合も認めていません。
落丁・乱丁はお取替えいたします。

音響サイエンスシリーズ

（各巻A5判，欠番は品切，☆はWeb資料あり）
■日本音響学会編

No.	タイトル	編著者	頁	本体
1.	音色の感性学☆ ─音色・音質の評価と創造─	岩宮 眞一郎編著	240	3400円
2.	空間音響学	飯田一博・森本政之編著	176	2400円
3.	聴覚モデル	森 周司・香田 徹編	248	3400円
4.	音楽はなぜ心に響くのか ─音楽音響学と音楽を解き明かす諸科学─	山田真司・西口磯春編著	232	3200円
6.	コンサートホールの科学 ─形と音のハーモニー─	上野 佳奈子編著	214	2900円
7.	音響バブルとソノケミストリー	崔 博坤・榎本尚也・原田久志・興津健二編著	242	3400円
8.	聴覚の文法 ─CD-ROM付─	中島祥好・佐々木隆之・上田和夫・G.B.レメイン共著	176	2500円
10.	音場再現	安藤 彰男著	224	3100円
11.	視聴覚融合の科学	岩宮 眞一郎編著	224	3100円
13.	音と時間	難波 精一郎編著	264	3600円
14.	FDTD法で視る音の世界☆	豊田 政弘編著	258	4000円
15.	音のピッチ知覚	大串 健吾著	222	3000円
16.	低周波音 ─低い音の知られざる世界─	土肥 哲也編著	208	2800円
17.	聞くと話すの脳科学	廣谷 定男編著	256	3500円
18.	音声言語の自動翻訳 ─コンピュータによる自動翻訳を目指して─	中村 哲編著	192	2600円
19.	実験音声科学 ─音声事象の成立過程を探る─	本多 清志著	200	2700円
20.	水中生物音響学 ─声で探る行動と生態─	赤松友成・木村里子・市川光太郎共著	192	2600円
21.	こどもの音声	麦谷 綾子編著	254	3500円
22.	音声コミュニケーションと障がい者	市川嘉・長嶋祐二・岡本明・加藤直人・酒向慎司・滝口哲也・原大介・幕内充共著	242	3400円
23.	生体組織の超音波計測	松川真美・山口匡・長谷川英之編著	244	3500円

以下続刊

笛はなぜ鳴るのか　足立 整治著
─CD-ROM付─

骨伝導の基礎と応用　中川 誠司編著

定価は本体価格+税です。
定価は変更されることがありますのでご了承下さい。

図書目録進呈◆

音響学講座

(各巻A5判)

■日本音響学会編

	配本順		編著者	頁	本体
1.	(1回)	基礎音響学	安藤彰男編著	256	3500円
2.	(3回)	電気音響	苣木禎史編著	286	3800円
3.	(2回)	建築音響	阪上公博編著	222	3100円
4.	(4回)	騒音・振動	山本貢平編著	352	4800円
5.	(5回)	聴覚	古川茂人編著	330	4500円
6.	(7回)	音声(上)	滝口哲也編著	324	4400円
7.	(9回)	音声(下)	岩野公司編著	208	3100円
8.	(8回)	超音波	渡辺好章編著	264	4000円
9.	(10回)	音楽音響	山田真司編著	316	4700円
10.	(6回)	音響学の展開	安藤彰男編著	304	4200円

音響入門シリーズ

(各巻A5判、○はCD-ROM付き、☆はWeb資料あり、欠番は品切です)

■日本音響学会編

	配本順		編著者	頁	本体
○A-1	(4回)	音響学入門	鈴木・赤木・伊藤・佐藤・苣木・中村共著	256	3200円
○A-2	(3回)	音の物理	東山三樹夫著	208	2800円
○A-4	(7回)	音と生活	橘・田中・上野・横山・船場共著	192	2600円
		音声・音楽とコンピュータ	誉田・足立・小林・小坂・後藤共著		
		楽器の音	柳田益造編著		
○B-1	(1回)	ディジタルフーリエ解析(I)―基礎編―	城戸健一著	240	3400円
○B-2	(2回)	ディジタルフーリエ解析(II)―上級編―	城戸健一著	220	3200円
☆B-4	(8回)	ディジタル音響信号処理入門	小澤賢司著	158	2300円

(注：Aは音響学にかかわる分野・事象解説の内容、Bは音響学的な方法にかかわる内容です)

定価は本体価格+税です。
定価は変更されることがありますのでご了承下さい。

◆図書目録進呈◆